マイクロサービスアーキテクチャ

Sam Newman 著
佐藤 直生 監訳
木下 哲也 訳

本書で使用するシステム名、製品名は、それぞれ各社の商標、または登録商標です。
なお、本文中では™、®、© マークは省略しています。

Building Microservices

Sam Newman

Beijing · Cambridge · Farnham · Köln · Sebastopol · Tokyo

© 2016 O'Reilly Japan, Inc. Authorized Japanese translation of the English edition of "Building Microservices". © 2015 Sam Newman. This translation is published and sold by permission of O'Reilly Media, Inc., the owner of all rights to publish and sell the same.

本書は、株式会社オライリー・ジャパンが O'Reilly Media, Inc. との許諾に基づき翻訳したものです。
日本語版についての権利は、株式会社オライリー・ジャパンが保有します。

日本語版の内容について、株式会社オライリー・ジャパンは最大限の努力をもって正確を期していますが、本書の内容に基づく運用結果について責任を負いかねますので、ご了承ください。

はじめに

　マイクロサービスは、連携して動作する独自のライフサイクルを備えた粒度の細かいサービスの利用を促進する、分散システムへの取り組みです。マイクロサービスは主にビジネスドメインに基づいてモデル化することで、従来の階層型アーキテクチャの問題を避けています。また、マイクロサービスはこの10年間に登場した新技術やテクニックも取り入れているので、多くのサービス指向アーキテクチャ（SOA）実装の欠点を避けることができます。

　本書ではNetflix、Amazon、Gilt、REA Groupといった組織をはじめとする世界中の具体的なマイクロサービスの使用例を豊富に紹介しており、このような組織はすべて、このアーキテクチャがもたらす自律性の高まりが大きな強みであることをわかっています。

本書の対象読者

　粒度の細かいマイクロサービスアーキテクチャの内容は広範囲なため、本書の対象範囲も広くなっています。本書は、マイクロサービスアーキテクチャのシステム設計、開発、デプロイ、テスト、保守に関心がある人の興味を引くでしょう。新規アプリケーションかモノリシックな（一枚岩の）既存アプリケーション分解の一環としてかにかかわらず、粒度の細かいアーキテクチャへの旅に既に乗り出している人は、便利で実践的なアドバイスがたくさん見つかるでしょう。また、何を大騒ぎしているのかを知りたい人にも役立ち、マイクロサービスが自分に適しているかどうかを判断できます。

本書を執筆した理由

何年も前にソフトウェアをより早く提供するのを手伝った際、私はアプリケーションアーキテクチャについて考え始めました。インフラ自動化、テスト、継続的デリバリ手法が有効とはいえ、システムの基本設計で変更が容易に行えるようになっていなければ、できることが限られてしまうことに気付きました。

その一方で、多くの組織が、同様の目的を達成し、スケーリングの改善、チームの自律性の向上、新技術の容易な取り込みなども実現するために、粒度の細かいアーキテクチャを試みていました。私自身と ThoughtWorks 社などの同僚の経験から、独自のライフサイクルを持つ多数のサービスを使うと、解決すべき頭痛の種が増えることになるのは確かでした。さまざまな意味で、本書はマイクロサービスの理解に必要なさまざまなトピックを扱う何でも屋として書かれました。本書が過去にあれば私は大いに助けられたことでしょう。

マイクロサービスの現状

マイクロサービスは目まぐるしく変化する話題です。(用語自体は新しいものの)考え方は新しくありませんが、世界中の人々の経験と新技術の登場がマイクロサービスの使い方に計り知れない影響を及ぼしています。変化のペースが速いため、実装の詳細は常にその背後にある考え方よりも早く変化することがわかっているので、本書では特定の技術よりも考え方に焦点を当てるようにしました。とはいえ、数年後には、マイクロサービスが適する状況や適切な使い方について我々がさらに学んでいると大いに期待しています。

本書ではマイクロサービスの本質に迫ることに最善を尽くしていますが、マイクロサービスに興味があるなら、何年も継続的に学習して最先端技術を保ち続ける覚悟をしてください。

本書の構成

本書は、主に話題に基づいて構成されています。そのため、最も関心の高い特定の話題に進んでもかまいません。用語や考え方にはできる限り前半の章で言及するようにしていますが、自分では経験豊かだと思っている人でもすべての章で興味深い内容に出会えると思います。是非とも 2 章に目を通すことをお勧めします。2 章では、マイクロサービスの幅広さと以降の話題を掘り下げる場合に備えて話の進め方の構成について述べています。

はじめに | vii

　マイクロサービスについて詳しくない人が最初から最後まで読んで理解できるように、各章を構成しています。

　以下に各章で取り上げている内容の概要を示します。

1章　マイクロサービス

　主な利点や欠点を含むマイクロサービス入門から始めます。

2章　進化的アーキテクト

　アーキテクトとして直面するトレードオフの難しさについて説明し、マイクロサービスに関してどれほど多くのことを検討する必要があるかを具体的に取り上げます。

3章　サービスのモデル化方法

　ドメイン駆動設計（DDD）のテクニックを使って思考を集中させ、マイクロサービスの境界について定義します。

4章　統合

　この章から特定の技術の詳細に少し踏み込み、どのようなサービス連携手法が最も有効かを説明します。また、ユーザインタフェースについてとレガシー製品や商用製品との統合についても掘り下げます。

5章　モノリス（一枚岩）の分割

　多くの人は、大規模で変更が難しいモノリシックシステムへの対処法としてのマイクロサービスに興味を持っています。その対処法についてこの章で詳しく説明します。

6章　デプロイ

　本書は主に理論を対象としますが、デプロイほど最近の技術の変化に影響を受けてきたものはあまりありません。この章ではそのデプロイについて検討します。

7章　テスト

　複数の別々のサービスをデプロイするときに特に関心の高い領域である、テストの話題を掘り下げます。特に、ソフトウェア品質を保証するためにコンシューマ駆動契約（CDC）が果たす役割に着目します。

8章 監視

稼働後に問題が発生した場合、本番環境での稼働前にソフトウェアをテストしていたことは助けになりません。この章では粒度の細かいシステムの監視方法を探り、分散システムで生じる複雑さに対応します。

9章 セキュリティ

マイクロサービスのセキュリティ面を調べ、ユーザからサービスおよびサービス間での認証と認可への対処方法を検討します。セキュリティはコンピューティングのとても重要な話題でありながら、あまりにも軽視されています。私は決してセキュリティの専門家ではありませんが、この章が少なくともシステム、特にマイクロサービスシステムを構築する上で知っておくべき側面を考える手助けとなることを期待しています。

10章 コンウェイの法則とシステム設計

組織構造とアーキテクチャの相互作用を重点的に取り上げます。多くの組織は、組織構造とアーキテクチャの2つの調和を保たないと問題が発生することを自覚しています。このジレンマの真相を探り、システム設計をチーム構造に合わせるさまざまな方法を検討していきます。

11章 大規模なマイクロサービス

ここではすべてを大規模に行うことを検討するので、多数のサービスと大量のトラフィックで生じる障害の増加に対応できるようにします。

12章 まとめ

この章では、マイクロサービスを差別化する核心を絞り込みます。この章には7つのマイクロサービス原則のリストを示し、本書の重要点をまとめます。

表記法

本書では、次のような表記法に従います。

ゴシック（サンプル）

新しい用語を示す。

はじめに | **ix**

等幅（sample）

プログラムリストに使うほか、本文中でも変数、関数、データ型、文、キーワードなどのプログラムの要素を表すために使う。

太字の等幅（sample）

ユーザがその通りに入力すべきコマンドやテキストを表す。

斜体の等幅（sample）

ユーザが実際の値に置き換えて入力すべき部分、コンテキストによって決まる値に置き換えるべき部分、プログラム内のコメントを表す。

コード例の使用

本書は、読者の仕事の実現を手助けするためのものです。一般に、本書のコードを読者のプログラムやドキュメントで使用可能です。コードの大部分を複製しない限り、O'Reilly の許可を得る必要はありません。例えば、本書のコードの一部をいくつか使用するプログラムを書くのに許可は必要ありません。O'Reilly の書籍のサンプルを含む CD-ROM の販売や配布には許可が必要です。本書を引き合いに出し、サンプルコードを引用して質問に答えるのには許可は必要ありません。本書のサンプルコードの大部分を製品のマニュアルに記載する場合は許可が必要です。

出典を明らかにしていただくのはありがたいことですが、必須ではありません。出典を示す際は、通常、題名、著者、出版社、ISBN を入れてください。例えば、『Building Microservices』（Sam Newman 著、O'Reilly、Copyright 2015 Sam Newman、ISBN978-1-491-95035-7、日本語版『マイクロサービスアーキテクチャ』オライリー・ジャパン、ISBN978-4-87311-760-7）のようになります。

コード例の使用が、公正な使用や上記に示した許可の範囲外であると感じたら、遠慮なく permissions@oreilly.com に連絡してください。

問い合わせ先

本書に関するご意見、ご質問などは、出版社に送ってください。

株式会社オライリー・ジャパン

電子メール japan@oreilly.co.jp

x | はじめに

本書には、正誤表、サンプル、追加情報を掲載した Web サイトがあります。このページには以下のアドレスでアクセスできます。

http://bit.ly/building-microservices（英語）
http://www.oreilly.co.jp/books/9784873117607/（日本語）

本書に関する技術的な質問やコメントは、以下に電子メールを送信してください。

bookquestions@oreilly.com

当社の書籍、コース、カンファレンス、ニュースに関する詳しい情報は、当社のWeb サイトを参照してください。

http://www.oreilly.com（英語）
http://www.oreilly.co.jp（日本語）

当社の Facebook は以下の通り。

http://facebook.com/oreilly

当社の Twitter は以下でフォローできます。

http://twitter.com/oreillymedia

YouTube で見るには以下にアクセスしてください。

http://www.youtube.com/oreillymedia

謝辞

本書は Lindy Stephens に捧げます。彼女がいなければ存在しなかったでしょう。この旅を始めるように勧めてくれ、ストレスの多い執筆活動中に支えてくれた、求め得る最高のパートナーです。また、私の父 Howard Newman にも捧げたいと思っています。常に私を支えてくれました。本書はこの両者に捧げます。

Ben Christensen、Vivek Subramaniam、Martin Fowler は執筆過程で詳細なフィードバックをして、本書の完成を手伝ってくれました。また、James Lewis にも感謝し

ています。彼とはたくさんのビールを飲みながら本書に示した考え方について議論しました。本書は、彼らの助力と指導がなければこのような優れたものにはならなかったでしょう。

さらに、他の多くの人々が本書の初期バージョンで手助けとフィードバックをくれました。具体的には、Kane Venables、Anand Krishnaswamy、Kent McNeil、Charles Haynes、Chris Ford、Aidy Lewis、Will Thames、Jon Eaves、Rolf Russell、Badrinath Janakiraman、Daniel Bryant、Ian Robinson、Jim Webber、Stewart Gleadow、Evan Bottcher、Eric Sword、Olivia Leonard（順不同）と、本書を成し遂げる手助けをしてくれた ThoughtWorks 社や業界の他のすべての仲間に感謝しています。

最後に、私にこの仕事を任せてくれた Mike Loukides、編集者の Brian MacDonald、Rachel Monaghan、Kristen Brown、Betsy Waliszewski、そして私が知り得なかったような方法で助けてくれた他のすべての人々を含む O'Reilly 社の全員にお礼を述べたいと思います。

目　次

はじめに v

1章　マイクロサービス 1

1.1	マイクロサービスとは	2
	1.1.1　小さく、かつ1つの役割に専念	2
	1.1.2　自律性	4
1.2	主な利点	4
	1.2.1　技術異質性	5
	1.2.2　回復性	6
	1.2.3　スケーリング	6
	1.2.4　デプロイの容易性	7
	1.2.5　組織面の一致	8
	1.2.6　合成可能性	8
	1.2.7　交換可能にするための最適化	9
1.3	サービス指向アーキテクチャ	9
1.4	他の分解テクニック	10
	1.4.1　共有ライブラリ	11
	1.4.2　モジュール	11
1.5	銀の弾丸などない	13
1.6	まとめ	13

2章	**進化的アーキテクト**	**15**
2.1	不正確な比較	15
2.2	進化するアーキテクト像	17
2.3	区画指定	19
2.4	原則に基づいたアプローチ	20
	2.4.1　戦略的目標	21
	2.4.2　原則	21
	2.4.3　プラクティス	22
	2.4.4　原則とプラクティスの結合	22
	2.4.5　実世界の例	22
2.5	必要な標準	23
	2.5.1　監視	24
	2.5.2　インタフェース	24
	2.5.3　アーキテクチャ上の安全性	25
2.6	コードを介したガバナンス	25
	2.6.1　手本	26
	2.6.2　カスタムのサービステンプレート	26
2.7	技術的負債	28
2.8	例外処理	28
2.9	中央からのガバナンスと指導	29
2.10	チームの構築	31
2.11	まとめ	31

3章	**サービスのモデル化方法**	**33**
3.1	MusicCorp の紹介	33
3.2	優れたサービスにするには	34
	3.2.1　疎結合	34
	3.2.2　高凝集性	35
3.3	境界づけられたコンテキスト	35
	3.3.1　共有モデルと隠れモデル	36
	3.3.2　モジュールとサービス	37
	3.3.3　時期尚早な分解	38

3.4		ビジネス機能	39
3.5		ずっと下の亀	39
3.6		ビジネス概念の観点での通信	41
3.7		技術的境界	41
3.8		まとめ	42

4章 統合 45

4.1		理想的な統合技術の探索	45
	4.1.1	破壊的変更を回避する	45
	4.1.2	API を技術非依存にする	45
	4.1.3	コンシューマにとって単純なサービスにする	46
	4.1.4	内部の実装詳細を隠す	46
4.2		顧客とのインタフェース	46
4.3		共有データベース	47
4.4		同期と非同期	49
4.5		オーケストレーションとコレオグラフィ	50
4.6		リモートプロシージャコール（RPC）........................	53
	4.6.1	技術的結合	54
	4.6.2	ローカル呼び出しはリモート呼び出しとは異なる	54
	4.6.3	脆弱性	55
	4.6.4	RPC はひどいか	57
4.7		REST..	57
	4.7.1	REST と HTTP	58
	4.7.2	アプリケーション状態エンジンとしての ハイパーメディア（HATEOAS）................................	59
	4.7.3	JSON か、XML か、他の何かか	62
	4.7.4	便利すぎることに注意する	63
	4.7.5	HTTP 上の REST の欠点	63
4.8		非同期イベントベース連携の実装	65
	4.8.1	技術選択	65
	4.8.2	非同期アーキテクチャの複雑さ	66
4.9		状態マシンとしてのサービス	68

xvi | 目次

4.10	Rx（Reactive Extentions）	68
4.11	マイクロサービスの世界における DRY と コード再利用のリスク	69
	4.11.1　クライアントライブラリ	70
4.12	参照によるアクセス	71
4.13	バージョニング	73
	4.13.1　最大限の先送り	73
	4.13.2　破壊的変更の早期の把握	74
	4.13.3　セマンティックバージョニングの利用	75
	4.13.4　異なるエンドポイントの共存	76
	4.13.5　複数のサービスバージョンの同時使用	77
4.14	ユーザインタフェース	79
	4.14.1　デジタルへ向けて	79
	4.14.2　制約	80
	4.14.3　API 合成	80
	4.14.4　UI 部品合成	82
	4.14.5　フロントエンド向けのバックエンド（BFF）	83
	4.14.6　ハイブリッド手法	86
4.15	サードパーティソフトウェアとの統合	86
	4.15.1　制御の欠如	87
	4.15.2　カスタマイズ	87
	4.15.3　統合スパゲティ	88
	4.15.4　思い通りにする	88
	4.15.5　ストラングラー（絞め殺し）パターン	91
4.16	まとめ	92

5 章　モノリスの分割　93

5.1	すべては接合部次第	93
5.2	MusicCorp の分解	94
5.3	モノリスを分割する理由	95
	5.3.1　変化の速度	96
	5.3.2　チーム構成	96

	5.3.3	セキュリティ	96
	5.3.4	技術	96
5.4		入り組んだ依存関係	96
5.5		データベース	97
5.6		問題の対処	97
5.7		例：外部キー関係の削除	98
5.8		例：共有静的データ	100
5.9		例：共有データ	101
5.10		例：共有テーブル	103
5.11		データベースリファクタリング	104
	5.11.1	段階的な分割	104
5.12		トランザクション境界	105
	5.12.1	後でリトライ	107
	5.12.2	操作全体の中止	107
	5.12.3	分散トランザクション	108
	5.12.4	何をすべきか	109
5.13		レポート	109
5.14		レポートデータベース	110
5.15		サービス呼び出しを介したデータ取得	112
5.16		データポンプ	113
	5.16.1	代替手段	115
5.17		イベントデータポンプ	115
5.18		バックアップデータポンプ	117
5.19		リアルタイムを目指す	117
5.20		変更のコスト	118
5.21		根本原因の理解	119
5.22		まとめ	119

6章　デプロイ 121

6.1		継続的インテグレーションとは	121
	6.1.1	実際に CI を行っているか	122

xviii | 目次

6.2	継続的インテグレーションのマイクロサービスへのマッピング	
	 123	
6.3	ビルドパイプラインと継続的デリバリ 126	
	6.3.1	避けられない例外 128
6.4	プラットフォーム固有の成果物 128	
6.5	OS 成果物 129	
6.6	カスタムイメージ 130	
	6.6.1	成果物としてのイメージ 133
	6.6.2	イミュータブルサーバ 133
6.7	環境 134	
6.8	サービス構成 135	
6.9	サービスからホストへのマッピング 136	
	6.9.1	ホストごとに複数のサービス 137
	6.9.2	アプリケーションコンテナ 139
	6.9.3	ホストごとに 1 つのサービス 141
	6.9.4	PaaS 142
6.10	自動化 143	
	6.10.1	自動化の威力に関する 2 つのケーススタディ 143
6.11	物理から仮想へ 144	
	6.11.1	従来の仮想化 144
	6.11.2	Vagrant 146
	6.11.3	Linux コンテナ 147
	6.11.4	Docker 149
6.12	デプロイのインタフェース 150	
	6.12.1	環境定義 151
6.13	まとめ 153	

7 章　テスト 155

7.1	テストの種類 155	
7.2	テストスコープ 157	
	7.2.1	単体テスト 158
	7.2.2	サービステスト 159

	7.2.3	エンドツーエンドテスト	160
	7.2.4	トレードオフ	161
	7.2.5	いくつのテストを実施するか	161
7.3	サービステストの実装		162
	7.3.1	モックかスタブか	162
	7.3.2	高度なスタブサービス	163
7.4	面倒なエンドツーエンドテスト		164
7.5	エンドツーエンドテストの欠点		166
7.6	信頼できない脆弱なテスト		166
	7.6.1	誰がテストを書くか	167
	7.6.2	実行期間	168
	7.6.3	積み上がる大きな山	169
	7.6.4	メタバージョン	169
7.7	ストーリーではなくジャーニーをテストする		170
7.8	救いとなるコンシューマ駆動テスト		171
	7.8.1	Pact	172
	7.8.2	対話について	174
7.9	エンドツーエンドテストを使用すべきか		174
7.10	本番リリース後のテスト		175
	7.10.1	デプロイとリリースの分離	176
	7.10.2	カナリアリリース	177
	7.10.3	平均故障間隔（MTBF）よりも平均修復時間（MTTR）か	178
7.11	機能横断テスト		179
	7.11.1	性能テスト	180
7.12	まとめ		182

8章　監視 183

8.1	単一サービス、単一サーバ	184
8.2	単一サービス、複数サーバ	185
8.3	複数サービス、複数サーバ	186
8.4	ログ、ログ、さらにまたログ	187

	8.5	複数サービスにわたるメトリックの追跡	187
	8.6	サービスのメトリック	189
	8.7	合成監視	190
		8.7.1 セマンティック監視の実装	191
	8.8	相関 ID	191
	8.9	連鎖	194
	8.10	標準化	194
	8.11	利用者の考慮	195
	8.12	将来	196
	8.13	まとめ	197

9章　セキュリティ 199

	9.1	認証と認可	199
		9.1.1 一般的なシングルサインオン（SSO）の実装	200
		9.1.2 シングルサインオン（SSO）ゲートウェイ	201
		9.1.3 粒度の細かい認可	203
	9.2	サービス間の認証と認可	204
		9.2.1 境界内のすべてを許可する	204
		9.2.2 HTTP（S）ベーシック認証	204
		9.2.3 SAML や OpenID Connect の使用	205
		9.2.4 クライアント証明書	206
		9.2.5 HTTP 上の HMAC	207
		9.2.6 API キー	208
		9.2.7 代理の問題	209
	9.3	格納データの保護	211
		9.3.1 よく知られた手法を選ぶ	212
		9.3.2 鍵がすべて	212
		9.3.3 対象を選ぶ	213
		9.3.4 必要に応じた復号	213
		9.3.5 バックアップの暗号化	213
	9.4	徹底的な防御	214
		9.4.1 ファイアウォール	214

目次 | **xxi**

	9.4.2	ロギング	214
	9.4.3	侵入検知（および侵入防止）システム	215
	9.4.4	ネットワーク分離	215
	9.4.5	OS	215
9.5	実施例		216
9.6	節約する		219
9.7	人的要素		220
9.8	黄金律		220
9.9	セキュリティの組み込み		221
9.10	外部検証		221
9.11	まとめ		222

10章　コンウェイの法則とシステム設計 223

10.1	証拠		224
	10.1.1	疎結合組織と密結合組織	224
	10.1.2	Windows Vista	224
10.2	Netflix と Amazon		225
10.3	この法則で何ができるか		225
10.4	コミュニケーション経路に適応する		225
10.5	サービスの所有権		227
10.6	共有サービスに向かう要因		227
	10.6.1	分割が難しすぎる	227
	10.6.2	フィーチャーチーム	228
	10.6.3	デリバリボトルネック	228
10.7	社内オープンソース		229
	10.7.1	管理者の役割	230
	10.7.2	成熟度	230
	10.7.3	ツール	231
10.8	境界づけられたコンテキストとチーム構造		231
10.9	孤児サービス		231
10.10	ケーススタディ：RealEstate.com.au		232
10.11	逆向きのコンウェイの法則		234

xxii | 目次

10.12	人	235
10.13	まとめ	236

11章　大規模なマイクロサービス 237

11.1	障害はどこにでもある	237
11.2	どれくらいが多すぎるのか	238
11.3	機能低下	240
11.4	アーキテクチャ上の安全対策	241
11.5	アンチフラジャイルな組織	243
	11.5.1　タイムアウト	244
	11.5.2　サーキットブレーカー	245
	11.5.3　隔壁	247
	11.5.4　分離	249
11.6	冪等性	249
11.7	スケーリング	250
	11.7.1　より大きくする	251
	11.7.2　作業負荷の分割	251
	11.7.3　リスクの分散	252
	11.7.4　負荷分散	253
	11.7.5　ワーカベースのシステム	255
	11.7.6　再出発	256
11.8	データベースのスケーリング	257
	11.8.1　サービスの可用性とデータの耐久性	257
	11.8.2　読み取りのためのスケーリング	258
	11.8.3　書き込みのためのスケーリング	259
	11.8.4　共有データベースインフラ	260
	11.8.5　CQRS	260
11.9	キャッシング	261
	11.9.1　クライアント側、プロキシ、サーバ側のキャッシング	262
	11.9.2　HTTP でのキャッシング	263
	11.9.3　書き込みのキャッシング	264

	11.9.4	回復性のためのキャッシング	265
	11.9.5	オリジンサーバの隠蔽	265
	11.9.6	簡潔に保つ	266
	11.9.7	キャッシュポイズニング：訓話	267
11.10		オートスケーリング	268
11.11		CAP 定理	269
	11.11.1	整合性を犠牲にする	271
	11.11.2	可用性を犠牲にする	271
	11.11.3	分断耐性を犠牲にするか	272
	11.11.4	AP か CP か	273
	11.11.5	オールオアナッシングではない	273
	11.11.6	そして現実の世界	274
11.12		サービス検出	275
	11.12.1	DNS	275
11.13		動的サービスレジストリ	277
	11.13.1	ZooKeeper	277
	11.13.2	Consul	278
	11.13.3	Eureka	279
	11.13.4	自作	280
	11.13.5	人間を忘れない	280
11.14		サービスの文書化	281
	11.14.1	Swagger	281
	11.14.2	HAL と HAL ブラウザ	281
11.15		自己記述型システム	282
11.16		まとめ	283

12章　まとめ 285

12.1		マイクロサービスの原則	285
	12.1.1	ビジネス概念に沿ったモデル化	286
	12.1.2	自動化の文化の採用	286
	12.1.3	内部実装詳細の隠蔽	287
	12.1.4	すべての分散化	287

12.1.5	独立したデプロイ	288
12.1.6	障害の分離	288
12.1.7	高度な観測性	289
12.2	マイクロサービスを使用すべきでない場合	289
12.3	最後に	290

付録　　実際のマイクロサービス：Azure Service Fabric 291

索引...305

1章
マイクロサービス

　長年にわたって、私たちはシステムを構築するより優れた方法を探し続けています。過去から学び、新技術を採用し、顧客と自社の開発者の両方を満足させる、新たなテクノロジー企業によるITシステムのさまざまな構築方法を観察してきました。

　Eric Evansの著書『Domain-Driven Design』（Addison-Wesley、日本語版『エリック・エヴァンスのドメイン駆動設計』翔泳社）は実世界をコードで表すことの重要性の理解を促し、システムをモデル化するよりよい方法を示しました。継続的デリバリの概念は、ソフトウェアをより効果的かつ効率的に本番環境にデプロイできる方法を示し、すべてのチェックインをリリース候補として扱うべきだという考え方を植え付けました。Webの仕組みを理解したことが、マシンが互いに通信するさらに優れた方法の開発につながりました。Alistair Cockburnによるヘキサゴナルアーキテクチャ（http://bit.ly/1GZuFW9、ページ上部に日本語訳へのリンクあり）の概念は、ビジネスロジックが隠れることがある階層化アーキテクチャから離れるように導きました。仮想化プラットフォームは自由自在なマシンのプロビジョニングとリサイズを可能にし、インフラ自動化は多数のマシンに対処する方法を提供しました。Amazon社やGoogle社といった成功を収めた大規模組織の中には、「サービスのライフサイクル全体を担当する小規模チーム」という考え方を支持しているところもあります。そして、最近では、10年前なら把握が困難な規模でアンチフラジャイル[†]なシステム

[†]　監訳者注：アンチフラジャイル（反脆弱、Antifragile）は、『The Black Swan』（Random House、日本語版『ブラック・スワン—不確実性とリスクの本質』ダイヤモンド社）で有名なナシーム・ニコラス・タレブ（Nassim Nicholas Taleb）が、2012年に出版した書籍『Antifragile: Things That Gain from Disorder』（Random House）で作り出した造語です。アンチフラジャイル性（反脆弱性、antifragility）とは、ストレス要因、衝撃、不安定性、ノイズ、誤り、故障、攻撃、または障害の結果、機能、回復性（resilience）、または堅牢性（robustness、ロバストネス、ロバスト性）が増加するシステムの特性です。アンチフラジャイル性は、回復性（障害から復旧できる機能）、堅牢性（障害に耐える機能）の概念とは根本的に異なります。

を構築する方法を、Netflix 社が示しています。

ドメイン駆動設計、継続的デリバリ、オンデマンド仮想化、インフラ自動化、小規模で自律的なチーム、大規模システム——マイクロサービスはこうした世界から生まれました。マイクロサービスは、事前に考え出されたものでも説明されたものでもありません。実世界の用途から動向、またはパターンとして登場しました。しかし、過去のすべてがあったからこそ、マイクロサービスが存在するのです。本書を通じて、このようなこれまでの取り組みを紐解き、マイクロサービスを構築し、管理し、展開させる方法を詳しく説明しています。

粒度の細かいマイクロサービスアーキテクチャを採用することで、ソフトウェアを迅速に提供し、より新しい技術を採用できることに、多くの企業が気付いています。マイクロサービスによってさまざまな判断を下して対応する大幅な自由度が得られ、そのおかげで私たちすべてに影響を及ぼす避けがたい変化に迅速に対応できるのです。

1.1　マイクロサービスとは

マイクロサービスは、協調して動作する小規模で自律的なサービスです。この定義をもう少しわかりやすく説明し、他のものとは一線を画すマイクロサービスの特徴を考えてみましょう。

1.1.1　小さく、かつ 1 つの役割に専念

新機能を追加するコード記述していくうちに、コードベースは大規模になっていきます。時間の経過とともに、コードベースの規模が大きすぎるために変更の必要な箇所がわかりにくくなってしまうのです。すっきりしたモジュール式のモノリシックなコードベースの開発を心がけていても、このようなプロセス内の指針がない境界は大抵損なわれてしまいます。似たような機能のコードがあちこちに散在してしまい、バグの修正や実装がさらに困難となります。

モノリシックシステムの中では多くの場合、抽象化を行いモジュールを作成することでコードの凝集性がより高まるようにして、修正や実装が困難にならないようにしています。凝集性（関連するコードが集まるようにすること）は、マイクロサービスについて考える際に重要な概念です。凝集性は、Robert C. Martin の「単一責任の原則」（Single Responsibility Principle、http://bit.ly/1zOFMxl、日本語版『プログラマが知るべき 97 のこと』（オライリー・ジャパン）の「73　単一責任原則）の定義でその認識が強化されました。この定義では、「変更する理由が同じものは集める、変更

する理由が違うものは分ける」としています。

マイクロサービスも、独立したサービスに対して同じアプローチを取ります。サービスの境界をビジネスの境界に合わせ、特定の機能のコードがある場所を明確にします。そして、このサービスが明示的な境界を念頭に置くようにすることで、サービスを大規模にしすぎてしまう衝動とそれに関連して生じるすべての複雑さを回避します。

私はよく「どの程度小さくすればいいのか」という質問を受けます。コードの行数には問題があります。他の言語と比較して表現力が豊かな言語もあり、そのような言語では少ないコード行数で多くの処理が可能だからです。また、複数の依存関係が入り込み、その依存関係の中に多くのコード行数が含まれている可能性も考慮しなければなりません。さらに、ドメインの一部は最初から複雑で、多くのコード行数を必要とすることもあります。オーストラリアの RealEstate.com.au の Jon Eaves は、マイクロサービスを「2週間で書き直せるもの」と特徴付けています（これは、彼の特定の状況下で意味をなす経験則です）。

他にも、月並みですが「十分に小さく、ちょうどいい大きさである」と答えることもできます。カンファレンスで講演する際、私はほとんど毎回「システムが大きすぎるので、分割したいと思っている人はいますか」という質問をします。するとほぼ全員が手を挙げます。私たちは何が大きすぎるかについてよくわかっているようです。あるコードが大きすぎると感じなくなったら、そのコードは十分に小さくなっていると言えるでしょう。

「どの程度小さくするのか」という質問に答える際の大きな要素は、サービスがチーム構造とどの程度一致しているかです。コードベースが小規模なチームで管理するには大きすぎる場合には、分割を試みるべきでしょう。組織面の一致については後ほど詳しく取り上げます。

どの程度小さいと十分に小さいと言えるのかについては、次のように考えています。サービスが小さければ小さいほど、マイクロサービスアーキテクチャの利点と欠点が最大化されます。小さくすればするほど、相互依存関係に関わる利点が増加します。しかし、可動部が増えることで生じる複雑さも増します。詳しくは本書で探っていきます。この複雑さへの対応がうまくなると、さらに小さなサービスを追求することができます。

1.1.2 自律性

本書のマイクロサービスは独立したエンティティです。PaaS（Platform as a Service）に単独のサービスとしてデプロイされることもあれば、独自の OS プロセスであることもあります。複数のサービスを同じマシンに詰め込まないように努めますが、現在の世界での**マシン**の定義はとても曖昧です。後で説明するように、この分離によってオーバーヘッドが加わることがありますが、その結果としての簡潔性が分散システムを論理的に考えやすくし、より新しい技術がこのようなデプロイに関連する多くの課題を緩和できます。

サービス間のすべての通信はネットワーク呼び出しを経由し、サービス間の分離を強制し、密結合のリスクを回避します。

このようなサービスはそれぞれが独立して変更でき、コンシューマを変更する必要なく単独でデプロイできなければなりません。このようなサービスが公開すべきものと隠すべきものについて考える必要があります。共有が多すぎる場合、呼び出し元のサービスが呼び出し先サービスの内部表現と結合してしまいます。すると、変更時にコンシューマとの調整が必要になるので自律性が損なわれてしまいます。

サービスはアプリケーションプログラミングインタフェース（API）を公開し、その API 経由で連携します。また、サービスがコンシューマと結合しないようするために適した技術についても検討する必要があります。これは、技術に依存しない API を選び、技術の選択を制約しないようにすることを意味します。優れた分離された API の重要性については本書で再三取り上げます。

分離なしには、すべてが行き詰まってしまいます。黄金律は「他には何も変更せずに、単独でサービスの変更やデプロイを行えるか」です。答えがいいえの場合、本書で述べる利点の多くを実現することが困難です。

適切に分離するには、サービスを正しくモデル化し、API を適切にする必要があります。詳しくは後ほど説明します。

1.2 主な利点

マイクロサービスの利点は数多くあり、多様です。利点の多くは分散システムによるものです。その上、主に分散システムとサービス指向アーキテクチャの背後にある概念を深く取り入れているため、マイクロサービスはこれらの利点をさらに拡大しつつあります。

1.2.1 技術異質性

複数の連携するサービスからなるシステムでは、サービスごとに異なる技術を使う決断をできます。すると、結局は最大公約数的になることが多い標準化された汎用的な手法を選ぶのではなく、ジョブごとに適したツールを選ぶことができます。

システムの一部の性能で改善する必要がある場合には、求められる性能水準を達成できる別の技術スタックを使う決断をすることもあるでしょう。また、システムの各部分でデータの格納方法を変える必要があると判断することもあります。例えば、ソーシャルネットワークではユーザの対話をグラフ指向データベースに格納して、ソーシャルグラフの高度に相互接続された性質を反映できる一方で、ユーザの投稿をドキュメント指向データストアに格納でき、図1-1に示すような異種アーキテクチャが生み出されます。

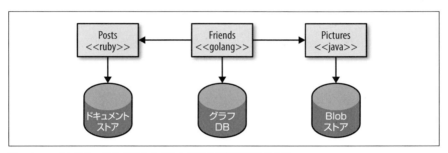

図1-1　マイクロサービスではさまざまな技術を容易に採用できる

また、マイクロサービスでは技術をより迅速に採用でき、新たな進歩がどれほど有益かを理解できます。新技術を試して採用する上での最大の障害の1つは、その技術に関連するリスクです。モノリシックアプリケーションでは、新しいプログラミング言語、データベース、フレームワークを試したい場合、あらゆる変更がシステムに大きな影響を及ぼします。複数のサービスからなるシステムでは、新たな技術を試す新しい場所が複数存在します。リスクが最も低いと思われるサービスを選んでそこでその技術を使うと、起こり得る悪影響を制限できます。多くの組織は、新技術を迅速に取り入れることができるこの能力が、大きな強みになるとわかっています。

もちろん、複数の技術の採用にはオーバーヘッドが伴います。言語の選択に制約を課す組織もあります。例えば、NetflixとTwitterは、プラットフォームとして主にJava仮想マシン（JVM）を使っています。JVMの信頼性と性能を十分に理解してい

6 | 1章 マイクロサービス

るからです。また、彼らは大規模な運用をずっと容易にする JVM 用のライブラリや
ツールも開発していますが、これらは非 Java ベースのサービスやクライアントに対
する運用を困難にします。しかし、Twitter も Netflix も、すべてのジョブに1つの
技術スタックしか使っていないわけではありません。他に、異なる技術の混在に関す
る懸念と対比するものとしてはサイズがあります。マイクロサービスを本当に2週間
で書き換えられる場合は、新技術を採用するリスクを抑えられるでしょう。

　本書を通じてわかることですが、マイクロサービスに関する多くのことと同様に、
適切なバランスを探すことが大切です。2章では技術の選択方法を説明し、進化的アー
キテクチャを重点的に取り上げます。4章では統合を扱い、サービスが必要以上に結
合することなく互いに独立して技術を進化させられるようにする方法を学びます。

1.2.2　回復性

　レジリエンス（回復性）エンジニアリングの主要な考え方は隔壁です。システムの
あるコンポーネントに障害が発生していても、その障害が連鎖しなければ、問題を分
離してシステムの残りの部分は機能し続けることができます。サービス境界は明確な
隔壁となります。モノリシックサービスでは、サービスに障害が発生するとすべてが
停止します。モノリシックシステムでは複数のマシン上で稼働させることで障害の可
能性を減らせますが、マイクロサービスではサービスの全体障害に対処し、それに応
じて機能低下させるシステムを構築できます。

　しかし、注意が必要です。マイクロサービスシステムがこの改善された回復性を適
切に得られるようにするには、分散システムが対処しなければならない新しい障害の
原因を理解する必要があります。ネットワークに障害が発生することがあり、マシン
も同様です。障害に対処する方法と、ソフトウェアのエンドユーザに影響がある場合
にはその影響を知る必要があります。

　回復性への適切な対応と故障モードの対処方法については、11章で詳しく説明し
ます。

1.2.3　スケーリング

　大規模なモノリシックサービスでは、すべてを一緒にスケールさせなければなりま
せん。システム全体のある小さな部分の性能に制約があり、その振る舞いが巨大なモ
ノリシックアプリケーションに取り込まれている場合、すべてを1つとしてスケー
リングに対処しなければなりません。小さいサービスでは、**図1-2** のようにスケー

リングが必要なサービスだけをスケールでき、システムの他の部分を小規模で非力なハードウェアで動作させることができます。

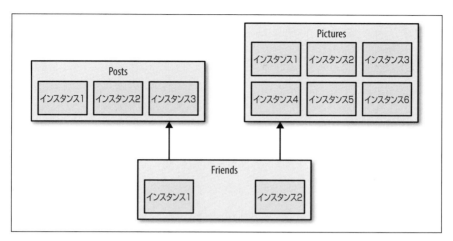

図1-2 スケーリングが必要なマイクロサービスだけを対象にスケールできる

　オンラインファッション小売業者のGilt（ギルト）は、まさにこの理由でマイクロサービスを採用しました。Giltのシステムは2007年にモノリシックなRailsアプリケーションでスタートしましたが、2009年までにはその負荷に対処できなくなりました。そこでGiltはシステムの中核部分を分割することで、トラフィックの急増に適切に対処できるようにしました。現在では450以上のマイクロサービスがあり、それぞれが複数の別のマシンで動作しています。

　Amazon Web Services（AWS）が提供しているようなオンデマンドプロビジョニングシステムを取り入れるときには、スケーリングが必要な部分にオンデマンドでこのスケーリングを適用できます。これにより、コストをより効率的に制御できます。このようにアーキテクチャ的なアプローチがほぼ即座のコスト削減と密接に関連することは、そうそうありません。

1.2.4　デプロイの容易性

　百万行のモノリシックアプリケーションを1行変更すると、その変更をリリースするためにアプリケーション全体をデプロイしなくてはいけません。このようなデプロ

イは、影響が大きくリスクが高くなる可能性があります。実際には、影響が大きくリスクの高いデプロイは、当然ながら懸念があるために結局は頻繁に行われることはありません。残念ながら、これは、変更がリリース間に積み上がり、本番環境にデプロイされるアプリケーションの新バージョンに多くの変更が含まれることになります。リリース間の差分が大きいほど、問題が起こるリスクが高くなります。

マイクロサービスでは、1つのサービスに変更を加えて、残りのシステムとは独立してデプロイできます。そのため、コードを迅速にデプロイできます。問題が生じた場合は、問題の原因である個別のサービスを迅速に特定でき、迅速なロールバックを簡単に実現します。また、これは新機能を迅速に顧客に提供できることも意味しています。これは、Amazon や Netflix といった組織がこのアーキテクチャを利用する主な理由の1つです。ソフトウェアのリリースを妨げる障害をできる限り多く取り除くようにするのです。

この分野の技術はこの数年間で大きく変化しており、マイクロサービスの世界でのデプロイの話題については 6 章でさらに詳しく探っていきます。

1.2.5 組織面の一致

私たちの多くが大規模チームや大規模コードベースに関連する問題を経験したことがあるでしょう。チームが分散している場合は問題がさらに悪化してしまいます。また、小規模コードベースで作業する小規模チームの方が生産性が高い傾向があることもわかっています。

マイクロサービスはアーキテクチャを組織によりよく一致させることができ、1つのコードベースで作業する人数を最小化し、チームの大きさと生産性を最適化します。また、サービスの所有権をチーム間で移し、あるサービスの開発者たちを同じ場所に配置させることができます。この話題については、10 章でコンウェイの法則を説明する際に詳しく取り上げます。

1.2.6 合成可能性

分散システムとサービス指向アーキテクチャの主な利点の1つは、機能を再利用する機会を広げることです。マイクロサービスでは、さまざまな目的に対してさまざまな方法で機能を利用できます。これは、コンシューマがどのようにソフトウェアを使用するかを考えるときに特に重要です。デスクトップ Web サイトやモバイルアプリケーションについて狭く考えられる時代は終わりました。現在では、Web、ネイティ

ブアプリケーション、モバイル Web、タブレットアプリ、ウェアラブルデバイス向けの機能を組み込む無数の方法を考える必要があります。組織が、狭いチャネルの観点での考え方からより全体的な顧客エンゲージメントの概念に移っているので、それに遅れずについて行けるアーキテクチャが必要です。

マイクロサービスでは、外部の第三者がアドレス可能なシステムの接合部を公開していると考えてください。状況が変わったら、別の方法で組み立てられます。モノリシックアプリケーションでは、多くの場合、外部から利用できる粒度の粗い接合部が1つあります。それを分割してさらに便利にしたい場合には、ハンマーが必要です。5章では、既存のモノリシックシステムを分割し、うまくいけば再利用可能で再組み立て可能なマイクロサービスに変更する方法を説明します。

1.2.7　交換可能にするための最適化

中規模から大規模な組織で働いていれば、おそらく巨大で扱いにくいレガシーシステムの存在に気付いているでしょう。そのようなレガシーシステムには誰も関わりたくありません。レガシーシステムは会社の運営に不可欠ですが、Fortran の奇妙な変種で記述され、25 年前に寿命を迎えたハードウェア上のみで動作していたりします。なぜ置き換えていないのでしょうか。理由は明らかです。大きすぎてリスクのある仕事だからです。

個々のサービスのサイズが小さければ、さらに優れた実装に置き換えるコストやすべてを削除するコストさえも管理しやすい大きさとなります。1 日に百行以上のコードを削除し、そのコードについて特に心配していないことがどのくらいの頻度であるでしょうか。一連のマイクロサービスは同程度のサイズであることが多いので、サービス全体の書き換えや削除に対する障壁は非常に低くなります。

マイクロサービス手法を採用しているチームは必要に応じてサービスを難なく完全に書き直し、必要なくなったらサービスを削除できます。コードベースが数百行程度の場合、開発者は愛着を持ちにくく、置き換えコストがとても低くなります。

1.3　サービス指向アーキテクチャ

サービス指向アーキテクチャ（SOA：Service-Oriented Architecture）は、複数のサービスが連携して最終的な一連の機能を提供する設計手法です。SOAにおけるサービスは通常、完全に別個の OS プロセスを示します。これらのサービス間の通信は、プロセス境界内のメソッド呼び出しではなくネットワークを介した呼び出しで行われ

10 | 1章　マイクロサービス

ます。

　SOA は、大規模なモノリシックアプリケーションの課題に有効な手法として登場しました。SOA は、ソフトウェアの再利用性の促進を目指す手法です。例えば、2つ以上のエンドユーザアプリケーションが同じサービスを使用できます。SOA はソフトウェアの保守や書き換えを簡単にすることを目指しています。理論的には、サービスのセマンティクスがあまり変わらない限り、誰にも知られずにあるサービスを別のサービスに置き換えられるからです。

　SOA は本質的にとても賢明な考え方です。しかし、多くの努力にもかかわらず、SOA を「適切に」実現する方法に関する十分な合意が欠けています。私見では、業界の大半は問題を総合的に十分検討できておらず、業界のさまざまなベンダが提示した理想像の説明に対する説得力のある現実的な手段を提示できていません。

　SOA に帰属する多くの問題は、実は通信プロトコル（SOAP など）、ベンダミドルウェア、サービス粒度に関する指針の欠如、システムの分割場所の選択に関する間違った指針といった問題です。本書の残りの部分では、これらの問題に順に取り組みます。皮肉屋は、ベンダが SOA のムーブメントを製品の売り上げを増やす手段として取り込み（そして、場合によっては推進し）、まさにその製品が SOA の目的を損なっていると言うかもしれません。

　SOA の従来の大半の考え方は、大きなものを小さなものに分割する方法を理解するのに役立ちません。どの程度の大きさが大きすぎるのかについては述べていません。サービスが結合しすぎないようにするための実世界での実用的な方法についても十分に示していません。多くの説明不足から、SOA に関わる落とし穴の多くが生じているのです。

　マイクロサービス手法は実世界の用途から登場し、システムやアーキテクチャをより深く理解して SOA を適切に実現します。そのため、XP やスクラム（Scrum）がアジャイルソフトウェア開発固有の手法であるのと同様に、マイクロサービスを SOA 固有の手法と考えるべきです。

1.4　他の分解テクニック

　マイクロサービスに取り組むと、マイクロサービスベースのアーキテクチャの利点の多くは、粒度が細かい性質と、問題解決方法に関してさらに多くの選択肢を得られることから来ていることがわかります。しかし、マイクロサービスに類似した他の分解テクニックは同じ利点を実現できるのでしょうか。

1.4.1　共有ライブラリ

　コードベースを複数のライブラリに分割することは、事実上あらゆる言語に組み込まれているごく標準的な分解テクニックです。このようなライブラリは、サードパーティが提供する場合や自らの組織で作成する場合があります。

　ライブラリによって、チームやサービス間で機能を共有できるようになります。例えば、便利なユーティリティ群を開発する場合もあるでしょうし、再利用可能な統計ライブラリを開発する場合もあるでしょう。

　このようなライブラリを中心にチームを組織化でき、そしてライブラリ自体を再利用できます。しかし、いくつかの欠点もあります。

　まず、技術的多様性が失われます。通常、ライブラリは同じ言語であるか、少なくとも同じプラットフォームで動作しなければなりません。次に、システムの各部をそれぞれ独立してスケールさせることが簡単ではなくなります。また、ダイナミックリンクライブラリ（DLL）を使っていない限り、新しいライブラリをデプロイするにはプロセス全体をデプロイし直さなければならないので、変更を分離してデプロイする能力が低下します。また、おそらくシステムの回復性を保証するためにアーキテクチャ上の安全対策を確立する明確な接合部に欠けているという欠点があります。

　共有ライブラリには本来の役割があります。ビジネスドメイン固有ではなく組織内で再利用したい一般的なタスクのためのコードを作成することは、明らかに再利用可能なライブラリの候補です。しかし、注意が必要です。サービス間の通信に使用する共有コードは結合点となります。詳しくは4章で議論します。

　サービスはサードパーティライブラリを大いに活用して共通コードを再利用でき、また再利用すべきです。しかし、万能ではありません。

1.4.2　モジュール

　簡単なライブラリ以上の独自のモジュール式分解テクニックを提供する言語もあります。そのような言語ではモジュールのライフサイクル管理が可能です。例えば、実行中のプロセスにモジュールをデプロイでき、プロセス全体を停止せずに変更が可能です。

　OSGI（Open Source Gateway Initiative）は、モジュール式分解に対する技術固有の手法の1つとして取り上げる価値があるでしょう。Javaには本当の意味でのモジュールの概念はなく、Javaにモジュールが追加されるには少なくともJava 9まで待たなければなりません。Eclipse Java IDEにプラグインをインストールできるフ

レームワークとして登場した OSGI は現在、ライブラリを介してモジュールの概念を Java に組み込む手段として使われています。

OSGI には、言語自体での十分なサポートなしにモジュールのライフサイクル管理などを行おうとする問題があります。その結果、適切なモジュール分離を行うため、モジュール開発者が多くの作業をしなければなりません。また、プロセス境界内ではモジュールが互いに過度に結合するという罠に陥りやすくなり、さまざまな問題が生じます。（同業者の経験とも一致する）私自身の OSGI の経験では、優れたチームでも、OSGI は保証された利点よりはるかに大きい複雑さの原因になりやすいでしょう。

別の手法を取る Erlang では、モジュールが言語ランタイムに組み込まれています。Erlang はモジュール式分解に対してとても成熟した手法を取っています。Erlang モジュールは停止、再開、アップグレードを問題なく行うことができます。Erlang は同時に複数のバージョンのモジュールを実行でき、より優れたモジュールのアップグレードを可能にします。

Erlang のモジュール機能は確かに素晴らしいものです。しかし、優れた機能を持つプラットフォームを使っていても、やはり通常の共有ライブラリの場合と同じ欠点があります。新たな技術を使う能力や独立してスケールできる方法が厳しく制限されており、過剰に結合する統合テクニックへと向かってしまいます。アーキテクチャ上の安全対策のための接合部がないのです。

最後に、見解を 1 つ共有させてください。技術的には、適切に分解された独立したモジュールを 1 つのモノリシックプロセス内に作成することは可能なはずです。しかし、まだほとんど登場していません。モジュールはすぐに残りのコードと密結合になり、主な利点の 1 つを放棄することになります。プロセス境界で分離すると、この点で正しい状態が強制されます（少なくとも間違ったことをしにくくなります）。もちろん、主にこのことによって、プロセス分離を推進すべきだとは言いませんが、実世界ではプロセス境界内でのモジュール分離の約束が守られてことはほとんどありません。

そのため、システムのサービスへの分解だけでなくプロセス境界内でのモジュール分解も行いたいかもしれませんが、それだけではすべての解決にはつながりません。純粋な Erlang ユーザなら、Erlang のモジュール実装の品質が成功に導くかもしれませんが、多くの人はそのような状況にはないでしょう。私たちは、モジュールを共有ライブラリと同様の利点を提供するものと考えるべきです。

1.5 銀の弾丸などない

本章を締めくくる前に、マイクロサービスは無料の昼食でも銀の弾丸[†]でもなく、金のハンマー[‡]として使うと好ましくない選択となることを指摘しなくてはなりません。マイクロサービスには分散システムに関連するすべての複雑さがあり、（本書を通じて説明していく）分散システムを適切に管理する方法について多くを学んだとしてもやはり困難です。あなたがモノリシックシステムの世界から来た場合には、デプロイの対処、テスト、監視を大幅に上達させて、これまで述べてきた利点を引き出さなければなりません。また、システムのスケーリング方法について異なる考え方をし、システムが回復性を持つようにする必要があります。さらに、分散トランザクションやCAP定理などに悩まされることになっても驚かないでください。

会社、組織、システムはすべて異なります。マイクロサービスが適しているかどうかや、マイクロサービスの採用にどの程度積極的になれるかには多数の要素が関係します。本書の各章では、考えられる落とし穴を浮き彫りにする指針を示すようにします。安定した道筋を立てるのに役立つはずです。

1.6 まとめ

ここまでで、マイクロサービスとは何か、他の合成テクニックとの違い、主な利点がわかったことと思います。以降の各章では、このような利点を実現する方法やよくある落とし穴を避ける方法を詳しく説明します。

取り上げるべき話題がたくさんありますが、どこかから手をつけなければなりません。マイクロサービスで生じる主な課題の1つは、システムの進化を導くことの多い人（アーキテクト）の役割を変更することです。次章では、この役割に対するさまざまな手法を調べ、この新しいアーキテクチャを最大限に生かせるようにします。

[†] 監訳者注：「銀の弾丸（銀の弾、silver bullet）などない」とは、魔法のように、すぐに役に立ちプログラマの生産性を倍増させるような技術や実践はないこと。Frederick Phillips Brooks, Jr. の著書『The Mythical Man-Month』（Addison-Wesley、日本語版『人月の神話―狼人間を撃つ銀の弾はない』丸善出版）を参照。

[‡] 監訳者注：「金のハンマー」とは、気に入った方法が、あらゆるところで利用できると思い込むアンチパターン。https://ja.wikipedia.org/wiki/アンチパターンを参照。

2章
進化的アーキテクト

　1章で説明したように、マイクロサービスにはたくさんの選択肢があり、そのために多くの判断を下す必要があります。例えば、いくつの異なる技術を使うべきか、チームが異なるプログラミングイディオムを使うことを許可すべきか、サービスを分割またはマージすべきかなどです。このような判断にどのように対応するのでしょうか。変化の速度がより速くなり、このようなアーキテクチャによって環境がさらに流動性を高めるに従い、アーキテクトの役割も変わらなければなりません。本章では、アーキテクトの役割に関してかなり独断的な見方を取り、できれば象牙の塔に最後の攻撃を加えたいと思います。

2.1　不正確な比較

> それを連発しているな。意味がわかっているのか。
> ―イニゴ・モントヤ、『プリンセスブライドストーリー』より

　アーキテクトには重要な仕事があります。アーキテクトには、技術ビジョンが一致することを確認する役割があり、そのビジョンは顧客が必要とするシステムを提供する手助けとなるべきです。場合によっては、1チームと連携するだけで済むこともあり、その場合にはアーキテクトと技術リーダーの役割は同じであることが多いでしょう。また、工程表全体のビジョンを決め、世界中の複数のチームや組織全体とも連携することもあるでしょう。アーキテクトがどのようなレベルで活動していても、その役割を明確に言い表すのは難しいものです。企業の開発者にとってアーキテクトになることは明らかに昇進であることが多いとはいえ、他のどの役職よりも批判を浴びる立場でもあります。他のどの役割にも増して、アーキテクトは構築するシステムの品

質、同僚の労働条件、組織の変化対応力に直接的な影響を持つにもかかわらず、私たちはしばしばアーキテクトの役割を誤解しています。それはなぜでしょうか。

私たちの業界は発展途上です。しかし、私たちはそのことを忘れて、約70年間私たちがコンピュータだと認識しているものの上で動作するプログラムを開発することだけを続けてきました。そのため、いつも他の専門家に頼んで自分たちが何をしているのかを説明してもらっています。私たちは医師でもエンジニアでもなく、配管工でも電気技術者でもありません。私たちは中間の立場に分類されるため、社会にも理解されにくく、また、自分でもどこが適切なのかわからないのです。

そこで、他の職業から名称を借用します。私たちは、自分自身を「ソフトウェアエンジニア」や「ソフトウェアアーキテクト」と呼びます。しかし、全然違いませんか。建築士（アーキテクト）やエンジニアには私たちにとっては夢に過ぎない厳密さや規律があり、社会における重要性もよく理解されています。友人の一人が公認建築士になる前日に、その友人と話したことを覚えています。そのとき彼は、「明日、パブで建築方法について君にアドバイスしてそれが間違っていたら、責任を取らないと。訴えられるかもね。法律上は公認建築士だから、間違ったら責任を負わないとならない」と言いました。建築士のような仕事は社会にとって重要なので、人々が取得しなければならない資格が必要とされます。例えば、イギリスでは建築士と呼ばれるまでに最低7年間の勉強が必要です。また、この仕事は過去数千年に及ぶ知識体系にも裏付けされています。私たちはどうでしょうか。それほどではありません。このことは、私がほとんどのIT認定資格を価値のないものと考える理由でもあります。私たちは、どのようなものが**優れている**かについてほとんどわかっていないからです。

評価されたい人もいるので、私たちの業界が必要としている評価を既に得ている他の職業から名前を借用していますが、これによってさらに弊害が大きくなっています。まず、アーキテクトやエンジニアという名前は自分が何をしているかわかっていることを暗示していますが、実際には全くわかっていません。建物や橋が絶対崩れることはないとは言いませんが、プログラムがクラッシュする回数よりははるかに少なく、エンジニアと比較するのは極めて不公平です。次に、大まかに見るだけでも類似点がないことがすぐにわかります。逆に、架橋工事がプログラミングのようなものだとすると、橋の途中で向こう岸がさらに50メートル先になってしまった、実際は花崗岩ではなく泥だった、道路橋ではなく歩道橋を建設していることに気付いた、といった具合です。ソフトウェアは、建築業界の建築士やエンジニアが対処するものを同じ物理的規則には制約されません。私たちが作成するソフトウェアはユーザ要件に柔軟に

適応し、進化するように設計されています。

　おそらく**アーキテクト**（建築士）という用語が最大の弊害でしょう。他者が解釈するための詳細な計画を立案し、その実行を期待する人という考え方です。芸術家でもありエンジニアでもあり、通常は1つのビジョンの作成を監視し、構造エンジニアからときどき受ける物理法則に関する異論を除き、他のすべての観点は補助的です。ソフトウェア業界で、このようなアーキテクトの考え方で実践すると大変なことになります。多数の図表やドキュメントが完璧なシステムの構築を通知するという観点で作成され、本質的に予測不能な未来を考慮していません。実装がどれほど困難か、実際に機能するかどうかに関する理解が完全に欠けています。詳しくわかってきたとしても変更する能力がないことは言うまでもありません。

　エンジニアや建築士と比較すると、私たちは誰にでも害を及ぼしてしまう恐れがあります。残念ながら、現在私たちは**アーキテクト**という用語について行き詰っています。私たちができることは、私たちの状況での意味を再定義することです。

2.2　進化するアーキテクト像

　ソフトウェア開発では、建物の設計や建設を行う場合よりも、急に要件が変更されます。ツールやテクニックを自由に変更できるのと同様です。私たちが作成する対象は時間的に固定ではありません。本番環境でリリースされると、ソフトウェアの使い方の変化に伴いソフトウェアは進化を続けます。私たちが作成するほとんどのものについては、ソフトウェアが顧客の手に渡っても、ソフトウェアは不変の成果物ではなく、私たちが対応し適応していかなければならないものだと、受け入れなければなりません。そのため、アーキテクトは完璧な最終製品を作成するという考え方を変え、代わりに適切なシステムが得られるようなフレームワークを作成することに重点を置き、さらに学んで成長を続ける必要があります。

　これまでは多くのページを割いて私たちを他の分野の専門家と比べないように警告してきましたが、ITアーキテクトの役割に関して私が気に入っている、この役割のあるべき姿をうまく言い表している例が1つあります。Erik Doernenburg は最初、私たちの役割を建築環境の建築士ではなく都市計画家と考えるべきだという考え方を私と共有しました。都市計画家の役割は、シムシティ（SimCity）をプレイしたことのある人にはおなじみでしょう。都市計画家の役割は、多数の情報源を調べ、将来の用途も考慮して現在の市民のニーズに最もよく合うように都市の配置を最適化することです。都市計画家がどのように都市の進化に影響を与えるかは興味深いものです。

都市計画家は「この建物をあそこに建てよう」とは言わず、代わりに「都市を区画」します。シムシティの場合と同様に、都市の一部を工業地区に指定し、別の地域を住宅地区に指定するでしょう。そして、どのような建物を作成するかの詳細は他の人々に任せます。しかし制約があります。工場を建設したければ、工業地区にする必要があります。都市計画家はある地区に何が起こるのかを心配するのではなく、人や設備がある地区から別の地区にどのように移動するかを把握するのに多くの時間を費やします。

複数の人が都市を生き物に例えています。都市は時間の経過とともに変化します。住民がさまざまな方法で都市を使い、外部の力によって形が変えられるにつれて、都市は姿を変え進化します。都市計画家はこの変化の予測に最善を尽くしますが、都市で起こることのあらゆる面を直接制御しようと試みることは無駄であることを受け入れています。

ソフトウェアとの比較は明らかです。ユーザがソフトウェアを利用するにつれて、私たちは対応して変更する必要があります。私たちは何が起こるのかすべてを予測することはできないので、あらゆる不測の事態に備えて計画するのではなく、可能性が低いことを必要以上に指定したい衝動を避け、変化を許容するように計画すべきです。都市（システム）は、利用者全員にとって有益で幸せな場所でなければなりません。忘れられてしまうことが多いのですが、ユーザを受け入れることだけがシステムの役割ではありません。システムは、そこで働く必要があり、必要に応じて変更できるようにする仕事をしている開発者や運用担当者も受け入れます。Frank Buschmann の言葉を借りれば、アーキテクトには開発者にとってもシステムを「住みよく」する義務があります。

アーキテクトと同様に、都市計画家は計画に従っていない場合を把握する必要もあります。都市計画家はアーキテクトほど厳密に規定しないので、軌道修正に関わる必要がある回数は最小限の回数のはずですが、誰かが住宅地区に下水処理場を建設することを決めたら、それを中止できる必要があります。

都市計画家としてのアーキテクトは方向性を大まかに設定する必要があり、限られた場合にのみ実装の詳細について具体的に関わります。アーキテクトはシステムが現在の目的にかなうようにする必要がありますが、将来のプラットフォームにも適するようにしなければなりません。そして、ユーザと開発者を等しく満足させるシステムにする必要もあります。これはとても難しい注文のように聞こえるでしょう。どこから手を付けたらよいでしょうか。

2.3　区画指定

　引き続き都市計画家にアーキテクトを例えば場合、区画は何に該当するでしょうか。区画はサービス境界、またはおそらくサービスの粒度の粗いグループになります。アーキテクトは、区画間で起こることに比べ区画内で起こることをそれほど心配する必要はありません。つまり、サービスが互いにどのように対話しているかを考えたり、システムの全体的な健全性を適切に監視できるようにすることに時間を費やす必要があるのです。区画内への関わり方はさまざまです。多くの組織では、チームの自律性を最大化するためにマイクロサービスを採用しており、詳しくは10章で説明します。そのような組織に属している場合には、チームに大いに頼って適切な局所的判断を下すことになります。

　しかし、区画（従来のアーキテクチャ図のボックス）間では、注意が必要です。そこで間違えるとあらゆる種類の問題につながり、修正がとても難しくなります。

　それぞれのサービス内では、その区画を所有するチームが異なる技術スタックやデータストアを選択しても問題ないでしょう。もちろん、ここでは別の懸念が生じます。10個の異なる技術スタックをサポートしていたら人を採用したりチーム間で人を移動したりするのが難しくなるため、仕事に適したツールをチームに選ばせにくくなります。同様に、各チームが完全に異なるデータストアを選んだら、それらを大規模に動作させるのに十分な経験が欠けていることに気付くかもしれません。例えば、Netflixはデータストア技術としてCassandraをほぼ標準化しています。すべての状況に最適ではないかもしれませんが、NetflixはCassandraに関するツールや専門知識を構築することで得られる価値が、特定のタスクにより適した他の複数のプラットフォームを大規模にサポートして運用しなければならないことよりも重要だと感じています。Netflixは極端な例で、おそらくスケーリングが最優先課題ですが、考え方はわかるでしょう。

　しかし、サービス間では事態が悪化してしまいます。あるサービスがHTTP上のRESTを公開することに決め、別のサービスがProtocol Buffersを活用し、さらに別のサービスがJava RMIを使っている場合、サービスの利用には複数の交換形式を理解してサポートしなければならないので、統合が悪夢となります。これが、「ボックス間で起こることについて心配し、ボックス内で起こることには寛大になる」べきという指針に私がこだわる理由です。

> ## コーディングするアーキテクト
>
> 　開発者にとって快適なシステムを開発したいなら、アーキテクトは開発者の判断の影響を理解する必要があります。つまり、少なくともアーキテクトはチームと一緒に過ごし、理想的にはアーキテクトが実際に、チームとのコーディングにも時間を費やすべきなのです。ペアプログラミングを実践している開発者は、アーキテクトがペアの1人のメンバーとして短期間チームに参加することを何とも思いません。理想的には、通常の手順で取り組み、**通常**の作業を本当に理解すべきです。アーキテクトが実際にチームと行動を共にする重要性をいくら強調しても足りません。電話したりコードを眺めたりするだけよりもはるかに効果的です。
>
> 　これをどのくらい頻繁に行うべきかは、一緒に働くチームの人数に大いに左右されます。しかし、大切なのは日常の活動にすることです。例えば、4チームと一緒に作業する場合には、4週間ごとに各チームと半日過ごすと認識を高めることができ、一緒に働いているチームとのコミュニケーションが改善します。

2.4　原則に基づいたアプローチ

規則は愚者が従うべきもので、賢者の手引きである。

—ダグラス・バーダー

　システム設計における判断はトレードオフです。マイクロサービスアーキテクチャには多くのトレードオフがあります。データストアを選ぶ際に、経験が少ないもののスケーリングに優れているプラットフォームを選ぶでしょうか。システムに2つの異なる技術スタックがあっても問題ないでしょうか。3つではどうでしょうか。入手できる情報からその場で完全に下すことができる判断もあり、そのような判断は最も簡単な判断です。しかし、不十分な情報で下さなければならない判断はどうでしょうか。

　そのような場合はフレーミング（枠付け）が有効です。意思決定に対してフレーミングを行う素晴らしい方法は、実現したい目標に基づいて意思決定を導く一連の原則とプラクティスを定めることです。それぞれを順に調べましょう。

2.4.1 戦略的目標

　アーキテクトの役割は既に十分に困難なので、幸運なことに通常はアーキテクトが戦略的目標を決定する必要はありません。戦略的目標は会社が目指す方向性であり、顧客を満足させる最善の方法だと確信できるものであるべきです。戦略的目標は高水準となり、技術は全く含まれないかもしれません。戦略的目標は、会社レベルや部門レベルで定義できます。「東南アジアに展開して新しい市場を開拓する」や「顧客がセルフサービスでできる限り実現できるようにする」といったものになります。重要なことは、戦略的目標は組織が目指す方向性なので、技術がその目標に一致するようにする必要があることです。

　そのため、会社の技術ビジョンを決める立場にあれば、組織の非技術部門（いわゆる**ビジネス**部門）と多くの時間を費やす必要があるでしょう。ビジネスを推進するビジョンとは何でしょうか。また、そのビジョンはどのように変化するでしょうか。

2.4.2 原則

　原則とは、実行することを大きな目標に一致させるために作成した規則であり、ときどき変更されるものです。例えば、組織としての戦略的目標の1つが新機能の市場投入時間を短くすることである場合、デリバリチームがソフトウェアのライフサイクルを完全に制御し、他のチームとは独立して準備ができ次第リリースするという原則を決めるかもしれません。組織が国外での提供を積極的に拡大していくという別の目標がある場合には、システム全体を移植可能にし、データの主権を尊重するために現地でデプロイできるなければならないという原則にするかもしれません。

　しかし、このような原則は多くは要らないでしょう。10未満が適切な数です。人が覚えられるくらいか、小さなポスターに収まる程度がよいでしょう。原則が多いほど、重複や矛盾の可能性が高くなってしまいます。

　Herokuの12 Factors（http://www.12factor.net/、ページ下部に日本語訳へのリンクあり）は、Herokuプラットフォームで適切に機能するアプリケーションを作成するのを助けるという目標のためにまとめられた設計原則集です。これは、Heroku以外の状況でも有用です。この原則の一部は、実際にHeroku上で動くアプリケーションに必要な振る舞いを基にした制約です。制約は変更しにくい（または、事実上変更できない）ものですが、原則は選択できるものです。原則か制約かを明示的に示すことで、実際には制約だから変更できないと言うこともできます。個人的には、原則と制約を同じリストに書いて困難な制約に時折挑戦し、本当に変更できないか確かめる

ことには価値があると考えています。

2.4.3　プラクティス

　プラクティスは、原則を確実に実行する方法です。プラクティスは、タスクを実行するための詳細で実用的な一連の指針です。技術固有であることが多く、開発者が理解できるくらい低水準であるべきです。プラクティスには、コーディング指針、すべてのログデータを集中して保存すること、HTTP/REST が標準的な統合形式であることなどを盛り込むことができます。プラクティスは技術的な性質があるため、原則よりも頻繁に変更されることがあります。

　原則と同様に、実施は組織の制約を反映することがあります。例えば、CentOS だけをサポートしている場合には、そのことをプラクティスに反映しなければなりません。

　プラクティスは原則を支えるべきです。デリバリチームがシステムの全ライフサイクルを制御するという原則は、すべてのサービスを単独の AWS アカウントにデプロイし、リソースのセルフサービス管理と他のチームからの分離を提供するというプラクティスにつながります。

2.4.4　原則とプラクティスの結合

　ある人の原則は別の人のプラクティスです。例えば、HTTP/REST の使用をプラクティスではなく原則と呼ぶこともでき、それは問題ありません。重要なのは、システムの進化方法を示す汎用的な考え方を持ち、その考え方の実装方法がわかるような詳細を知っていることには価値があるという点です。十分に小さなグループ（おそらく 1 チーム）では、原則とプラクティスを結合しても問題ないでしょう。しかし、技術と実用的なプラクティスが異なる可能性がある大規模組織では、プラクティスが共通の一連の原則に対応してさえいれば、場所によって異なる一連のプラクティスが必要な場合もあります。例えば、.NET チームにはあるプラクティスがあり、Java チームには別の一連のプラクティスがあり、両者に共通の一連のプラクティスもあります。しかし、原則はどちらも同じです。

2.4.5　実世界の例

　同僚の Evan Bottcher は、ある顧客を担当する過程で**図 2-1** に示す図を作成しました。この図は、目標、原則、プラクティスの相互作用をとてもわかりやすく示しています。数年間にわたり右側のプラクティスは定期的に変更されるでしょうが、原則

はほぼ不変でしょう。このような図は1枚の紙にきれいに印刷して共有でき、それぞれの考え方は普通の開発者が覚えられるほど簡単です。もちろん、それぞれの背後には詳細がありますが、要約形式で明確に提示できることはとても便利です。

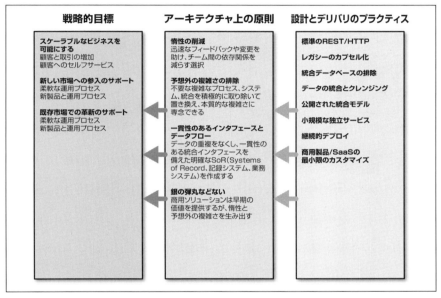

図 2-1　実世界での原則とプラクティスの例

　上記の項目をサポートするドキュメントがあるのは、理にかなっています。しかし一般的には、調べて実行でき、アイデアを具体化するサンプルコードを持つという考えが好まれます。さらにうまくいけば、適切な処理を実行するツールを作成できます。詳しくはすぐ後で取り上げます。

2.5　必要な標準

　プラクティスに取り組み、必要なトレードオフを考える際は、システムがどれだけの可変性を許容できるかが、見つけるべき主なバランスの1つです。サービス間で不変であるべき部分を特定する主な方法として、適切に振る舞う優れたサービスとはどのようなものであるかを定義することが挙げられます。システムで「善良な市民」となるサービスとはどのようなものでしょうか。システムを管理しやすくし、1つの

不適切なサービスがシステム全体を停止させないようにするために必要な機能は、何でしょうか。また、人の場合と同様に、ある状況で善良な市民がどのようなものであるかは、別の場所でその善良な市民がどのように見えるかを反映してはいません。とはいえ、注目するのがかなり重要だと思われる、適切に振る舞うサービスの一般的な特性があります。あまりに大きな逸脱を許すとかなり問題となる重要な分野がいくつかあります。Netflix の Ben Christensen は、全体像について考えるときには、「自律的なライフサイクルを持つがすべてが結合している、多くの小さな部品からなる凝集性のあるシステムである必要がある」と述べています。そのため、全体像を見失わずに個々のマイクロサービスの自律性を最適化するためのバランスを探す必要があります。各サービスが持つべき明確な属性を定義することは、そのバランスを明確にする手段の1つです。

2.5.1 監視

サービスをまたがったわかりやすいシステム健全性のビューを作成できることが、不可欠です。これはシステム固有のビューではなく、システム全体のビューでなければなりません。8章で説明するように、個々のサービスの健全性を知るのは有益ですが、大抵はより幅広い問題を診断したりより大きな動向を理解したいときだけです。これをできる限り簡単にするには、すべてのサービスで健全性と一般的な監視関連のメトリックを同じように出力することをお勧めします。

各サービスがこのデータを中央に送る必要がある、プッシュ機構を採用することもあるでしょう。その場合、メトリックには Graphite、健全性には Nagios を使うかもしれません。または、ノードからデータを収集するポーリングシステムを使うことにするかもしれません。しかし、どれを選んでも、標準化するようにしてください。内部の技術を不透明にし、その技術をサポートするために監視システムを変更せずに済むようにしてください。ロギングは同じカテゴリに分類され、1箇所に集める必要があります。

2.5.2 インタフェース

少数の定義済みインタフェース技術は、新しいコンシューマを統合するのに便利です。標準の数は1つが適切です。2つでも悪くありません。20個もの異なる統合形式は避けるべきです。これは、技術やプロトコルの選択だけではありません。例えば、HTTP/REST を選んだら、動詞と名詞のどちらを使うでしょうか。リソースの改ペー

ジにはどのように対処しますか。エンドポイントのバージョニングにはどのように対
処するでしょうか。

2.5.3　アーキテクチャ上の安全性

　不適切な振る舞いのサービス1つで全関係者に損害を与えるわけにはいきません。
サービスが不健全な下流呼び出しから適切に身を守るようにしなければなりません。
下流呼び出しで考えられる障害に適切に対処しないサービスが増えると、システムが
より脆弱になります。したがって、おそらく最低でも各下流サービスに対して独自の
接続プールを取得することを義務付ける必要があり、さらに各サービスに対してサー
キットブレーカーも使うことになるかもしれません。詳しくは、11章で大規模なマ
イクロサービスを議論するときに取り上げます。

　レスポンスコードに関しては、ルールに従って行動することも重要です。サーキッ
トブレーカーがHTTPコードに依存し、あるサービスがエラーに対して2XX（成功）
コードを返したり、4XX（クライアントエラー）コードと5XX（サーバエラー）コー
ドを混同したりしている場合、安全対策が破綻する可能性があります。HTTPを使っ
ていなくても同様の懸念が生じます。問題なく正しく処理されたリクエスト、不適切
なためにサービスが何も処理しなかったリクエスト、問題ないかもしれないがサーバ
がダウンしているために問題ないかどうかわからないリクエストの違いがわかること
は、早く失敗して（フェイルファスト）問題を追跡できるようにするための鍵です。
サービスが規則に正しく従っていない場合には、最終的に脆弱なシステムになってし
まいます。

2.6　コードを介したガバナンス

　協力して実行方法の合意を取るのはよい考えです。しかし、指針に従っているかを
確認するのに時間を費やすのはあまり楽しくなく、各サービスが実行すべきすべての
標準を実装するという負荷を開発者に負わせるのも楽しくありません。私は、適切な
処理を容易にすることを信条としています。そのためにうまくいくと思われる2つの
テクニックは、手本を使うこととサービステンプレートを提供することです。

2.6.1 手本

ドキュメントは素晴らしくて便利です。私はドキュメントの価値をきちんと理解しています。それが、この書籍を執筆した理由です。しかし、開発者はコードも好きです。コードは実行して調べられるからです。推奨したい一連の標準やベストプラクティスがある場合には、開発者たちに示すことができる手本があると便利です。これは、システムの優れた部分を真似するだけで大きく間違えることはなくなるという考え方です。

理想的には、手本は**完璧な例**にするために実装しただけの単独のサービスではなく、適切に機能する実世界のサービスが望ましいでしょう。手本が実際に使用されているので、自分が使っているすべての原則が実際に理にかなっていると確信できます。

2.6.2 カスタムのサービステンプレート

すべての開発者がほぼ作業なしでほとんどの指針に従うのを簡単にできたら、素晴らしいと思いませんか。各サービスに必要な主な属性を実装するためのほとんどのコードが、何もしなくても開発者に提供されていたらどうでしょうか。

Dropwizard（http://dropwizard.io/）と Karyon（https://github.com/Netflix/karyon）は、2つのオープンソースの JVM ベースのマイクロコンテナです。両者の機能はほぼ同等で、健全性確認、HTTP の提供、メトリックの公開といった機能を提供する一連のライブラリをまとめたものです。コマンドラインから起動できる組み込みサーブレットコンテナを備えたサービスがすぐに手に入ります。まず試してみるのには最適ですが、そこで終わりにする理由はありません。ついでに、Dropwizard や Karyon などを使い、状況に応じてさらに機能を追加するとよいでしょう。

例えば、サーキットブレーカーの使用を強制させたい場合には、Hystrix（https://github.com/Netflix/Hystrix）などのサーキットブレーカーライブラリを統合するかもしれません。また、すべてのメトリックを中央の Graphite サーバに送信しなければならないというプラクティスを採用しているため、Dropwizard の Metrics（http://metrics.dropwizard.io/）などのオープンソースライブラリを取り入れ、すぐに応答時間とエラー率が既知の場所に自動送信されるように構成するかもしれません。

一連の開発プラクティスのためにこのようなサービステンプレートをカスタム作成しておけば、チームが迅速に取りかかれるようになり、また、開発者が不適切な振る舞いをするサービスを作成しにくくなります。

複数の全く異なる技術スタックを採用すると、それぞれの技術スタックに合ったサービステンプレートが必要です。しかし、これはチームの言語選択を微妙に制約するかもしれません。社内のサービステンプレートがJavaだけをサポートしている場合、自分自身で多くの作業を行わなければならないとしたら、別のスタックを選ばない方が無難でしょう。例えば、Netflixはシステムの部分停止ですべてが停止しないようにするための、耐障害性などの面に特に関心があります。これに対処するために、多くの作業を行ってJVM上にクライアントライブラリを用意し、サービスが適切な振る舞いを維持するために必要なツールをチームに提供しています。新技術スタックを導入すると、このようなすべての作業を再度行わなければなりません。Netflixの主な懸念は、労力の重複よりもむしろ間違いが起こりやすいという点です。サービスがシステムの多くに影響を及ぼす場合には、新しく実装した耐障害性が不適切であるサービスのリスクが高くなります。Netflixは、**サイドカーサービス**を利用してこれを軽減しています。サイドカーサービスは、適切なライブラリを使っているJVMとローカルで通信します。

コードを介しているとはいえ、サービステンプレートの作成が、主要ツールや（物事をどのように行うべきかを決める）アーキテクチャチームの仕事にはならないことに注意しなければなりません。使用するプラクティスを決めるのは集団的活動なので、理想的にはチームがテンプレートの更新に連帯責任を負うべきです（ここでは社内オープンソース方式が適しています）。

また、押しつけられた強制的なフレームワークでチームのやる気や生産性が損なわれるのも、数多く目にしてきています。コードの再利用を促進するために、ますます多くの作業が集中管理フレームワークに配置され、どうしようもなく巨大になります。カスタムのサービステンプレートを使うことに決めたら、そのテンプレートの責務を入念に考えてください。理想的には、カスタムのサービステンプレートの利用は単なるオプションにすべきですが、強制的にサービステンプレートを採用させたい場合には、開発者の使いやすさを中心に考慮しなければならないことを理解する必要があります。

また、共有コードのリスクも認識しておいてください。再利用可能なコードを作成する中で、サービス間の結合の原因を取り込んでしまう恐れがあります。私が話したことのある少なくとも1つの組織はそれを非常に恐れて、実際に手動でサービスにサービステンプレートのコードをコピーするようにしています。この方法だと、主要なサービステンプレートのアップグレードをシステム全体に適用するのに時間がかか

りますが、この組織にとってこのことは結合のリスクより重要ではありません。私が話したことのある他のチームは、DRY（Don't Repeat Yourself）の傾向が過度に結合したシステムをもたらさないように熱心に取り組まなければならないのですが、サービステンプレートを単なる共有バイナリ依存関係として扱っています。これは微妙な話題なので、4章で詳しく取り上げます。

2.7　技術的負債

　技術ビジョンを最後まで守れない状況に置かれることも少なくありません。多くの場合、手を抜いて緊急の機能を提供するという選択をする必要があります。これも必要なトレードオフの1つにすぎません。技術ビジョンが存在するのには理由があります。この理由から逸脱すると、短期的な利点があるかもしれませんが長期的にはコストとなります。このトレードオフの理解に役立つ概念は、技術的負債です。技術的負債が生じると、実世界の負債と同様に継続的コストがかかり、返済したいものになります。

　技術的負債の原因が近道をしたことだけではない場合もあります。システムのビジョンが変更されたのにシステムのすべてがそれに対応してなかったらどうなるでしょうか。その場合にも、技術的負債の新たな原因を生み出します。

　アーキテクトの仕事は全体像を検討し、そのバランスを理解することです。負債の水準と関与すべき箇所に関する展望を持つことが重要です。組織によっては、緩やかな指針を提供できますが、チームに負債の追跡や返済の方法を決めさせるかもしれません。別の組織ではさらに組織化され、定期的に見直す負債ログを保守する必要があるかもしれません。

2.8　例外処理

　原則とプラクティスはシステムの構築方法の指針となります。しかし、システムがそこから逸脱したらどうなるでしょうか。この規則の例外となる判断を下すこともあります。その場合には、将来参照するためにそのような判断をログに記録するとよいでしょう。十分な**例外**が見つかったら、いずれは原則やプラクティスを変更して世界の新しい認識を反映することが理にかなっています。例えば、データストレージに必ず MySQL を使うというプラクティスを採用しているかもしれません。しかし、その後スケーラビリティの高いストレージに Cassandra を使う説得力のある理由があれば、その時点でプラクティスを「ほとんどのストレージ要件には MySQL を使用する。

ただし、容量が大きく増加することが予想される場合には Cassandra を使用する」に変更します。

　組織はそれぞれ異なることを繰り返し指摘しておくべきでしょう。開発チームが高度な信頼と自律性を備えており、原則が軽量な（そして、明らかな例外処理の必要性がなくなることはないにしても大幅に減少している）会社と一緒に仕事をしたことがあります。開発者にあまり自由がない、より組織化された組織では、導入された規則に人々が直面している課題を適切に反映させるために、例外の追跡が不可欠です。とはいえ、私は、チームの自律性のために最適化し、チームに当面の問題を解決するためにできる限りの自由を与える手段としてのマイクロサービスの支持者です。開発者の仕事の方法に多くの制約を加えている組織で働いている場合には、マイクロサービスは適さないかもしれません。

2.9　中央からのガバナンスと指導

　アーキテクトはガバナンスにも対処する必要があります。**ガバナンス**は何を意味するのでしょうか。COBIT（Control Objectives for Information and Related Technology、情報関連技術のコントロール目標）がとても優れた定義をしています。

> ガバナンスは、利害関係者のニーズ、状況、選択肢を評価し、優先順位付けと意思決定を通じて方向性を設定し、合意した方向性や目的に対する実績、順守、進捗の監視を行うことで企業の目的が達成されるようにすることです。
>
> —COBIT 5

　ガバナンスは、IT では複数の事柄に適用できます。ここでは、技術ガバナンスの面を重点的に取り上げます。私はこれをアーキテクトの仕事だと感じているからです。アーキテクトの仕事の1つが技術ビジョンを保証することであれば、ガバナンスは構築しているものがそのビジョンに一致していることを保証し、必要に応じてビジョンを進化させることです。

　アーキテクトは多くのことに責任を負います。開発を導く一連の原則を持ち、それらの原則を組織の戦略に一致させる必要があります。また、それらの原則が開発者を悲惨にする作業プラクティスを必要としないようにしなければなりません。新技術について行き、適切なトレードオフを行うべきタイミングを把握する必要があります。これは大変多くの責務です。さらに、人々を支えなければなりません。つまり、一緒に働いている同僚たちが意思決定を理解し、それを実行するために参加するのです。

また、既に述べたように、チームと一緒に時間を費やし、判断の影響やさらにはおそらくコードも理解する必要があります。

無理難題でしょうか。確かにそうです。しかし、私は断固としてこれを1人で担当すべきではないという意見を持っています。適切に機能しているガバナンスグループは、連携して作業を共有しビジョンを具体化することができます。

通常、ガバナンスはグループ活動です。十分に小さなチームでの非公式な雑談の場合も、広範囲での公式なグループメンバーとの組織的な定期会議の場合もあります。このような場で先ほど述べた原則を議論し、必要に応じて変更すべきだと考えています。このグループは技術者が率い、主にガバナンスの対象となる作業を実行している人たちで構成されなければなりません。また、このグループは技術リスクの追跡と管理にも責任を負うべきです。

私がとても好きなモデルは、アーキテクトがグループを率いているが、グループの大部分は各デリバリチームの技術者（少なくとも各チームのリーダー）から集められているモデルです。アーキテクトにはグループを機能させる責任がありますが、グループ全体がガバナンスの責任を負います。これにより負荷を共有し、より高いレベルの引き受けが保証されます。また、情報がチームからグループに自由に流れ、その結果、意思決定がはるかに賢明で情報に基づいたものになります。

アーキテクトが同意しない判断をグループが下すこともあります。その場合、アーキテクトは何をすべきでしょうか。私は過去に同じ立場に立たされたことがあります。これはアーキテクトが直面する最も困難な状況の1つだと言えます。大抵は、グループの判断に同調する手法を取ります。説得に最善を尽くしたという考え方をしますが、結局は十分に説得していなかったのです。グループの方が個人よりも賢明であることが多く、私のほうが間違っていたことが何度もあります。また、グループに判断を下す権限が与えられたのに、最終的に無視されたらどれほど無力感に苛まれるかを想像してみてください。しかし、時にはグループの判断を却下することもありました。なぜ、どのようなときに却下するのでしょうか。どのように線引きするのでしょうか。

子供に自転車の乗り方を教える場合を考えてください。子供の代わりに乗ることはできません。子供がふらつくのを見守り、転びそうなときに毎回手を出していたら決して上達しません。思ったよりも転ぶ回数がはるかに少なくなれば、学んでいるのです。しかし、交通量のある道路や近くのアヒル池に向かっているのを見たら、手を出さなければなりません。同様に、アーキテクトは、チームがアヒル池に向かっている状況であるのかを正確に把握する必要があります。また、自分が正しいことがわかっ

ていてチームの判断を却下する場合でも、自分の地位が弱体化し、チームに発言権がないとチームが感じる可能性があることを承知していなければなりません。自分が同意できない判断に同調することが正しい場合もあります。どのようなときに同調しどのようなときに同調すべきでないかを知るのは難しいことですが、それが不可欠となることもあります。

2.10　チームの構築

　システムの技術ビジョンの責任を担う主要人物となり、そのビジョンを確実に実行するには、単に技術的判断を下すだけでは足りません。作業を実行しているのは一緒に働いている開発者たちです。技術リーダーの役割の大部分はそのような開発者たちの成長を促し（ビジョンの理解を促し）、ビジョンの具体化と実装に積極的に参加できるようにすることです。

　周囲の人たちのキャリアの成長を助けるためには多くの方法がありますが、そのほとんどが本書の対象範囲外です。しかし、マイクロサービスアーキテクチャが特に関連する面が1つあります。大規模なモノリシックシステムでは、開発者たちが向上して何かを**所有する**機会はほとんどありません。一方、マイクロサービスではそれぞれ独立したライフサイクルを持つ複数の自律的なコードベースがあります。多くの責任を引き受ける前に個々のサービスを所有させることで開発者たちを向上させることは、各自のキャリア目標を実現させるための優れた方法であり、同時に責任者の負荷を軽減します。

　私は、優れたソフトウェアは優れた人々によってもたらされると強く信じています。技術面だけを心配している場合、実態の半分以上を見落としているのです。

2.11　まとめ

　本章のまとめとして、進化的アーキテクトの主な責務と私が考えているものを以下に示します。

ビジョン
　　システムが顧客や組織の要件を満たすのを助けるシステムの技術ビジョンを、明確に伝えるようにします。

共感

顧客や同僚に対する自分の判断の影響を理解します。

協調

できるだけ多くの仲間や同僚と関わり、ビジョンの定義、改良、実行に役立てます。

適応性

顧客や組織の要求により技術ビジョンを変更するようにします。

自律性

チームに対して標準化と自律性の実現との間の適切なバランスを見出します。

ガバナンス

実装しているシステムを技術ビジョンに合わせます。

　進化的アーキテクトは、こんな芸当を行うのは常に綱渡りであることを理解しています。常にどちらかに偏らせる力が働き、流れに逆らうタイミングと流れに乗るタイミングを理解するには経験しかないことが多いのです。しかし、変化に向かわせるあらゆる力に対する最悪な対応は、考え方を硬直させ固定化することです。

　本章のアドバイスの多くはあらゆるシステムアーキテクトに適用できますが、マイクロサービスではさらに多くの判断が求められます。したがって、これらすべてのトレードオフのバランスをうまく取れるようになることが、不可欠です。

　次章では、マイクロサービスの適切な境界を探す方法について考えながら、アーキテクトの役割についての新たな気付きを取り上げます。

3章
サービスのモデル化方法

私の敵の論拠は未開人を思い出させる。その未開人は世界は何の上に成り立っているかと問われたら、「亀」と答えた。しかし、亀は何の上に成り立っているかと聞いたら「別の亀」と答えた。

—ジョセフ・バーカー（1854 年）

ここまででマイクロサービスとは何かがわかり、おそらく主な利点も実感できたでしょう。そろそろマイクロサービスを始めてみたいのではないでしょうか。しかし、どこから始めるのでしょうか。本章では、利点を最大化し考えられる欠点を避ける、マイクロサービスの境界に関する考え方を説明します。しかし、まず取り上げなければならないことがあります。

3.1　MusicCorp の紹介

考え方に関する書籍には、例があった方がわかりやすいでしょう。可能な限り、実世界の話を共有しますが、架空のドメインを扱うのも有益です。本書では、いたるところでこのドメインに戻り、マイクロサービスの概念がこの世界でどのように機能するかを確認します。

最先端のオンライン小売業者 MusicCorp に目を向けてみましょう。MusicCorp は最近まで実店舗の小売業者でしたが、レコード販売事業が崩壊した後、オンライン販売に軸足を移しています。MusicCorp には Web サイトがありますが、今がオンライン販売への賭けに出るときだと感じています。結局、iPod は一時的な流行に過ぎず（明らかに Zune の方が優れています）、音楽ファンは CD が家に届くのを心待ちにしています。便利さより品質ではないでしょうか。また、ついでに常に話題となっている Spotify とは何でしょうか。10 代の若者向けのスキントリートメントの一種でしょ

うか[†]。

MusicCorp は少し出遅れたにもかかわらず、壮大な野心を抱いています。幸運なことに、MusicCorp は世界征服の絶好のチャンスは、できる限り簡単に変更できるようにすることによると信じ込んでいます。勝利のためのマイクロサービスです。

3.2 優れたサービスにするには

MusicCorp チームがはるか先に進み、8 トラックのテープをありとあらゆる人に配達しようと次から次へとサービスを開発する前に、ブレーキをかけ、肝に銘じておく必要がある最も重要な根本的な考え方について少し話をしましょう。優れたサービスにするにはどうすればよいのでしょうか。SOA 実装の失敗を乗り切ったら、次に進むべき所に関して何らかの考えがあるでしょう。しかし、万が一そのように幸運(不幸)ではない場合には、2 つの主な概念に注目してください。**疎結合**と**高凝集性**です。本書では他の考え方やプラクティスについて詳しく説明しますが、この 2 つを間違えたらすべてが無駄になります。

この 2 つの用語は特にオブジェクト指向システムの文脈でよく使われますが、マイクロサービスの観点での意味を議論する価値があります。

3.2.1 疎結合

サービスが疎結合のときは、あるサービスを変更しても別のサービスを変更する必要はないはずです。マイクロサービスの本質は、システムの他の部分を変更する必要なしに、あるサービスを変更してデプロイできることです。これは本当に重要です。

どのようなことが密結合を生み出すのでしょうか。典型的な誤りは、あるサービスと別のサービスを密に結合する統合方式を選び、サービス内の変更によってコンシューマの変更が必要になることです。これを回避する方法については、4 章で詳しく説明します。

疎結合のサービスは、連携するサービスに関して必要最低限のことだけしか把握しません。これはおそらく、あるサービスから別のサービスへのさまざまな呼び出しの数を制限する必要があることにもつながります。潜在的な性能問題以上に、多数の(chatty な)[‡]通信が密結合をもたらしてしまうからです。

[†]　監訳者注：説明するのも野暮ですが、Spot には吹き出物、にきびという意味もあります。

[‡]　監訳者注：chatty な（おしゃべりな、話好きな）通信は多数の呼び出しがあることを意味するのに対し、chunky な（大きな、太った）通信は、呼び出しのサイズが大きいことを意味します。

3.2.2 高凝集性

関連する振る舞いは一緒にし、関連のない振る舞いは別の場所に配置したいでしょう。なぜでしょうか。振る舞いを変更したいときに、1箇所で変更でき、その変更をできる限り早くリリースできるようにしたいからです。さまざまな箇所でその振る舞いを変更しなければならないと、その変更をリリースするために多くの異なるサービスを（おそらく同時に）リリースしなければなりません。さまざまな箇所で変更すると遅くなり、一度に多くのサービスをデプロイするのはリスクがあります。どちらも避けたい事態です。

そこで、関連する振る舞いが1箇所に存在し、他の境界との通信ができる限り疎になるような問題ドメイン内の境界を探す必要があります。

3.3 境界づけられたコンテキスト

Eric Evans の著書『Domain-Driven Design』（Addison-Wesley、日本語版『エリック・エヴァンスのドメイン駆動設計』翔泳社）は、実世界のドメインをモデル化するシステムの作成方法を重点的に取り上げています。この書籍にはユビキタス言語の使用、リポジトリ抽象化といった優れた考え方が満載されていますが、Evans が導入した概念で、私が最初は完全に見落としていたとても重要な概念が1つあります。それは**境界づけられたコンテキスト**（Bounded Context、BC、コンテキスト境界、境界コンテキスト）です。この考え方は、どのドメインも複数の境界づけられたコンテキストからなり、それぞれの境界づけられたコンテキストには外部と通信する必要のないもの（Eric は**モデル**という用語を多く使っており、モデルの方が**もの**よりも適しているでしょう）と、外部の他の境界づけられたコンテキストと共有されるものがあります。境界づけられたコンテキストには明示的なインタフェースがあり、そのインタフェースが他のコンテキストと共有するモデルを決定します。

私が好きな境界づけられたコンテキストの別の定義は、「明示的な境界によって強制される特定の責務」[†]です。境界づけられたコンテキストから情報が欲しい場合や境界づけられたコンテキスト内の機能を要求したい場合には、モデルを使用して明示的な境界と通信します。Evans の著書では、細胞の例えを使っています。「細胞膜が内外を分け、通過できるものを決めているので、細胞が存在できます」。

MusicCorp の事業に戻ってみましょう。ここでのドメインは、運営する事業全体

[†] http://bit.ly/bounded-context-explained

です。倉庫から受付カウンタ、経理から注文までのすべてに及びます。ソフトウェアでそのすべてをモデル化する場合もあればしない場合もあるとはいえ、これが運営しているドメインです。このドメインで、Evansが言うところの境界づけられたコンテキストと思われる部分を考えてみましょう。MusicCorpでは、倉庫は活動の中心です。出荷された注文（および返品）の管理、新しい在庫の配送、フォークリフト車の運転などです。他には、経理部門はあまり楽しくないでしょうが、やはり組織内のとても重要な役割です。経理部門のメンバーは給与を管理し、会社の帳簿を付け、重要な報告書を大量に作成します。また、きっと面白いおもちゃも卓上にあるでしょう。

3.3.1　共有モデルと隠れモデル

　MusicCorpでは、経理部門と倉庫を2つの別個の境界づけられたコンテキストとみなせます。これらの境界づけられたコンテキストはどちらも（在庫報告書、給与明細書といった観点で）外部との明示的なインタフェースを持ち、知っておく必要がある詳細（フォークリフト車、計算機）しか知りません。

　経理部門には、倉庫の詳細な内部作業の知識は必要ありません。しかし、把握しておかなければならないこともあります。例えば、在庫水準を把握し、帳簿を最新に保たなければなりません。**図 3-1** は、コンテキスト図の例を示しています。ピッキング担当者（注文のピッキングを行う人）、在庫の位置を表す棚といった倉庫の内部に関する概念がわかります。同様に、会社の総勘定元帳は経理に不可欠ですが、ここでは外部には共有されません。

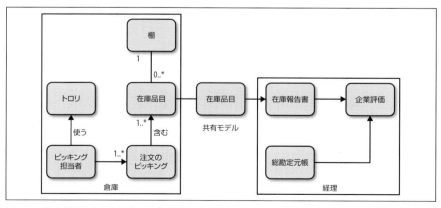

図 3-1　経理部門と倉庫との間の共有モデル

会社を評価できるようにするには、経理部門のメンバーは抱えている在庫に関する情報が必要です。そこで、在庫品目がこの2つのコンテキスト間の共有モデルになります。しかし、倉庫のコンテキストから在庫品目に関するすべてをやみくもに公開する必要はないことに注意してください。例えば、内部的には在庫品目の倉庫内の保管場所を記録しますが、これを共有モデルで公開する必要はありません。そのため、内部専用の表現と公開する外部表現があります。いろいろな意味で、これは4章でのRESTに関する議論の伏線です。

異なるコンテキストで意味が全く異なる同じ名前のモデルに遭遇することもあります。例えば、返品の概念があるでしょう。これは、顧客が品物を送り返してくることを表します。顧客のコンテキストでは、返品は出荷ラベルを印刷し、荷物を発送し、返金を待つことです。倉庫側では、返品は到着する予定の荷物と在庫に戻す在庫品目を表します。その結果、倉庫内では実施した作業に関する返品関連の追加情報を格納します。例えば、在庫戻し要求を生成します。返品の共有モデルは、それぞれの境界づけられたコンテキスト内部のさまざまなプロセスやサポートするエンティティに関連するようになりますが、これらはコンテキスト内部の関心事です。

3.3.2　モジュールとサービス

共有すべきモデルについて明確に考え、内部表現を共有しないことで、（意に反する）密結合を引き起こす潜在的な落とし穴の1つを回避します。また、同じ目的を持ったすべてのビジネス機能を配置すべきドメイン内の境界を特定し、望みの高凝集性を実現します。そして、これらの境界づけられたコンテキストは、合成的な境界に極めて適しています。

1章で述べたように、プロセス境界内でモジュールを使用して関連するコードをまとめ、システム内の他のモジュールとの結合を減らすという選択肢があります。新しいコードベースを始める際には、おそらくそこから始めるのがよいでしょう。ドメインで境界づけられたコンテキストが見つかったら、コードベース内では共有モデルと隠れモデルを備えたモジュールとしてモデル化するようにしてください。

このようなモジュール境界は、マイクロサービスの優れた候補です。一般に、マイクロサービスは境界づけられたコンテキストときれいに一致するようにします。うまくできるようになったら、境界づけられたコンテキストをよりモノリシックなシステム内のモジュールとしてモデル化する手順を飛ばし、別個のサービスに直接向かうこともあるでしょう。しかし、新規システムはよりモノリシックになるようにしてくだ

さい。サービス境界を間違えるとコストがかかるので、新しいドメインに着手する際は事態が安定するまで待つのが賢明です。詳しくは、既存システムをマイクロサービスに分割するのに便利なテクニックとともに5章で説明します。

サービス境界がドメイン内の境界づけられたコンテキストと一致し、マイクロサービスがこれらの境界づけられたコンテキストを表していれば、マイクロサービスを疎結合で高い凝集性を持つようにするための素晴らしいスタートを切れます。

3.3.3　時期尚早な分解

ThoughtWorks社では、あまりに早期にマイクロサービスの分割をしてしまったという課題を経験しました。当社はコンサルティングに加えて、製品もいくつか開発しています。その1つが、ホスト型の継続的インテグレーション/継続的デリバリ（CI/CD）ツールのSnap CIです（これらの概念については6章で説明します）。Snap CIのチームは、過去に同様のツールGoCDを担当したことがあります。GoCDは、クラウドホスト型ではなくローカルにデプロイできる、現在はオープンソースになった継続的デリバリツールです。

Snap CIとGoCDプロジェクトとの間ではかなり初期からコードを再利用していましたが、最終的にSnap CIは全く新しいコードベースになりました。CDツールのドメインでのチームの過去の経験が、境界を特定し一連のマイクロサービスとしてシステムを構築する際により迅速に動くように、チームを勢いづかせました。

しかし、数ヵ月後、Snap CIのユースケースが微妙に異なり、サービス境界の最初の解釈があまり正しくなかったことが判明しました。これにより、さまざまなサービスに多くの変更が必要になり、変更に関するコストが上昇しました。最終的に、チームはサービスを1つのモノリシックシステムにマージし、時間を費やして適切な境界位置の理解に努めました。1年後、チームはモノリシックシステムをマイクロサービスに分割でき、その境界はずっと安定しています。このような状況を目にしたのは、この例だけではありません。特に初めてのドメインでは、システムをマイクロサービスに分解するのが時期尚早だとコストがかかってしまう場合があります。いろいろな意味で、マイクロサービスに分解したい既存のコードベースがある方が、最初からマイクロサービスに取り組むよりもはるかに簡単です。

3.4　ビジネス機能

　組織に存在する境界づけられたコンテキストについて考える際、共有するデータの観点ではなく、そのコンテキストが残りのドメインに提供する機能について考えるべきです。例えば、倉庫は現在の在庫リストを取得する機能を提供し、経理のコンテキストは月末の帳簿の公開や新入社員の給与の設定を行えるでしょう。このような機能には情報交換（共有モデル）が必要なこともありますが、**データ**について考えると、貧血症[†]の CRUD（Create、Read、Update、Delete：作成、読み取り、更新、削除）ベースのサービスとなるのを何度も見ています。そこで、まず「このコンテキストは何を行うか」を問い、「このコンテキストがそれを行うために、どのようなデータが必要か」を考えます。

　サービスとしてモデル化する際は、この機能がネットワーク経由で他のコラボレータに公開される主要な操作になります。

3.5　ずっと下の亀

　初めは、複数の粒度の粗い大雑把に境界づけられたコンテキストが見つかるでしょう。しかし、それらの境界づけられたコンテキストにはさらに境界づけられたコンテキストが含まれています。例えば、倉庫を注文フルフィルメント、在庫管理、入荷に関連する機能に分解できます。マイクロサービスの境界を検討するときには、まず大きく粒度の粗いコンテキストの観点で考え、それから、入れ子になったコンテキストに沿ってさらに分割し、接合部で分割する利点を求めます。

　入れ子になったコンテキストを他の連携するマイクロサービスから隠したままにすると、効果的です。**図 3-2** からわかるように、外部のマイクロサービスは依然として倉庫のビジネス機能を活用していますが、実際には要求が 1 つ以上の別のサービスに透過的にマッピングされていることを知りません。**図 3-3** のように高水準の境界づけられたコンテキストがサービス境界として明示的にモデル化されていない方が理にかなっていると判断することもあるので、1 つの倉庫の境界ではなく在庫管理、注文フルフィルメント、入荷に分割するかもしれません。

[†]　監訳者注：ドメインモデル貧血症については、http://martinfowler.com/bliki/AnemicDomainModel. html、日本語訳 http://bliki-ja.github.io/AnemicDomainModel/ を参照。

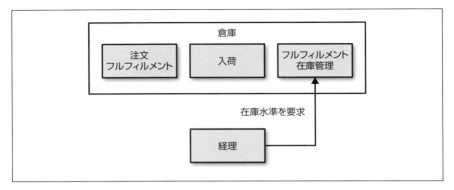

図3-2 倉庫内に隠された、入れ子になった境界づけられたコンテキストを表すマイクロサービス

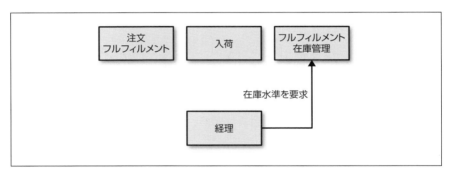

図3-3 トップレベルコンテキストになった、倉庫内の境界づけられたコンテキスト

　一般に、最も有用な手法に関する厳格な規則はありません。しかし、完全に分離する手法と入れ子にする方法のどちらを選ぶかは、組織構造に基づくべきです。注文フルフィルメント、在庫管理、入荷を異なるチームが管理している場合、おそらく**トップレベルマイクロサービス**に値するでしょう。一方、すべてを1チームで管理している場合には、入れ子になったモデルの方が理にかなっています。これは組織構造とソフトウェアアーキテクチャの相互作用のためであり、詳しくは10章で取り上げます。

　入れ子になった手法の方を好む理由は他にもあります。入れ子になった手法では、アーキテクチャをまとめてテストを簡素化できるのです。例えば、倉庫を利用するサービスをテストするときには、倉庫コンテキスト内の各サービスをスタブ化する必要はなく、より粒度の粗いAPIだけをスタブ化すれば十分です。これにより、広範囲の

3.7 技術的境界 | **41**

テストを検討する際の分離の単位も得られます。例えば、倉庫コンテキスト内ですべてのサービスを起動する徹底的なテストを作成しますが、他のすべてのコラボレータをスタブ化することもあります。テストと分離に関しては7章で詳しく検討します。

3.6 ビジネス概念の観点での通信

システムに実装する変更は、ビジネスの観点でシステムの振る舞いに対して行う変更であることが少なくありません。顧客に公開する機能（能力）を変更しているのです。ドメインを表す境界づけられたコンテキストに沿ってシステムを分解している場合には、変更したいのは1つのマイクロサービス境界だけに分離されている可能性が高いでしょう。そのため、変更する必要のある箇所が減り、その変更を迅速にデプロイできます。

また、同じビジネス概念の観点でマイクロサービス間の通信を検討することも重要です。ビジネスドメインに従ったソフトウェアのモデル化は、境界づけられたコンテキストの考え方で立ち止まってはいけません。組織にわたって共有される同じ用語や考え方を、インタフェースに反映すべきです。マイクロサービス間の送信形式を考えることは、組織内の書類形式を考えることと同様に価値があります。

3.7 技術的境界

サービスのモデル化を誤るとどのような間違いが起こるかを調べるのは、有益です。先日、数名の同僚と私はカリフォルニアの顧客と一緒に作業を行い、その会社が巧みなコードプラクティスを採用し、自動テストに向かうようにしていました。心配な事柄があったので、サービス分解のような簡単に達成できる目標から始めました。このアプリケーションが何を実行していたかについてはあまり詳細に踏み込めませんが、大規模でグローバルな顧客ベースを持つ一般公開のアプリケーションでした。

チームとシステムが大きくなってしまっていました。最初は1人のビジョンでしたが、次第にますます多くの機能とユーザを持つシステムになりました。最終的に、その組織はブラジルを拠点とする新しい開発者グループに一部の作業を割り当てることで、チームのメンバーを増やすことにしました。**図 3-4** に示すようにシステムが分割され、アプリケーションのフロントエンドは基本的にステートレスで、一般公開のWebサイトを実装していました。システムのバックエンドは、データストアに対する単なるリモートプロシージャコール（RPC）インタフェースでした。本質的には、コードベースにリポジトリレイヤがあり、それを別個のサービスにしたと考えてください。

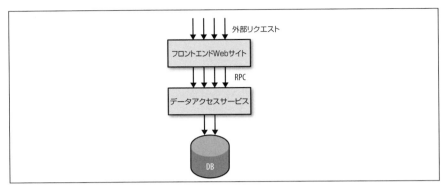

図 3-4　技術的な接合部で分割されたサービス境界

　私たちは両方のサービスに頻繁に変更を加えなければなりませんでした。両者のサービスは低水準の RPC 形式のメソッド呼び出しで対話しており、このメソッド呼び出しはとても脆弱です（詳しくは 4 章で説明します）。また、このサービスインタフェースはとても多数の呼び出しがあったので、性能上の問題を引き起こしました。そのため、複雑な RPC バッチ機構が必要になりました。それには多くのレイヤがあり、切り裂くときに泣かされたので、私はこれを**オニオンアーキテクチャ**と名付けました。

　一見したところでは、10 章で詳しく述べるように、モノリシックシステムを地理的または組織的な線で分割するという考え方は全く合理的です。しかし、ここでは、このチームはビジネスに焦点を当ててスタックを垂直方向に分割するのではなく、インプロセス API だったものを選び、水平方向に分割しました。

　技術的な接合部に沿ってサービス境界をモデル化することは、必ずしも間違いではありません。例えば、組織がある性能目標を達成したい際に、これが大いに理にかなっていたことは確かにありました。しかし、これは接合部を探すための第一条件ではなく第二条件であるべきです。

3.8　まとめ

　本章では、優れたサービスにする方法と、問題ドメインでの疎結合と高凝集性の両方の利点が得られる接合部の探し方について少し学びました。境界づけられたコンテキストはこのような接合部を探すのに便利な必須ツールであり、マイクロサービスをこれらの境界に一致させることで、結果として生じるシステムでマイクロサービスの

利点が損なわれない可能性が高くなります。また、マイクロサービスをさらに分割できる方法についてのヒントも得ました。詳しくは、後で説明します。また、本書を通じて使用していくサンプルドメインの MusicCorp も紹介しました。

Eric Evans の『Domain-Driven Design』(日本語版『エリック・エヴァンスのドメイン駆動設計』)は、サービスの理にかなった境界の検出にとても役立ちますが、ここではその表面だけを扱いました。Vaughn Vernon の著書『Implementing Domain-Driven Design』(Addison-Wesley、日本語版『実践ドメイン駆動設計』翔泳社)は、この手法の実用性を理解するのに役立ちます。

本章は大部分が高水準な話でしたが、次はさらに技術的な話をする必要があります。あらゆる種類の問題を引き起こしかねないサービス間のインタフェースの実装に関する多くの落とし穴があります。システムを入り組んだ巨大な寄せ集めにしないようにしたければ、この話題に深く踏み込まなければなりません。

4章
統合

　適切な統合（インテグレーション）はマイクロサービスに関連する技術の最も重要な面だと私は考えています。統合を適切に行えば、マイクロサービスが自律性を保ち、全体とは独立して変更やリリースを行うことができます。統合を間違えると、大惨事が待ち受けています。本章を読んで、SOAの試みを苦しめてきた最大の落とし穴を回避する方法を学び、マイクロサービスへの旅を待つばかりになっていれば幸いです。

4.1　理想的な統合技術の探索

　現在、あるマイクロサービスが別のマイクロサービスと対話する方法として困惑するほどたくさんの選択肢があります。しかし、どれが適切でしょうか。SOAPでしょうか、XML-RPCでしょうか、RESTでしょうか、それともProtocol Buffersでしょうか。詳しくはすぐ後で説明しますが、その前に選択した技術から何を得たいのかを考えてみましょう。

4.1.1　破壊的変更を回避する

　ときどき、コンシューマにも変更が必要となる変更を行うことがあります。それの対処方法を後で説明しますが、このような事態をできる限り回避する技術を選びたいものです。例えば、マイクロサービスが送信するデータに新しいフィールドを追加しても、既存のコンシューマに影響を与えないべきです。

4.1.2　APIを技術非依存にする

　あなたがIT業界に15分以上いるなら、急激に変化し続ける分野で働いているこ

とは言われるまでもないはずです。1つ確かなことは変化です。新しいツール、フレームワーク、言語が次々と登場し、より迅速かつ効率的に働くための新しい考え方を実装しています。現在は .NET ユーザかもしれません。しかし、今から1年後、5年後はどうでしょうか。さらに生産性の高い別の技術スタックを試してみたくなったらどうなるでしょうか。

私は常に選択肢があることが好きなので、マイクロサービスが好きなのです。また、これが、マイクロサービス間の通信に使う API を技術非依存にすることがとても重要だと考える理由でもあります。つまり、マイクロサービスの実装に利用できる技術スタックを決めてしまうような統合技術は避けるということです。

4.1.3　コンシューマにとって単純なサービスにする

私たちは、コンシューマが使いやすいサービスにしたいと思っています。コンシューマがマイクロサービスを利用するコストがとてつもなく高ければ、素晴らしいマイクロサービスであってもあまり価値はありません。では、どうすればコンシューマが素晴らしい新サービスを簡単に使えるようになるのかを考えてみましょう。理想的には、クライアントが何の制約もなく自由に技術を選択できるようにしたいのですが、クライアントライブラリを提供したほうが採用されやすいのも事実です。しかし、大抵このようなクライアントライブラリは他に私たちが目指しているものと相容れません。例えば、クライアントライブラリでコンシューマの手間は省けますが、結合度が高まってしまうという代償を伴います。

4.1.4　内部の実装詳細を隠す

私たちはコンシューマを内部実装に結合させたくありません。結合度が高くなってしまうからです。マイクロサービス内で何かを変更したい場合、コンシューマにも変更を必要とすることで、コンシューマを壊す可能性があり、変更のコストが増大してしまいます。このような結果は是が非でも避けたいのです。また、コンシューマをアップグレードしなければならないことを恐れてあまり変更しなくなり、それがサービス内の技術的負債の増加につながる可能性があります。そのため、内部表現の詳細を公開しなければならないような技術を避けるべきです。

4.2　顧客とのインタフェース

サービス間の統合に使用する優れた技術を選択するための指針を得たので、ごく一

般的な選択肢を調べ、どれが最適に機能するかを解明してみましょう。わかりやすくするために、MusicCorpの実世界の例を取り上げましょう。

一見すると、顧客の作成は単純なCRUD操作と考えられますが、ほとんどのシステムではさらに複雑です。新規顧客の登録には、支払いの設定やようこそメールの送信といった追加のプロセスを開始する必要があるかもしれません。また、顧客を変更または削除するときには、他のビジネスプロセスも起動するかもしれません。

これらを勘案すると、MusicCorpシステムでは顧客を扱う別の方法を探るべきです。

4.3　共有データベース

私や私の同僚がこの業界で目にする圧倒的に一般的な統合形態は、データベース（DB）統合です。この世界では、あるサービスが別のサービスからの情報を入手したい場合、データベースにアクセスします。また、情報を変更したい場合もデータベースにアクセスします。統合について初めて考えるときにはこの方法がとても単純であり、手始めとしては最も高速な統合形態でしょう。おそらくそのためにデータベースは人気があるのでしょう。

図4-1は、データベースで直接SQL操作を実行して顧客を作成する登録UIを表しています。また、データベースでSQLを実行して顧客データの閲覧と編集を行うコールセンターアプリケーションも表しています。倉庫は、データベースをクエリして顧客注文に関する情報を更新します。これは十分に一般的なパターンですが、困難を伴います。

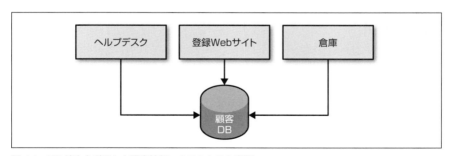

図4-1　DB統合を利用した顧客情報へのアクセスと変更

まず、外部の関係者が内部実装詳細を閲覧したり内部実装詳細に結合したりできるようにしています。DBに格納しているデータ構造はすべてに対して公平です。デー

タベースにアクセスできる他のすべての関係者とデータ構造全体を共有します。スキーマを変更してデータをさらに適切にデータを表現したり、システムを保守しやすくしたりすることにしたら、コンシューマを壊す可能性があります。DBは事実上とても大規模な共有APIで、かなり脆弱でもあります。例えば、ヘルプデスクでの顧客の管理方法に関するロジックを変更し、そのためにデータベースの変更が必要な場合、他のサービスが使用するスキーマ部分を壊さないように細心の注意を払わなければなりません。通常、このような状況では大量の回帰テストが必要になります。

次に、コンシューマが特定の技術選択に縛られてしまいます。おそらく、現時点では顧客をリレーショナルデータベースに格納するのが理にかなっているので、コンシューマは適切な（DB固有の可能性のある）ドライバでリレーショナルデータベースと対話します。時間とともに、非リレーショナルデータベースにデータを格納した方がよいと気付いた場合には、どうなるでしょうか。そのような判断を下せるでしょうか。コンシューマは顧客サービスの実装に密に結合しています。既に述べたように、本当は実装の詳細をコンシューマから隠し、時間とともに内部がどのように変わってもサービスにある水準の自律性を持たせるようにしたいのです。疎結合よ、さようなら。

最後に、少しの間振る舞いについて考えてみましょう。顧客の変更方法に関するロジックがあるとしたら、そのロジックはどこにあるのでしょうか。コンシューマがDBを直接操作している場合には、コンシューマが関連するロジックを持たなければなりません。顧客に同じような操作を実行するロジックは、複数のコンシューマに広がっているかもしれません。倉庫、登録UI、コールセンターUIのすべてが顧客情報を編集しなければならない場合、3つの異なる箇所でバグの修正や振る舞いの変更を行い、その変更をデプロイする必要もあります。凝集性よ、さようなら。

以前触れた優れたマイクロサービスの背後にある主な原則を覚えているでしょうか。データベース統合では、強い凝集性と疎結合の両方を失います。データベース統合ではサービスがデータを共有しやすくなりますが、**振る舞いの共有**に関しては何も行いません。内部表現がネットワーク経由でコンシューマに公開され、破壊的変更は避けがたいものになり、必然的に変更1つでも恐れをなすようになります。いかなる代償を払っても避けてください。

本章の残りの部分では、それぞれの内部表現を隠している連携するサービスに関するさまざまな形式の統合を探ります。

4.4　同期と非同期

　さまざまな技術選択の詳細に踏み込む前に、サービスの連携方法に関して下す最も重要な決断の1つについて議論すべきでしょう。通信を同期にすべきでしょうか、それとも非同期にすべきでしょうか。この本質的な選択は、必然的に特定の実装詳細へと導きます。

　同期通信では、リモートサーバに呼び出しを行い、リモートサーバは操作が完了するまでその呼び出しをブロックします。非同期通信では、呼び出し側は操作が完了するのを待たずにレスポンスが戻り、操作が完了したかどうかはまったく気にしないことさえあります。

　同期通信の方が考えやすいでしょう。いつ完了したか、正しく完了したかどうかがわかります。非同期通信は時間のかかるジョブでとても便利です。時間のかかるジョブでは、クライアントとサーバとの間の接続を長時間開いたままにおくのは非現実的だからです。非同期通信は、低遅延が必要なときにもとても有効です。結果を待っている間呼び出しをブロックすると遅くなってしまうことがあるからです。モバイルネットワークやモバイルデバイスの性質から、リクエストを発行して（別途通知がない限り）正しく機能しているとみなすと、ネットワークがとても遅くてもUIの応答性を保てます。一方、すぐに説明するように非同期通信に対処する技術は少し複雑です。

　この2つの異なる通信モードにより、2つの異なる形態の連携が可能になります。**リクエスト/レスポンス**と**イベントベース**です。リクエスト/レスポンスでは、クライアントがリクエストを発行し、レスポンスを待ちます。このモデルは同期通信に適していますが、非同期通信に使うこともできます。操作を開始してコールバックを登録し、操作が完了したときを知らせるようにサーバに依頼できます。

　イベントベースの連携では、状況が逆になります。クライアントがリクエストを発行して処理を依頼する代わりに、クライアントが**ある事態が起こった**ことを通知し、他者が何をすべきかを知っていることを期待します。他の誰かに何をすべきかを指示することは決してありません。イベントベースのシステムは、本質的に非同期です。作業がより均等に分散されます。つまり、ビジネスロジックが中央に集中されず、代わりにさまざまなコラボレータに均等に割り振られます。また、イベントベースの連携は高度に分離しています。イベントを発行するクライアントはそのイベントに対応するものを知る手段がありません。また、イベントに新しいサブスクライバを追加でき、クライアントはそのことを知る必要がありません。

　一方の形式を選定する要因が他にあるでしょうか。検討すべき重要なことは、これ

らの形式が複雑になりがちな問題を解決するのにどれほど適しているかです。サービス境界をまたがり時間がかかる可能性があるプロセスにどのように対処するのでしょうか。

4.5　オーケストレーションとコレオグラフィ

ますます複雑になるロジックのモデル化を始める際は、個々のサービスの境界をまたがるビジネスプロセスを管理する問題に対応しなければなりません。マイクロサービスでは、通常よりも早くこの限界に到達します。MusicCorpの例を取り上げ、顧客を作成する際に何が起こるかを調べてみましょう。

1. ロイヤリティポイントサービスに新しい顧客レコードを作成する。
2. 郵送システムがようこそパックを送付する。
3. 顧客にようこそメールを送信する。

図4-2に示すように、これはフローチャートで簡単に概念的にモデル化できます。

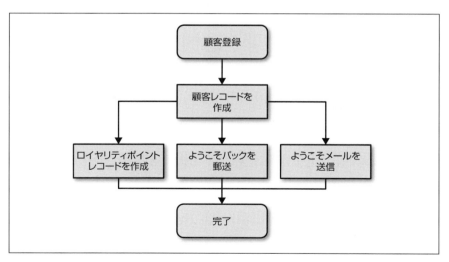

図4-2　新規顧客を作成するプロセス

このフローを実際に実装する際は、従うことのできる2つのアーキテクチャ形式があります。オーケストレーションでは、オーケストラの指揮者のように中枢部に頼ってプロセスを推進します。コレオグラフィでは、バレエで周りの動きに合わせて自分の動きを決めるダンサーのように、システムの各部分にジョブを知らせ、詳細に対処させます。

　このフローでオーケストレーションソリューションがどのようになるかを考えてみましょう。ここでは、顧客サービスに中枢部としての役割を果たさせることが、おそらく最も簡単でしょう。作成時には、**図 4-3** に示すように顧客サービスが一連のリクエスト/レスポンス呼び出しでロイヤリティポイントサービス、メールサービス、郵送サービスと対話します。そして、顧客サービスは顧客がこのプロセスのどこに位置しているかを追跡できます。顧客アカウントが開設されたか、メールが送信されたか、郵送されたかを調べることができます。**図 4-2** のフローチャートから直接コードへのモデル化に取り掛かります。（おそらく適切なルールエンジンを使った）このモデル化を実装するツールを利用することもできます。まさにこの目的のために、ビジネスプロセスモデリングソフトウェアという商用ツールがあります。同期のリクエスト/レスポンスを使うとすると、それぞれの段階が正しく機能しているかどうかを知ることもできます。

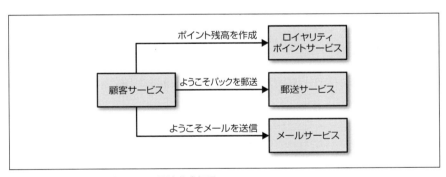

図 4-3　オーケストレーションでの顧客作成処理

　このオーケストレーション手法の欠点は、顧客サービスが中央監督機関になりすぎることです。顧客サービスがクモの巣の中央のハブになり、ロジックを配置する中心点になります。この手法により、少数の賢い「神」サービスが貧血症の CRUD ベースのサービスに何をすべきかを知らせるという結果になってしまったのを見たことが

あります。

　コレオグラフィ手法では、代わりに顧客サービスに非同期でイベントを発行させ、「顧客を作成した」と通知することができます。そして図4-4に示すように、メールサービス、郵送サービス、ロイヤリティポイントサービスはそのイベントをサブスクライブし、適切に対応します。この手法の方が大幅に分離されます。他のサービスが顧客作成にアクセスする必要がある場合には、必要に応じてイベントをサブスクライブして処理を行うだけでよいのです。欠点は、図4-2に示した明示的なビジネスプロセスが、システムには暗黙的にしか反映されなくなることです。

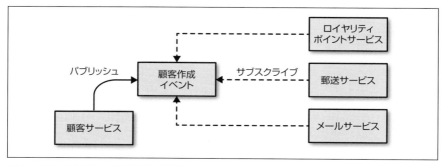

図4-4　コレオグラフィでの顧客作成処理

　これは、処理が適切に行われたかを監視し追跡するには、追加の作業が必要であることを意味します。例えば、ロイヤリティポイントサービスにバグがあり、何らかの理由で正しいアカウントを開設できなかったかどうかがわかるのでしょうか。私の好きな対処方法の1つは、監視システムを構築することです。このシステムは、図4-2のビジネスプロセスと明確に一致し、各サービスが独立したエンティティとして何を実行するかを追跡し、より明示的なプロセスフローにマッピングされる奇妙な例外を確認できるようにします。これは先ほど登場したフローチャートプロセスを管理するのではなく、システムの振る舞い方を見通せるレンズにすぎません。

　一般に、コレオグラフィ手法に向かう傾向が強いシステムの方が、疎結合で柔軟性があり、変更を受け入れることがわかっています。しかし、システム境界にまたがるプロセスの監視と追跡には追加の作業が必要です。最も重いオーケストレーション実装は極めて脆弱であり、変更のコストが高くなることがわかっています。その点を考慮して、私は断然コレオグラフィシステムを目指します。コレオグラフィシステムで

は各サービスが十分賢く、ダンス全体におけるそれぞれの役割を理解しています。

　ここでは詳しく調べなくてはならないことが数多くあります。同期呼び出しの方が単純で、適切に機能しているかがすぐにわかります。リクエスト／レスポンスのセマンティクスが好きだが寿命の長いプロセスに対処している場合には、非同期リクエストを発行してコールバックを待つことができます。一方、非同期のイベント連携はコレオグラフィ手法を採用するのに役立ち、大幅に分離されたサービスを生み出せます。これは、サービスを独立してリリースできるようにするために追求したい形態です。

　もちろん、組み合わせも自由です。形式ごとに自然に適合する技術があります。しかし、さまざまな技術的実装を正しく認識する必要があり、それは適切な呼び出しをするのにさらに役立ちます。

　手始めに、リクエスト／レスポンスを検討する際に適した2つの技術を調べてみましょう。リモートプロシージャコール（RPC）と REST（REpresentational State Transfer）です。

4.6　リモートプロシージャコール（RPC）

　リモートプロシージャコールはローカルで呼び出しを行い、別のリモートサーバでその呼び出しを実行するテクニックです。現在は、さまざまな種類の RPC 技術があります。この技術の中にはインタフェース定義に依存するものもあります（SOAP、Thrift、Protocol Buffers）。別のインタフェース定義を使うと、さまざまな技術スタック用のクライアントスタブやサーバスタブを容易に作成できるので、例えば、SOAP インタフェースを公開する Java サーバと、SOAP インタフェースの WSDL（Web Services Description Language）定義から生成した .NET クライアントを持つことができます。Java RMI といった他の技術ではクライアントとサーバとの間でさらなる密結合が要求され、両者が同じ基盤技術を使わなければなりませんが、共有インタフェース定義は必要なくなります。しかし、これらの技術はすべて、リモート呼び出しをローカル呼び出しのように見せるという同じ主要特性があります。

　Java RMI、Thrift、Protocol Buffers のような技術の多くは、本質的にバイナリですが、SOAP はメッセージ形式に XML を使います。（HTTP を利用する SOAP など）特定のネットワーキングプロトコルに結びついている実装もありますが、さまざまな種類のネットワーキングプロトコルを利用できる実装もあり、ネットワーキングプロトコルが追加機能を提供できます。例えば、TCP は配信を保証するのに対し、UDP は配信を保証しませんがオーバーヘッドをはるかに抑えられます。そのため、ユース

ケースによってさまざまなネットワーキング技術を使用できます。

クライアントスタブとサーバスタブを作成できる RPC 実装を使うと、ごく短期間で開始できます。ネットワーク境界を越えてコンテンツを瞬時に送信できます。多くの場合、これが RPC の主なセールスポイントの1つです。通常のメソッド呼び出しを行うだけで、理論上それ以外を無視できることは大きな利点です。

しかし、問題の原因となる欠点を含んだ RPC 実装もあります。このような問題は必ずしも最初は明らかではありませんが、短期間に立ち上げるのがとても容易だという利点を上回るほど深刻になることもあります。

4.6.1 技術的結合

Java RMI のように、特定のプラットフォームに強く結びついた RPC メカニズムがあり、これはクライアントとサーバに使用できる技術を限定します。Thrift と Protocol Buffers は数多くの言語をサポートしているのでこの欠点が多少軽減されますが、RPC 技術には相互運用性に制約がある場合があることを覚えておいてください。

ある意味、この技術的結合は一種の内部技術実装の詳細を公開する形式になり得ます。例えば、RMI を使うとクライアントを JVM に結びつけるだけでなく、サーバも JVM に結びつけることになります。

4.6.2 ローカル呼び出しはリモート呼び出しとは異なる

RPC の中核となる考え方は、リモート呼び出しの複雑さを隠すことです。しかし、多くの RPC 実装は隠しすぎています。ある種の RPC がリモートメソッド呼び出しをローカルメソッド呼び出しのように見せようとすることで、この2つが大きく異なるという事実が隠されています。性能についてあまり心配せずに、多数のローカルインプロセス呼び出しを実行することがあります。しかし、RPC では、ネットワーク経由の送信にかかる時間は言うまでもなく、ペイロードの整列化（マーシャリング）と非整列化（アンマーシャリング）のコストが大きくなります。これは、リモートインタフェースとローカルインタフェースで、API 設計に対して異なる考え方をしなければならないことを意味します。何も考えずにローカル API をサービス境界にしようとすると、おそらく問題が起こるでしょう。最悪の例では、抽象化があまりにも不透明な場合、開発者がそうと知らずにリモート呼び出しを使っていることもあります。

ネットワーク自体についても考えなければなりません。分散コンピューティングに関する有名な1つ目の誤解として、「ネットワークには信頼性がある」(http://night hacks.com/roller/jag/resource/Fallacies.html、日本語訳 https://ja.wikipedia.org/wiki/分散コンピューティングの落とし穴) というものがあります。ネットワークには信頼性はありません。通信しているクライアントとサーバに問題がなくても、ネットワークに障害が発生することがあります。短時間で障害が発生することも、時間が経ってから障害が発生することもあり、パケットを不正にすることさえあります。ネットワークは、いつでも気まぐれに怒りを爆発させられる悪意のあるエンティティに悩まされていると考えるべきです。そのため、起こり得る故障モードはさまざまです。エラーを返すリモートサーバが障害を引き起こすこともあれば、自分による不正な呼び出しが障害を引き起こすこともあります。この違いがわかりますか。わかるなら、それに対して何かできるでしょうか。また、リモートサーバの応答が遅くなり始めたらどうするでしょうか。この話題については、11章で回復性について述べる際に取り上げます。

4.6.3 脆弱性

人気のあるRPC実装の中には面倒な脆弱性を引き起こすものがあり、Java RMIがそのいい例です。顧客サービスのリモートAPIにすることに決めた、とても単純なJavaインタフェースを考えてみましょう。**例4-1**は、リモートに公開するメソッドを宣言しています。すると、Java RMIはこのメソッド用のクライアントスタブとサーバスタブを生成します。

例4-1 Java RMIでのサービスエンドポイントの定義

```
import java.rmi.Remote;
import java.rmi.RemoteException;

public interface CustomerRemote extends Remote {
  public Customer findCustomer(String id) throws RemoteException;

  public Customer createCustomer(String firstname, String surname, String
emailAddress)
      throws RemoteException;
}
```

このインタフェースでは、createCustomer は名、姓、メールアドレスを取ります。メールアドレスだけでも Customer オブジェクトを作成できるようにしたらどうなるでしょうか。この時点では、以下のように簡単に新しいメソッドを追加できます。

```
...
public Customer createCustomer(String emailAddress) throws RemoteException;
...
```

問題は、クライアントスタブも再生成する必要があることです。新しいメソッドを利用したいクライアントは新しいスタブを必要とし、仕様変更の性質によっては、新しいメソッドを必要としないコンシューマもスタブをアップグレードしなければなりません。もちろん、これは管理可能ですが、ある程度までです。現実には、このような変更は一般的です。多くの場合、RPC エンドポイントは結局さまざまな方法でオブジェクトの作成やオブジェクトとの対話をする多数のメソッドを抱えることになります。これは、やはりこのようなリモート呼び出しをローカル呼び出しと考えているからでもあります。

別の種類の脆弱性もあります。Customer オブジェクトがどのようになるかを調べてみましょう。

```
public class Customer implements Serializable {
  private String firstName;
  private String surname;
  private String emailAddress;
  private String age;
}
```

Customer オブジェクトで age フィールドを公開しているが、どのコンシューマもそれを使うことが全くなかったらどうなるでしょうか。このフィールドを削除することにします。しかし、サーバ実装がこの種の定義から age を削除し、同じことをすべてのコンシューマに行わなかった場合、たとえこのフィールドを使ったことがなくても、コンシューマ側の Customer オブジェクトのデシリアライズに関連するコードが壊されます。この変更を展開するには、新しいサーバとクライアントを同時にデプロイしなければなりません。これは、バイナリスタブ生成の使用を奨励する RPC 機構での主な課題です。クライアントとサーバを別々にデプロイできなくなります。この技術を使っている場合には、将来は同時リリースになるかもしれません。

フィールドを削除していなくても、Customer オブジェクトを再構成したい場合には同じ問題が起こります。例えば、firstName と surname を新しい naming 型にカプセル化して管理しやすくしたい場合です。もちろん、呼び出しのパラメータとしてディクショナリ型を渡せば修正できますが、その時点で生成されたスタブの利点の多くを失ってしまいます。やはり必要なフィールドを手動で一致させ抽出しなければならないからです。

実際には、ネットワーク経由でバイナリシリアライゼーションの一部として使うオブジェクトは、**拡張専用**型と考えられます。この脆弱性はネットワーク経由で公開される多数のフィールドを持つ型をもたらし、そのフィールドの一部は使われなくなっていますが安全には削除できません。

4.6.4 RPC はひどいか

RPC に欠点はありますが、RPC をひどいとまでは言えません。今までに遭遇した一般的な実装には、ここで述べたような問題を引き起こすものもあります。RMI の使用に伴う課題のため、私はこれを敬遠しています。多くの操作は RPC ベースのモデルに適切に分類され、Protocol Buffers や Thrift のような最新の機構は、クライアントコードとサーバコードの同時リリースの必要をなくして過去の罪を軽減します。

このモデルを選ぶ場合には、RPC に関連する潜在的な落とし穴があることを覚えておいてください。ネットワークが完全に隠される状態までリモート呼び出しを抽象化せず、クライアントの同時アップグレードを求めることなくサーバインタフェースを進化させるようにしてください。例えば、クライアントコードの適切なバランスを探し出すことが重要です。ネットワーク呼び出しを行っていることをクライアントに気付かせてください。クライアントライブラリは RPC との関連で使用されることが多く、適切に構築しないと問題になる可能性があります。詳しくはすぐ後で説明します。

データベース統合と比べ、リクエスト / レスポンス連携の選択肢を考えると RPC は確かに改善しています。しかし、他にも検討すべき選択肢があります。

4.7 REST

REST（REpresentational State Transfer）は、Web からアイデアを得たアーキテクチャ形式です。REST 形式の背後には多くの原則と制約がありますが、マイクロサービスの世界での統合の課題に直面しているときや、サービスインタフェースとして RPC の代わりとなる形式を探す際に本当に役立つものに焦点を絞ります。

最も重要なことはリソースの概念です。リソースは、Customer といったサービスがわかっているものと考えられます。サーバは、リクエストに応じてこの Customer のさまざまな表現を作成します。リソースの外部での表示方法は、内部での格納方法から完全に分離されています。例えば、完全に異なる形式で格納されていたとしても、クライアントが Customer の JSON 表現を要求するかもしれません。クライアントがこの Customer の表現を手に入れたらその変更を要求でき、サーバはそれに応じることもあれば応じないこともあります。

REST にはさまざまな形式があり、ここでは簡単にしか触れません。さまざまな REST の形式を比較した Richardson Maturity Model（リチャードソン成熟度モデル、http://bit.ly/1fh2AGt）に目を通すことを強くお勧めします。

実際には REST は基盤となるプロトコルについて述べていませんが、HTTP 上で使うのが最も一般的です。シリアルや USB など大きく異なるプロトコルを使う REST 実装が前に登場しましたが、これには多くの作業が必要です。HTTP が仕様の一部として提供する動詞などの機能には HTTP 上の REST の実装を容易にするものもありますが、他のプロトコルではそのような機能に自分で対処しなければなりません。

4.7.1 REST と HTTP

HTTP は、REST 形式と相性のよい便利な機能を定義しています。例えば、HTTP 動詞（GET、POST、PUT など）は、リソースの扱い方について HTTP 仕様で既に十分意味が理解されています。REST のアーキテクチャ形式では実はメソッドがすべてのリソースで同じ振る舞いをすべきであり、HTTP 仕様は図らずも利用できる多くのメソッドを定義しています。GET はリソースを冪等（べき等、idempotent）の形で取得し、POST はリソースを新規作成します。つまり、多くの異なる createCustomer メソッドや editCustomer メソッドを回避できるのです。代わりに、単に顧客表現を POST してサーバがリソースを新規作成することをリクエストし、GET リクエストを発行してリソースの表現を取得できます。概念的には、この場合には Customer リソースという形式の 1 つの**エンドポイント**が存在し、そのリソースに実行する操作は HTTP プロトコルに組み込まれています。

また、HTTP はサポートツールや技術の大規模なエコシステムももたらします。既に HTTP を強力にサポートしている Varnish などの HTTP キャッシングプロキシ、mod_proxy などのロードバランサ、多くの監視ツールを利用できます。これらの構

成要素により、透過的な方法で大量の HTTP トラフィックを処理して高度にルーティングできます。また、HTTP で利用できるすべてのセキュリティ制御を使って通信を保護することもできます。ベーシック認証からクライアント証明書まで、HTTP エコシステムは多くのツールを提供してセキュリティ処理を容易にします。9 章でこの話題を詳しく説明します。とはいえ、このような利点を手に入れるには、HTTP を適切に使わなければなりません。不適切に使うと、セキュアでなくなり、他の技術と同様にスケーリングが困難になってしまうことがあります。しかし、適切に使うと、大きな助けになります。

なお、HTTP を使って RPC を実装することもできることに注意してください。例えば、SOAP は HTTP 上でルーティングされますが、あいにく HTTP 仕様をほとんど使いません。動詞は無視され、HTTP エラーコードといった簡単なものも無視されます。大抵は、十分に理解された既存の標準や技術が無視され、（好都合なことに最初に新しい標準の設計を助けた会社が提供している）最新の技術でしか実装できない新しい標準が選ばれるようです。

4.7.2　アプリケーション状態エンジンとしての ハイパーメディア（HATEOAS）

REST で導入された、クライアントとサーバとの間の結合を避けるのに役立つ原則がもう 1 つあります。**アプリケーション状態エンジンとしてのハイパーメディア**（Hypermedia As The Engine Of Application State、略語が必要なので、大抵は HATEOAS と略されます）の概念です。これは難解な用語ですがとても興味深い概念なので、詳しく紹介します。

ハイパーメディアは、コンテンツにさまざまな形式（テキスト、画像、音声など）の他のコンテンツへのリンクが含まれるという概念です。これは通常の Web ページの機能なのでなじみがあるでしょう。ハイパーメディアコントロール形式のリンクをたどって、関連するコンテンツを閲覧します。HATEOAS の背後には、クライアントが他のリソースへのリンクを介して（状態遷移を引き起こす可能性がある）サーバとの対話を行うべきだという考え方があります。アクセスする URI がわかれば、サーバ上のリソースの正確な場所を知る必要はありません。代わりに、クライアントはリンクを探して移動し、必要なものを探します。

これは少し奇妙な概念なので、まず人がどのように Web ページと対話するのかを考えてみましょう。この方法は既に確立されていて、ハイパーメディアコントロール

60 | 4章 統合

をふんだんに使っています。

Amazon.com のショッピングサイトを考えてください。ショッピングカートの位置はときどき変更されます。カートの画像も変わります。リンクも変わります。しかし、人間は十分賢いので、引き続きショッピングカートを見て、それが何かわかり、それを操作できます。ショッピングカートを表す正確なフォームや基盤となるコントロールが変わっても、私たちはショッピングカートの意味を理解しています。カートを見たければ、操作すべきコントロールがわかります。そのため、Web ページを時間とともに徐々に変更できるのです。顧客と Web サイトのと間でのこのような暗黙的な契約が満たされている限り、変更しても破壊的変更にはなりません。

ハイパーメディアコントロールでは、電子的なコンシューマでも同じレベルの**賢さ**を実現したいのです。MusicCorp でのハイパーメディアコントロールを調べてみましょう。**例 4-2** では、あるアルバムのカタログエントリを表すリソースにアクセスしています。このアルバムに関する情報に加え、多数のハイパーメディアコントロールがあります。

例 4-2　アルバム一覧に使われているハイパーメディアコントロール

```
<album>
  <name>Give Blood</name>
  <link rel="/artist" href="/artist/theBrakes" /> ❶
  <description>
    Awesome, short, brutish, funny and loud. Must buy!
  </description>
  <link rel="/instantpurchase" href="/instantPurchase/1234" /> ❷
</album>
```

❶このハイパーメディアコントロールは、アーティストに関する情報が見つかる場所を示しています。❷ そして、このアルバムを購入したければ、どこに行けばよいかがわかります。

このドキュメントには 2 つのハイパーメディアコントロールがあります。このようなドキュメントを読み取るクライアントは、artist の関係を持つコントロールがアーティストに関する情報を得るために移動すべき場所で、instantpurchase はこのアルバムを購入するのに使う手順の一部だと知っている必要があります。ショッピング Web サイトでカートが購入する商品のある場所であることを人間が理解しているのと同様に、クライアントは API のセマンティクスを理解していなければなりません。

クライアントは、アルバムを**購入**するためにどの URI スキームにアクセスするのかを知る必要はありません。単にリソースにアクセスして購入コントロールを探し、そこに移動するだけです。購入コントロールは場所を変更でき、URI も変更でき、サイトでは全く別のサービスに送ることさえできますが、クライアントにはどうでもよいことです。これにより、クライアントとサーバを大幅に分離します。

ここでは、基盤となる詳細を大幅に抽象化しています。ショッピングカートコントロールを単純なリンクから複雑な JavaScript コントロールにできるのと同様に、クライアントが自身の手順の理解に合ったコントロールを探せる限り、コントロールを表す実装を完全に変更できます。また、ドキュメントに新しいコントロールを自由に追加することもでき、このコントロールはおそらく対象のリソースに対して実行できる新しい状態遷移を表すでしょう。1 つのコントロールのセマンティクスを根本的に変更して全く異なる振る舞いにした場合や、コントロールを完全に削除した場合にのみ、コンシューマを壊すことになってしまいます。

このようなコントロールでクライアントとサーバを分離すると、こういった手順を稼働させるのにかかる時間のわずかな増加を相殺する大幅な利点が、時間とともにもたらされます。リンクをたどると、クライアントは API を漸進的に検出できるようになり、これは新しいクライアントを実装するときにとても便利な機能です。

欠点としては、クライアントがリンクをたどって実行したい操作を探す必要があるため、コントロールの移動では呼び出しが多くなります。結局、これはトレードオフです。最初はクライアントにこのようなコントロールを移動させ、必要に応じて後で最適化することをお勧めします。前に説明したように、HTTP を使うと何もしなくても多くの手助けが得られることを思い出してください。時期尚早な最適化の害は前に詳しく説明したので、ここではやめておきます。また、このような手法の多くは分散ハイパーテキストシステムを作成するために開発されており、それらすべてが適しているわけではありません。自分が古きよき RPC を望んでいるだけだと気付くこともあるでしょう。

個人的には、リンクを利用してコンシューマが API エンドポイントを移動できるようにするのが好きです。API を漸進的に検出して結合を減らす利点は膨大です。しかし、周囲では思ったほど使われていないので、誰もが受け入れているわけではないようです。これは、最初に先行作業が必要ですが、その恩恵が得られるのは大抵後になってからだからだと思います。

4.7.3　JSONか、XMLか、他の何かか

　標準的なテキスト形式を使うと、クライアントは柔軟にリソースを利用でき、HTTP上のRESTではさまざまな形式を使えます。これまで示してきた例ではXMLを使いましたが、現段階ではHTTP上で動作するサービスではJSONの方がはるかに人気のコンテンツタイプです。

　JSONの方がはるかに単純な形式なので、利用も簡単です。JSONの支持者の中にはXMLと比較して優れている点として簡潔さを指摘する人もいますが、これは実世界ではあまり問題にはなりません。

　しかし、JSONには欠点があります。XMLは、ハイパーメディアコントロールとして以前使用したlinkコントロールを定義しています。JSON標準はこのようなものを定義していないので、社内スタイルを利用してこの概念を無理に実装することが多くなります。HAL（Hypertext Application Language、http://bit.ly/hal-spec）は、JSON用（XML用もありますが、ほぼ間違いなくXMLは助けを必要としていません）のハイパーリンクの一般的な標準を定義することで、これを修正しようとしています。HAL標準に従うと、ハイパーメディアコントロールを調べるためにWebベースのHALブラウザといったツールを使用でき、クライアントを作成するタスクがはるかに簡単になります。

　もちろん、この2つの形式に限定されるわけではありません。必要ならHTTP上でほとんど何でも（バイナリでさえも）送信できます。形式としてXMLの代わりにHTMLを使う人はますます増えています。人間とコンピュータの対話はかなり異なるので、回避すべき落とし穴がありますが、一部のインタフェースでは、HTMLはUIとAPIとしての2つの役割を果たせます。これは確かに魅力的なアイデアです。HTMLパーサも数多く存在します。

　しかし、個人的にはやはりXMLを支持します。サポートするツールが優れているからです。例えば、ペイロードのある部分だけを抽出したい場合には（このテクニックについては「**4.13**　バージョニング」で詳しく説明します）、XPathを使用します。XPathは多くのツールやCSSセレクタを備えた広く浸透した標準であり、多くの人々がより簡単だと感じます。JSONにはJSONPathがありますが、これは広くサポートされていません。優れていて軽量だという理由でJSONを選んでおいて、XMLに既に存在するハイパーメディアコントロールのような概念をJSONに押し込むのは、私には奇妙に感じます。しかし、おそらく私は少数派で、JSONはほとんどの人が選択する形式です。

4.7.4 便利すぎることに注意する

REST はますます人気になっているので、RESTful な Web サービスを作成するのに便利なフレームワークもあります。しかし、このようなツールには、長期的な苦労と短期的な利益という観点のトレードオフが多すぎるものもあります。急いで進もうとすると、不適切な振る舞いを助長してしまうことがあります。例えば、オブジェクトのデータベース表現をインプロセスオブジェクトにデシリアライズしてそれを外部に直接公開するのをとても簡単にするフレームワークもあります。カンファレンスでSpring Boot を使ってこれがデモされ、主な利点として示されたのを見たことを覚えています。ほとんどの場合、この仕組みが促進する固有の結合は、これらの概念を適切に分離するのに必要な労力をはるかに上回る苦痛を引き起こします。

ここではさらに一般的な問題が発生します。データの格納方法とコンシューマへの公開方法の決め方がすぐに考えの大半を占めます。あるチームが効果的に使用したパターンは、インタフェースが十分に安定するまで、マイクロサービスの適切な永続化の実装を遅延させることでした。しばらくの間、エンティティはローカルディスク上のファイルに永続化されるだけで、これは明らかに適切な長期的解決策とは言えません。これにより、コンシューマがサービスをどのように使いたいかが設計や実装上の判断要因になるようにしました。結果に裏付けされた論拠は、ドメインエンティティをデータストアに格納する方法が、ネットワーク経由でコラボレータに送信するモデルにあまりにも影響を与えやすすぎるということでした。この手法の欠点の1つは、データストアに接続するのに必要な作業を遅延させていることです。しかし、新しいサービス境界に対しては、これは許容できるトレードオフだと思っています。

4.7.5 HTTP 上の REST の欠点

利用しやすさという観点では、HTTP 上の REST アプリケーションプロトコルのクライアントスタブは、RPC の場合のように簡単には生成できません。確かに、HTTP を使うと優れた HTTP クライアントライブラリのすべてを活用できますが、ハイパーメディアコントロールを実装して利用したい場合には、クライアントの開発をほとんど自力で行うことになります。クライアントライブラリは今以上にうまくやれる可能性があり、確実に昔より今の方が優れていると私は思います。しかし、明らかにより複雑になってしまうので後戻りして HTTP での RPC をこっそり持ち込むか、共有クライアントライブラリを構築するのを、私は見てきました。クライアントとサーバとの間の共有コードは、「**4.11　マイクロサービスの世界における DRY とコード**

再利用のリスク」で述べるようにとても危険です。

　さらに些細な欠点は、Web サーバフレームワークには実際には HTTP 動詞のすべてを適切にサポートしているわけではないものもある点です。つまり、GET リクエストや POST リクエストのハンドラを簡単に作成できても、PUT リクエストや DELETE リクエストを機能させるには複雑な手順を踏まなければならない場合があるのです。Jersey のような適切な REST フレームワークにはこの問題はなく、通常はこの問題を回避できますが、特定のフレームワークに縛られている場合には、使用できる REST 形式が制限されているかもしれません。

　性能も問題になることがあります。HTTP 上の REST のペイロードは、JSON やさらにはバイナリといった代替形式をサポートしているので、実際には SOAP よりもコンパクトになりますが、やはり効率的なバイナリプロトコルとしては Thrift にははるかに及びません。低遅延の要件では、リクエストごとの HTTP のオーバーヘッドも懸案事項になります。

　HTTP は大量のトラフィックには適していますが、TCP（Transmission Control Protocol）や他のネットワーキング技術の上に構築された代替プロトコルと比較すると低遅延通信には向いていません。例えば、WebSocket は名前に Web が入っていますが、Web とはほとんど関係ありません。最初の HTTP ハンドシェイクの後、クライアントとサーバとの間は単なる TCP 接続ですが、ブラウザにデータを送る方法としてはるかに効率的です。これに興味がある場合には、実際には HTTP はあまり使っておらず、ましてや REST とは関係ないことに注意してください。

　サーバ間通信においては、大幅な低遅延や小さなメッセージサイズが重要なら、一般に HTTP 通信は好ましくないでしょう。UDP（User Datagram Protocol）などの別の基盤プロトコルを選んで好ましい性能を達成する必要があります。多くの RPC フレームワークは TCP 以外のネットワーキングプロトコル上で適切に動作します。

　ペイロードの利用には、高度なシリアライズ／デシリアライズ機構をサポートする一部の RPC 実装よりも多く作業が必要です。耐性のあるリーダー（Tolerant Reader）の実装は簡単ではない作業なので（詳しくはすぐに説明します）、これはそれだけでクライアントとサーバとの間の結合点になることがありますが、稼働させるという観点ではとても魅力的です。

　このような欠点にもかかわらず、HTTP 上の REST はサービス間対話のための理にかなったデフォルトの選択肢です。詳しく知りたければ、HTTP 上の REST の話題を詳しく取り上げている『REST in Practice』（O'Reilly）をお勧めします。

4.8　非同期イベントベース連携の実装

　これまでリクエスト／レスポンスパターンの実装に便利な技術について簡単に説明しました。イベントベースの非同期通信についてはどうでしょうか。

4.8.1　技術選択

　ここでは、主に2つのことを考慮する必要があります。マイクロサービスがイベントを発行する方法と、コンシューマがそのイベントが発生したことを検出する方法です。

　従来は、RabbitMQ などのメッセージブローカーが両方の問題に対処していました。プロデューサが、API を使ってブローカーにイベントを発行します。ブローカーはサブスクリプションに対処し、イベントが到着するとコンシューマに通知します。ブローカーは、例えばコンシューマがこれまでに見たメッセージを追跡することで、コンシューマの状態にも対処できます。このようなシステムは通常はスケーラビリティと回復性を持つように設計されますが、それは無料では得られません。これはサービスの開発とテストのために実行する必要のある別のシステムなので、開発プロセスに複雑さが加わります。このインフラを稼働させ続けるには、追加のマシンと専門知識も必要でしょう。しかし、一旦稼働させれば、疎結合のイベント駆動アーキテクチャを実装する驚くほど効率的な方法になり得ます。一般的に私はこの方法を支持しています。

　メッセージブローカーはそのごく一部にすぎない、ミドルウェアの世界に用心してください。キューは完璧に理にかなった便利なものです。しかし、ベンダはキューに多くのソフトウェアをパッケージングする傾向があり、エンタープライズサービスバス（ESB）などが証明しているように、それがミドルウェアにますます多くの知性を詰め込むことにつながります。何を得ているかをわかっているようにしてください。ミドルウェアを愚かなままにし、エンドポイントに知性を保持してください。

　他には、イベントの伝搬手段として HTTP を利用する手法があります。Atom は、リソースのフィードを発行するセマンティクスを定義する REST 準拠の仕様です。Atom フィードの作成や利用を行える多くのクライアントライブラリが存在します。したがって、顧客サービスは顧客サービスが変更された際に、このようなフィードにイベントを発行するだけでいいのです。コンシューマはフィードをポーリングし、変更を探すだけです。一方、既存の Atom 仕様と関連するライブラリを再利用できることは便利であり、HTTP はスケーリングにとても適切に対処します。しかし、HTTP

は低遅延が得意ではなく（低遅延に優れたメッセージブローカーがあります）、やはりコンシューマが受信したメッセージを追跡してポーリングスケジュールを管理しなければなりません。

一部のユースケースで Atom を使えるようにするために、適切なメッセージブローカーであればすぐに得られるますます多くの振る舞いの実装に長時間を費やしている人々を、私は目の当たりにしてきました。例えば、競合コンシューマ（Competing Consumer）パターンは複数のワーカインスタンスを作成してメッセージを求めて競合する手法を表しています。この手法は、ワーカ数を増やして一連の独立したジョブに対処するのに適しています。しかし、2 つ以上のワーカが同じメッセージを受け取ると、同じタスクを必要以上に行うことになるので避けたいでしょう。メッセージブローカーでは、普通のキューがこれに対処します。Atom では、すべてのワーカ間の共有状態を自分で管理し、労力が重複する機会を減らす必要があります。

回復性のある優れたメッセージブローカーを既に手に入れていれば、そのメッセージブローカーでイベントのパブリッシュ / サブスクライブを処理することを考えてください。しかし、まだ手に入れていなければ、Atom を検討しますが、埋没費用の誤謬[†]に注意してください。メッセージブローカーが提供するサポートを強く望んでいることに気付いたら、ある時点で手法を変えた方がよいでしょう。

このような非同期プロトコルで送信するものについては、同期通信の場合と同じことを検討します。JSON でのリクエストとレスポンスのエンコードに現在満足していれば、JSON を使い続けてください。

4.8.2　非同期アーキテクチャの複雑さ

非同期アーキテクチャの中には面白そうなものもあります。イベント駆動アーキテクチャでは、より分離された高いスケーラブルなシステムを実現できそうです。実際にできるのですが、プログラミング形式はより複雑なものになってしまいます。先ほど述べたようにメッセージのパブリッシュ / サブスクライブの管理に必要とされる複雑さだけではなく、他に直面するであろう問題にも複雑さがあります。例えば、長時間の非同期リクエスト / レスポンスを検討するときには、レスポンスが戻ってき

[†]　監訳者注：埋没費用（サンクコスト）とは、中止や撤退によって戻ってこない投資のこと。最初に Atom を使った開発に投資した後に、メッセージブローカーに投資するかどうかを検討する場合、埋没費用である Atom への投資を判断材料に入れず、メッセージブローカーへの投資以上の価値があれば投資するのが合理的です。しかし、人は、2 つの投資の合計以上の価値があるかどうかという基準で考えてしまいがちです。

たときに何をすべきかについて考えなければなりません。リクエストを発行したノードと同じノードにレスポンスが戻ってくるのでしょうか。その場合、そのノードがダウンしていたらどうなるでしょうか。同じノードに戻ってこない場合には、情報をどこかに格納して適切に対処できるようにする必要があるでしょうか。適切な API があれば短時間の非同期の方が管理が簡単ですが、それでもプロセス内の同期メッセージ呼び出しに慣れているプログラマにとっては、これは異なる考え方になります。

　ここで、ある訓話を紹介します。2006 年に、私は銀行向けの価格決定システムの構築を担当していました。市場のイベントを調べ、ポートフォリオの中で価格決定をし直す必要がある項目を割り出します。対処する項目のリストを決定したら、それらすべてをメッセージキューに配置します。グリッドを活用して価格決定ワーカのプールを作成し、要求に応じて価格決定ファームのスケールアップ / ダウンを行えるようにしていました。ワーカは競合コンシューマ（Competing Consumers）パターンを使い、処理するメッセージがなくなるまで各ワーカができる限り早くメッセージを取得していました。

　このシステムは順調に稼働し、自惚れを感じるほどでした。しかし、リリース直後のある日、ひどい問題に直面しました。ワーカが次から次へと停止してしまったのです。

　最終的に、私たちは問題を突き止めました。バグが入り込んでおり、ある種の価格決定リクエストが原因でワーカが停止していたのです。トランザクション型キューを使用しており、ワーカが停止すると、リクエストのロックがタイムアウトし、価格決定リクエストがキューに戻されます。結局、別のワーカがそのリクエストを引き受けて停止するだけです。これは、Martin Flowler が「壊滅的フェイルオーバー」（Catastrophic Failover）と呼んだ典型的な例でした（http://bit.ly/1EmZMss、日本語訳 http://bliki-ja.github.io/CatastrophicFailover/）。

　バグだけでなく、キュー上のジョブへの最大リトライ上限の指定も忘れていました。バグを修正し、最大リトライも構成しました。このような不適切なメッセージを閲覧し、場合によっては再現する手段が必要なことにも気付きました。最終的にメッセージ病院（配達不能、失敗したメッセージの送り先となるキュー）を実装しなければなりませんでした。また、そのメッセージを閲覧し、必要に応じてリトライする UI も作成しました。同期ポイントツーポイント通信にしかなじみがない場合、このような問題に気付くまで時間がかかるでしょう。

　イベント駆動アーキテクチャと非同期プログラミング全般が持つ複雑さから、これらの考え方をどのくらい熱心に採用するかを慎重に検討すべきだと考えるようになり

ました。適切な監視を準備し、相関IDの利用を積極的に検討するようにしてください。8章で詳しく説明するように、相関IDはプロセス境界を越えてリクエストを追跡できるようにします。

また、『Enterprise Integration Patterns』（Addison-Wesley、http://www.enterpriseintegrationpatterns.com/）もとてもお勧めです。この書籍では、この分野で検討が必要となるさまざまなプログラミングパターンに関する詳細が説明されています。

4.9　状態マシンとしてのサービス

RESTのエキスパートになることを選ぶか、SOAPのようなRPCベースのメカニズムにこだわるかにかかわらず、状態マシンとしてのサービスの中核概念は強力です。境界づけられたコンテキストの周辺に作成されるサービスについて（ここまでおそらく嫌になるほど）既に述べました。顧客マイクロサービスは、このコンテキストでの振る舞いに関連するすべてのロジックを**所有**しています。

コンシューマが顧客を変更したいときには、顧客サービスに適切なリクエストを送信します。顧客サービスは、ロジックに基づいてそのリクエストを受け付けるかどうかを判断します。顧客サービスは、顧客に関連するすべてのライフサイクルイベントを制御します。CRUDラッパーと大差ない愚かで貧血症のサービスは避けたいでしょう。顧客に実行できる変更に関する判断が顧客サービスから流出すると、凝集性を失います。

主要ドメインの概念のライフサイクルをこのように明確にモデル化すると、効果的です。状態の衝突（既に削除されている顧客を更新しようとするなど）に対処する場所が1つになるだけでなく、その状態変化に基づいて振る舞いを加える場所も得られます。

いまだにHTTP上のRESTが他の多くの技術よりもはるかに賢明な統合技術だと考えていますが、どれを選んだとしてもこの考え方を覚えておいてください。

4.10　Rx（Reactive Extentions）

Rxと省略されるReactive Extentionsは、複数の呼び出し結果をまとめ、それに対して操作を実行する機構です。呼び出しは、ブロッキング呼び出しにも非ブロッキング呼び出しにもすることができます。本質的には、Rxは従来のフローを逆にします。データを要求してそのデータに対して操作を行うのではなく、操作（または一連の操作）の結果を観察し、何かが変わったら対処します。一部のRx実装は観測対象に関

数を実行でき、例えば、RxJava では map や filter といった従来の関数を使えます。

さまざまな Rx 実装は、分散システムでよく使われてきました。Rx では、呼び出し方法の詳細を抽象化でき、物事について簡単に検証できます。私は下流サービスへの呼び出しの結果を観察します。ブロッキング呼び出しか非ブロッキング呼び出しかを気にせず、レスポンスを待って対応するだけです。複数の呼び出しをまとめることができ、下流サービスへの並列呼び出しの処理がずっと簡単になるという利点があります。

サービス呼び出しが増えていることに気付いたら、特に 1 つの操作を実行するために複数の呼び出しをしている際には、使っている技術スタック向けの Rx を調べてみてください。どれほど楽になるかがわかると驚くかもしれません。

4.11 マイクロサービスの世界における DRY と コード再利用のリスク

私たち開発者がよく耳にする略語の 1 つが DRY（Don't Repeat Yourself）です。この定義はコードの重複を避けるようにすることと簡略化されることがありますが、DRY のより正確な意味は、システムの**振る舞いと知識**の重複を回避することです。一般に、これはとても理にかなったアドバイスです。同じ処理を行うコード行が多数あると、コードベースが必要以上に大きくなるため、検証が困難です。変更したい振る舞いがシステムの多くの部分で重複している場合には、変更する必要がある箇所を忘れやすく、バグにつながります。したがって、一般に信念として DRY を使うのは理にかなっています。

DRY は、再利用可能なコードの作成につながります。重複コードを抽象化し、複数の箇所から呼び出せます。おそらく、どこでも使える共有ライブラリを作成することになります。しかし、この手法はマイクロサービスアーキテクチャでは見かけによらず危険です。

マイクロサービスとコンシューマを過度に結合し、マイクロサービスへの小さな変更がコンシューマへの不要な変更を引き起こしてしまうことは、ぜひとも避けたいことの 1 つです。しかし、共有コードを使うと強い結合を生み出してしまうことがあります。例えば、ある顧客のシステムでは、システムで使う中核エンティティを表す共通ドメインオブジェクトのライブラリがありました。すべてのサービスがこのライブラリを使っていました。しかし、1 つのサービスを変更したときに、すべてのサービスを更新しなければなりませんでした。そのシステムはメッセージキュー経由では通

信しており、メッセージキューも現在は**無効**になったコンテンツを破棄しなければならず、忘れたら災難が降りかかります。

　共有コードをサービス境界外で使ってしまうと、結合の可能性を招きます。ロギングライブラリなどの共通コードを使うのは問題ありません。外部から見えない内部概念だからです。RealEstate.com.au は、カスタムのサービステンプレートを活用して新サービスを自力で作成するのに役立てています。このコードを共有するのではなく、それぞれの新サービス用にコピーして、結合が流入しないようにしています。

　私の大まかな経験則では、1つのマイクロサービス内では DRY を破らないけれども、すべてのサービスにわたる DRY の違反には寛大に対処します。サービス間の結合が多すぎることによる害は、コードの重複が引き起こす問題よりもはるかに悪くなります。しかし、さらに調査するに値する具体的なユースケースが1つあります。

4.11.1　クライアントライブラリ

　自分のサービス向けのクライアントライブラリの作成がそもそもサービス作成に不可欠だと主張する複数のチームと、話をしたことがあります。その根拠は、サービスを使いやすくし、サービスを利用するのに必要なコードの重複を避けられるからです。

　もちろん、同じ人がサーバ API とクライアント API の両方を作成したら、サーバに存在すべきロジックがクライアントに流入するリスクがあるという問題があります。自分で行ったということを覚えておくべきです。クライアントライブラリに紛れ込むロジックが増えるほど、ますます凝集性が損なわれ、サーバへの修正を展開するのに複数のクライアントを変更しなければならないことに気付きます。また、クライアントライブラリの使用を義務付けている場合には特に、技術選択も制限されます。

　私が好きなクライアントライブラリのモデルは、Amazon Web Services（AWS）のモデルです。基盤となる SOAP や REST の Web サービス呼び出しを直接実行することもできますが、結局は全員が、基盤となる API 上に抽象概念を提供している既存のさまざまなソフトウェア開発キット（SDK）の1つを使うことになります。これらの SDK は、コミュニティや（API 自体の開発をしているメンバーではない）AWS のメンバーが記述しています。このような分離が功を奏し、クライアントライブラリの落とし穴を回避しているように思われます。これが極めて有効に働く理由の1つは、クライアントがアップグレードを行うタイミングを管理していることです。自分でクライアントライブラリを開発している場合には、こうなるようにしてください。

特に Netflix はクライアントライブラリを最重要視していますが、人々がこれをコード重複を避けるという視点からしか見ていないのではないかと私は心配しています。実際には、Netflix が使用しているクライアントライブラリは、（少なくとも）システムの信頼性とスケーラビリティを保証します。Netflix クライアントライブラリは、サービスの検出、故障モード、ロギング、実際にはサービス自体の性質とは関係のない他の面に対処します。このような共有クライアントがなかったら、Netflix が運営しているような巨大な規模でクライアント / サーバ通信の各部分が適切に振る舞うことを保証するのは難しいでしょう。Netflix でのクライアントライブラリの使用は確実に運用を簡単にし、生産性を向上し、システムが適切に振る舞うようにします。しかし、Netflix のある人によれば、時間とともにクライアントとサーバとの間に結合が起こり、問題となってきているそうです。

クライアントライブラリ手法を検討している場合には、クライアントコードを分離して、基盤となるトランスポートプロトコルに対処することが重要です。トランスポートプロトコルは、サービスの検出や障害、目的のサービスに関連することなどに対処できます。クライアントライブラリの使用を求めていくのかどうか、または、別の技術スタックを使用している人々が基盤となる API を呼び出せるようにするのかどうかを決めてください。最後に、クライアントライブラリのアップグレードのタイミングをクライアントに管理させるようにしてください。個々のサービスを独立してリリースする能力を維持できるようにする必要があります。

4.12　参照によるアクセス

検討事項として、ドメインエンティティに関する情報を渡す方法について言及しておきます。マイクロサービスは Customer といった中核的なドメインエンティティのライフサイクルを包含するという考え方を受け入れなければなりません。顧客サービス内に配置されているこの Customer の変更に関連するロジックの重要性については既に述べており、Customer を変更したければ、顧客サービスにリクエストを発行しなければなりません。顧客サービスを Customer の真実の源とみなすべきだということになります。

顧客サービスから指定の Customer リソースを取得したら、リクエスト時にそのリソースがどのように見えていたかがわかります。その Customer リソースをリクエストした後に、他の何かがそのリソースを変更したかもしれません。実際に手に入るのは、Customer がかつてどのように見えていたかという記憶です。この記憶を長く持

ち続けるほど、この記憶が間違っている確率が高まります。もちろん、必要以上にデータをリクエストしないようにすれば、システムははるかに効率的になります。

この記憶で十分なこともありますが、変更されたかどうか確かめる必要がある場合もあります。そこで、エンティティがかつてどのように見えていたかという記憶を渡すことにするかどうかにかかわらず、新しい状態を取得できるように、元のリソースへの参照も含めるようにしてください。

注文商品が発送されたらメールサービスにメールを送信するよう依頼する例を考えてみましょう。顧客のメールアドレス、名前、注文詳細とともにメールサービスにリクエストを送信します。しかし、メールサービスが実際にリクエストをキューイングしキューから取り出している間に、状況が変わる可能性があります。Customer リソースと Order リソースの URI だけを送信し、メールを送信するときが来たらメールサービスにその URI を調べさせる方が合理的かもしれません。

イベントベースの連携を考えるときには、この手法との大きな対比が生じます。イベントは**何かが起こった**かを伝えますが、私たちは**何が**起こったかを知る必要があるのです。例えば、Customer リソースが変わったことによる更新を受信している場合、イベント発生時に Customer がどのように見えていたかを知ることが重要です。エンティティへの参照もあれば現在の状態を調べられるので、両方の長所が得られます。

もちろん、参照でアクセスする際には、別のトレードオフも生じます。常に顧客サービスにアクセスして特定の Customer に関連する情報を調べていると、顧客サービスの負荷が大きくなりすぎてしまうことがあります。リソースの取得時に追加情報を提供し、リソースが特定の状態になった日時とこの情報が**新しい**と考えられる期間を知らせると、キャッシングを大いに活用して負荷を減らせます。HTTP は多岐にわたるキャッシュ制御を備え、キャッシュ機能の多くをデフォルトでサポートしています。その一部については、11 章で詳しく説明します。

他にも、サービスには Customer リソース全体について知る必要がなく、リソース全体を調べると結合が増える可能性があるという問題があります。例えば、メールサービスはさらに愚かになるべきで、メールアドレスと顧客名を送信するだけにすべきだという主張もあります。ここでは明確な規則はありませんが、データの新しさがわからないときにはリクエストでデータを渡すことに大きな注意を払ってください。

4.13 バージョニング

マイクロサービスに関して話すたびに、バージョニングをどのように行うかを訊かれました。人々は、いつかはサービスのインタフェースを変更しなければならないという当然の心配をし、変更の管理方法を理解したいと思っています。この問題を少し分割し、講じることができそうなさまざまな対策を調べてみましょう。

4.13.1 最大限の先送り

最初から破壊的変更を避けることが、破壊的変更の影響を減らす最善の方法です。本章を通じて説明しているように、適切な統合技術を選択すればこれをほぼ実現できます。データベース統合は、破壊的変更の回避がとても困難な技術の好例です。一方、REST では内部実装の詳細の変更がサービスインタフェースの変更につながることがあまりないので、破壊的変更の回避に役立っています。

破壊的変更を先送りするもう 1 つの鍵は、クライアントに優れた振る舞いを奨励し、そもそもサービスと密結合になりすぎないようにすることです。メールサービスを考えてみましょう。メールサービスの仕事は、ときどき顧客にメールを送信することです。メールサービスは、注文商品出荷済みメールを ID 1234 の顧客に送信するように依頼されます。その ID の顧客を探し、**例 4-3** に示すようなレスポンスを返します。

例 4-3　顧客サービスからのレスポンスの例

```
<customer>
  <firstname>Sam</firstname>
  <lastname>Newman</lastname>
  <email>sam@magpiebrain.com</email>
  <telephoneNumber>555-1234-5678</telephoneNumber>
</customer>
```

メールを送信するには、firstname、lastname、email フィールドだけが必要です。telephoneNumber を知る必要はありません。対象フィールドだけを取り出し、残りは無視したいのです。（特に強く型付けされた言語が使う）バインディング技術には、コンシューマが必要としているかどうかにかかわらず、**すべてのフィールドをバインド**しようとするものもあります。誰も telephoneNumber を使っていないことがわかり、それを削除することにしたらどうなるでしょうか。不必要にコンシューマを壊してしまいます。

同様に、**例 4-4** のような構造を追加するなどして、さらなる詳細をサポートするように Customer オブジェクトを再構築したい場合はどうなるでしょうか。メールサービスが必要なデータは引き続き存在し、名前も同じままですが、コードが firstname と lastname フィールドの格納場所を非常に明確に推測している場合、やはり壊されてしまいます。この場合には、代わりに XPath を使って対象フィールドを取り出せます。フィールドを探すことができれば、フィールドの場所については曖昧でかまいません。(リーダー (reader) が関心のない変更を無視できるようにする) このパターンは、Martin Fowler が耐性のあるリーダー (Tolerant Reader、http://bit.ly/1yISOdQ) と呼んでいるパターンです。

例 4-4　再構築した顧客リソース：データは依然としてすべて存在していますが、コンシューマは探せるでしょうか

```
<customer>
  <naming>
    <firstname>Sam</firstname>
    <lastname>Newman</lastname>
    <nickname>Magpiebrain</nickname>
    <fullname>Sam "Magpiebrain" Newman</fullname>
  </naming>
  <email>sam@magpiebrain.com</email>
</customer>
```

クライアントがサービスの利用においてできる限り柔軟であろうとする例は、(堅牢性原則としても知られている) ポステルの法則 (http://bit.ly/1Cs7dfR) を実証しています。ポステルの法則は、「送信するものに関しては厳密に、受信するものに関しては寛大に」というものです。この格言のもともとの状況はネットワーク上でのデバイスの対話であり、あらゆる種類の奇妙な出来事が起こることを予期すべきです。ここでのリクエスト / レスポンスの対話の状況では、他の部分を変更する必要なしに利用されるサービスを変更できるように最善を尽くすということになります。

4.13.2　破壊的変更の早期の把握

コンシューマを壊すような変更にできる限り早く気が付くようにすることが極めて重要です。考えられる最高の技術を選んでいても、やはり破壊が生じるからです。私は (7 章で取り上げる) コンシューマ駆動契約でこのような問題を早期に検出するこ

とを強く支持しています。複数の異なるクライアントライブラリをサポートしている場合、サポートしているライブラリごとに最新のサービスに対してテストを実行することも便利な手法です。コンシューマを壊すことを認識したら、破壊を完全に回避するか、破壊を受け入れてサービスコンシューマの担当者たちと適切な会話を開始するかを選べます。

4.13.3　セマンティックバージョニングの利用

クライアントがサービスのバージョン番号を見るだけで統合できるかどうかがわかったら、素晴らしくないでしょうか。**セマンティックバージョニング**（http://semver.org/、ページ上部に日本語訳へのリンクあり）は、これを可能にする仕様です。セマンティックバージョニングでは、バージョン番号はMAJOR.MINOR.PATCHという形式です。MAJOR番号の増加は、後方互換性のない変更が行われたことを意味します。MINORが増えると、後方互換性のある新機能が追加されています。最後に、PATCHの変更は、既存機能にバグ修正が行われたことを示します。

セマンティックバージョニングがどれほど便利かを知るために、簡単なユースケースを調べてみましょう。ヘルプデスクアプリケーションは、顧客サービスのバージョン1.2.0に対して正常に機能するように構築されています。新機能を追加して顧客サービスを1.3.0に変更しても、ヘルプデスクアプリケーション側から見た振る舞いは変わらないことが望ましく、また変更を求められるべきでもありません。しかし、アプリケーションが1.2.0リリースで追加された機能に依存していることもあるため、顧客サービスのバージョン1.1.0に対して正常に機能することは保証できません。また、顧客サービスの新しい2.0.0リリースが登場したら、アプリケーションを変更しなければならないことが予期できます。

サービスにセマンティックバージョンを付けることもできれば、次の節で詳しく説明するように、エンドポイントを共存させている場合にはサービスの個々のエンドポイントにセマンティックバージョンを付けることもできます。

このバージョニング体系では、多くの情報と期待をたった3つのフィールドに詰めることができます。仕様全体がクライアントが行える数値の変更への期待をとても簡単な用語で概説しており、変更がコンシューマに影響するかどうかに関する情報交換のプロセスを簡素化できます。あいにく、分散システムの環境でこの手法を十分に活用している例は見たことがありません。

4.13.4 異なるエンドポイントの共存

インタフェースの破壊的変更を導入しないようにするためにできることすべてを行ったら、次の仕事は影響を制限することです。常にマイクロサービスをそれぞれ独立してリリースできるようにしたいので、コンシューマに同時アップグレードを強要したくありません。これにうまく対処するために、新旧両方のインタフェースを同じ稼動中サービスに共存させる方法を使ったことがあります。破壊的変更をリリースしたい場合には、エンドポイントの新旧両方のバージョンを公開するサービスの新バージョンをデプロイします。

これにより、新しいインタフェースを備えた新しいマイクロサービスをできる限り早く提供できる一方で、コンシューマに移行するための時間を与えます。図 4-5 に示すように、すべてのコンシューマが古いエンドポイントを使わなくなったら、古いエンドポイントと関連するコードを削除できます。

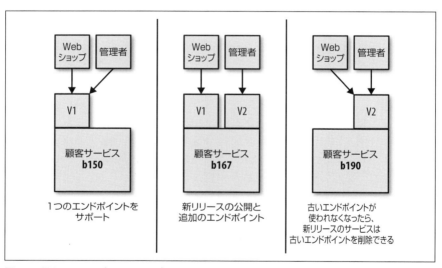

図 4-5　異なるエンドポイントバージョンの共存によりコンシューマが徐々に移行できる

最後にこの手法を使ったときには、利用するコンシューマの数と実施した破壊的変更の数が原因で少し大変なことになりました。実は、3 つの異なるバージョンのエンドポイントが共存していたのです。これはお勧めできません。すべてのコードと関連するテストが正しく機能するようにしなければいけなかったので、明らかに負担が増

えました。さらに管理しやすくするために、内部で V1 エンドポイントへのすべての
リクエストを V2 リクエストに変換し、V2 リクエストを V3 リクエストに変換しまし
た。これにより、古いエンドポイントがなくなったときに撤去するコードを明確に示
すことができたのです。

これは実質的に拡張と縮小のパターンの一例で、非互換の変更を段階的に導入でき
ます。提供する機能を**拡張**し、新旧両方の方法をサポートします。古いコンシューマ
が新しい方法で実行するようになったら、API を**縮小**して古い機能を取り除きます。

エンドポイントを共存させる場合には、呼び出し側がそれに応じてリクエストを
ルーティングする手段が必要です。HTTP を利用するシステムでは、リクエスト
ヘッダのバージョン番号や URI のバージョン番号（例えば、/v1/customer/ や /
v2/customer/ など）でこれを行っているのを見たことがあります。どのやり方が最
適かは悩ましいところです。私が好きなのは、URI を不透明にしてクライアントに
URI テンプレートをハードコードさせないことです。一方、URI にバージョン番号
を含める手法では、物事が非常に明確になり、リクエストのルーティングを簡素化で
きます。

RPC では、事態はさらに複雑です。メソッドを異なる名前空間（例えば、
`v1.createCustomer` と `v2.createCustomer`）に配置して Protocol Buffers で対処した
ことがありますが、同じ型の異なるバージョンをネットワーク上でサポートしようと
すると、大きな苦痛を引き起こす場合があります。

4.13.5　複数のサービスバージョンの同時使用

バージョニングの解決策は他にもあり、よく言及されるのは**図 4-6** に示すように
異なるバージョンのサービスを同時に動作させることです。古いコンシューマのトラ
フィックを旧バージョンにルーティングし、新バージョンには新しいトラフィック
を受信させます。これは、Netflix が、古いコンシューマを変更するコストが高すぎ
る場合、特にレガシーデバイスがまだ API の旧バージョンに縛られている稀な場合
に備えて慎重に使用している手法です。個人的にはこの考え方には賛同できないし、
Netflix がそのソリューションを稀にしか使わない理由も理解できます。まず、サー
ビス内の内部バグを修正する必要があると、2 つの異なるサービスを修正してデプロ
イしなければなりません。すると、おそらくサービスのコードベースを分岐しなけれ
ばならなくなり、必ず問題になります。次に、コンシューマを適切なマイクロサービ
スに向かわせる知性が必要になります。結局、この振る舞いはミドルウェアのどこか

か一連の nginx スクリプトに配置せざるを得なくなり、システムの振る舞いを検証するのが困難になります。最後に、サービスが管理する永続性を考えてください。最初にどちらのバージョンを使ってデータを作成したかにかかわらず、両方のバージョンのサービスが作成した顧客を格納して、すべてのサービスから見えるようにする必要があります。これはさらなる複雑さの源になり得ます。

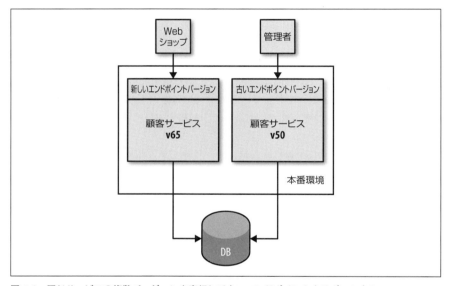

図 4-6　同じサービスの複数バージョンを実行して古いエンドポイントをサポートする

　短期間だけ複数のサービスバージョンを共存させるのは、特にブルーグリーンデプロイメントやカナリアリリースなどを行うときには完全に理にかなっています（これらのパターンについては 7 章で詳しく説明します）。このような状況では、数分あるいは数時間だけバージョンを共存させることがあり、通常は異なるバージョンのサービスが同時に 2 つだけ存在します。コンシューマを新バージョンにアップグレードしてリリースするためにかかる時間が長くなったら、異なるバージョンの共存ではなく、同じマイクロサービスに異なるエンドポイントを共存させるようにすべきです。平均的なプロジェクトでこの作業に価値があるかどうかは依然として疑問です。

4.14　ユーザインタフェース

　ここまで、ユーザインタフェースの世界にはあまり触れていません。顧客に冷たく険しく殺風景なAPIを提供しているだけの場合があるかもしれませんが、多くの人は顧客を満足させる美しく機能的なユーザインタフェースを求めています。しかし、実際には統合との関連でこれを検討しなければなりません。ユーザインタフェースは、すべてのマイクロサービスを顧客が理解できるものにまとめる場所なのです。

　私が最初にコンピューティングを始めた頃は、デスクトップ上で動作する大きなファットクライアントについての話がほとんどでした。MotifとSwingに多くの時間を費やし、ソフトウェアをできる限り使いやすくしようとしていました。多くの場合、このようなシステムはローカルファイルの作成と操作のためだけのものでしたが、その多くはサーバ側コンポーネントを持っていました。ThoughtWorks社での私の最初の仕事は、Swingベースの電子POSシステムの作成でした。このPOSシステムは多くの可動部の一部にすぎず、その大部分がサーバに置かれていました。

　そして、Webが登場しました。以前と違い、多くのロジックをサーバ側に置き、UIをシン（thin）なものと考えるようになり始めました。最初は、サーバ側プログラムがページ全体を描画してクライアントブラウザに送信し、クライアントブラウザはわずかな処理しかしませんでした。すべての対話は、ユーザによるリンクのクリックやフォームの記入で発行されるGETやPOST経由で、サーバ側で処理されていました。やがて、JavaScriptがブラウザベースのUIに動的な振る舞いを加える選択肢として人気になり、現在では古いデスクトップクライアントと同様にファットだと言えるアプリケーションもあります。

4.14.1　デジタルへ向けて

　この数年間で、組織はWebやモバイルを特別扱いすべきではないと考えるようになり、デジタルを総合的に考えています。顧客にとって最善のサービスの使い方はどのようなものでしょうか。また、それはシステムアーキテクチャにどのように影響するでしょうか。結局顧客が自社とどのように対話するかを正確には予測できないことを理解すると、マイクロサービスが提供するようなさらに粒度の細かいAPIを採用することにつながります。サービスをさまざまな方法で公開できる機能と組み合わせることで、デスクトップアプリケーション、モバイルデバイス、ウェアラブルデバイス、さらには実店舗を訪れた場合の物理的な形で顧客のさまざまなエクスペリエンスを管理できます。

80 | 4章 統合

そこで、ユーザインタフェースを合成レイヤと考えてください。提供するさまざまな機能を組み合わせる場所です。これを念頭に置き、すべての機能をどのようにまとめればよいでしょうか。

4.14.2 制約

制約は、ユーザがシステムと対話する際に課されるさまざまな形式です。例えば、デスクトップ Web アプリケーションでは、訪問者が使うブラウザや解像度といった制約を考慮します。しかし、モバイルによって多くの制約が新たに発生しています。モバイルアプリケーションがサーバと通信する方法も影響します。モバイルネットワークの制限が影響する、純粋な帯域幅の問題だけではありません。さまざまな種類の対話がバッテリーの寿命を奪い、顧客の怒りを引き起こしています。

対話の性質も変わります。タブレットでは私は簡単に右クリックできません。携帯電話では、ほとんど片手で使用できるインタフェースを設計し、大部分の操作を親指で制御できるようにしたいと考えています。帯域幅が高価なところでは SMS 経由でサービスと対話できるようにするかもしれません。例えば、発展途上国ではインタフェースとして SMS を使うケースがとても多いのです。

したがって、中核サービス（中核となる提供機能）は同じかもしれませんが、各種のインタフェースが持つさまざまな制約にサービスを適応させる手段が必要です。さまざまな形式のユーザインタフェース合成を検討するときには、その形式がこの課題に対処するようにする必要があります。ユーザインタフェースのいくつかのモデルを調べ、どのようにこれを実現しているかを確認してみましょう。

4.14.3 API 合成

サービスが既に互いに HTTP 経由で XML や JSON で対話していると仮定すると、利用できる明らかな選択肢は、**図 4-7** のようにユーザインタフェースにこれらの API と直接対話させることです。Web ベースの UI は、JavaScript GET リクエストでデータを取得したり、POST リクエストでデータを変更できます。ネイティブモバイルアプリケーションでも、HTTP 通信の開始は簡単です。そして、UI はインタフェースを構成するさまざまなコンポーネントを作成し、サーバとの状態の同期などに対処しなければなりません。サービス間通信にバイナリプロトコルを使っていたら、Web ベースのクライアントでは難しくなりますが、ネイティブモバイルデバイスでは大丈夫でしょう。

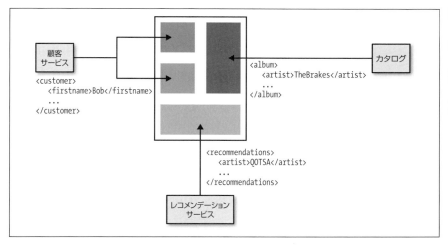

図4-7　複数のAPIを利用したユーザインタフェースの表示

　この方法には2つの欠点があります。まず、さまざまな種類のデバイスごとにレスポンスを調整することがほとんどできません。例えば、顧客記録を取得するときには、移動店舗ではヘルプデスクアプリケーションの場合と同様にすべてのデータを取得する必要があるでしょうか。顧客がリクエストを行うときに取得したいフィールドを指定できるようにするという解決策も1つありますが、これはそれぞれのサービスがこのような対話の形式をサポートしていることを前提としています。

　他にも重要な疑問があります。誰がユーザインタフェースを作成するのでしょうか。サービスの担当者たちは、サービスのユーザへの見せ方には関わりません。例えば、別のチームがUIを作成している場合、小さな変更でも複数のチームに変更リクエストを行わなければならなかった、昔のひどい階層化アーキテクチャの時代に逆戻りしかねません。

　この通信も呼び出しが多くなってしまう可能性があります。サービスを直接何度も呼び出すことはモバイルデバイスには大きな負荷で、顧客のモバイル料金プランを非効率に使うことになります。ここではAPIゲートウェイがあると、複数の呼び出しを集約する呼び出しを公開できるため便利です。しかし、APIゲートウェイには欠点があり、詳しくはすぐ後で説明します。

4.14.4 UI 部品合成

UI に API 呼び出しを行わせてすべてを UI コントロールにマッピングするのではなく、図 4-8 のようにサービスに UI の部品を直接提供させ、その部品を集めて UI を作成できます。例えば、レコメンデーションサービスが、他のコントロールや UI 部品と組み合わせて UI 全体を作成するためのレコメンデーションウィジェットを提供するとします。これは、Web ページ上に他のコンテンツと一緒にボックスとして描画されます。

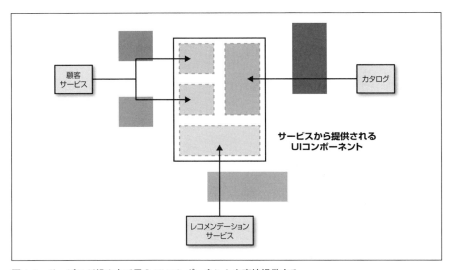

図 4-8 サービスが組み立て用の UI コンポーネントを直接提供する

うまく動作するこの手法の変化形は、一連の粒度の粗い UI 部品を組み合わせる手法です。小さなウィジェットを作成するのではなく、シック（thick）クライアントアプリケーションのペイン全体や Web サイトの一連のページを組み立てます。

このような粒度の粗い部品はサーバ側アプリから提供され、サーバ側アプリが適切な API 呼び出しを実行します。このモデルは、各部品がチームの担当と一致する場合に最適に機能します。例えば、おそらく音楽専門店で注文管理を担当するチームは注文管理に関連するすべてのページを提供するでしょう。

やはり、これらの部品をまとめる何らかの組み立てレイヤが必要です。サーバ側テンプレートのように簡単な場合もあれば、それぞれのページ群が異なるアプリから提

供される場合には高度な URI ルーティングが必要でしょう。

この手法には、サービスを変更するのと同じチームが UI 部品の変更も担当できるという利点があります。これにより、変更を迅速に公開できますが、この手法には問題もあります。

まず、ユーザエクスペリエンスの一貫性を保証しなければなりません。ユーザが期待するのはシームレスなエクスペリエンスで、インタフェースの部品ごとに動作や設計言語が異なるとは感じたくありません。この問題を回避するリビングスタイルガイドのようなテクニックがあります。リビングスタイルガイドでは、HTML コンポーネント、CSS、画像といった資産を共有してある程度の一貫性を提供できます。

他にも対処が困難な問題があります。ネイティブアプリケーションやシック（thick）クライアントでは、UI コンポーネントを提供できません。ハイブリッド手法を使い、ネイティブアプリケーションを使って HTML コンポーネントを提供できますが、この手法には欠点があることが繰り返し示されています。そのため、ネイティブなエクスペリエンスが必要な場合には、フロントエンドアプリケーションが API 呼び出しを実行して UI 自体に対処する方法に戻らなければならないでしょう。しかし、Web 専用の UI を検討していても、やはりデバイスの種類ごとに全く異なる処理が必要な場合もあります。もちろん、応答性の高いコンポーネントの構築は効果的です。

この手法には、解決できるのか確信が持てない大きな問題が 1 つあります。サービスが提供する機能がウィジェットやページにきちんと収まらないことがあるのです。確かに、レコメンデーションを Web サイトのページ上のボックスに表示すればいいのですが、別のどこかで動的なレコメンデーションを導入したい場合はどうなるでしょうか。例えば、検索時に先行入力で自動的に新たにレコメンデーションしたい場合などです。対話の形式が横断的になればなるほど、このモデルが当てはまる場合が少なくなり、単なる API 呼び出しに戻る可能性が高くなります。

4.14.5　フロントエンド向けのバックエンド（BFF）

バックエンドサービスとの呼び出しが多いインタフェースやデバイスの種類ごとにコンテンツを変えなければならない問題に対しては、サーバ側集約エンドポイント（API ゲートウェイ）を用意して解決を図ります。**図 4-9** からわかるように、API ゲートウェイは複数のバックエンド呼び出しをまとめ、さまざまなデバイスでの必要に応じてコンテンツを変えたり集約したりして提供します。このようなサーバ側エンドポイントが振る舞いの多すぎるシック（thick）レイヤになったときに、この手法が大

惨事をもたらしたのを目にしたことがあります。結局、別々のチームが管理することになり、機能が変更されるたびにロジックを変更しなければならないもう1つの場所となったのです。

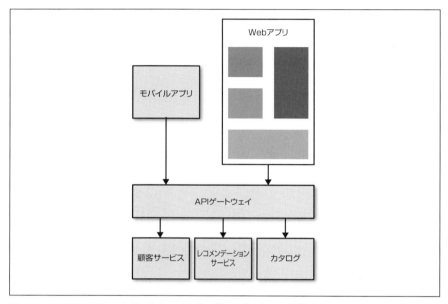

図4-9　1つのモノリシックゲートウェイを使ったUI呼び出しへの対処

　起こり得る問題は、通常、すべてのサービス向けの1つの巨大なレイヤを持つことになることです。結果として、すべてが一緒に投入され、突然さまざまなユーザインタフェースの分離が失われ、独立してリリースする能力が制限されてしまいます。私が気に入っており、適切に機能しているのを見たことがあるモデルは、図4-10に示すようにこのようなバックエンドの使用を特定のユーザインタフェースやアプリケーションに制限する方法です。

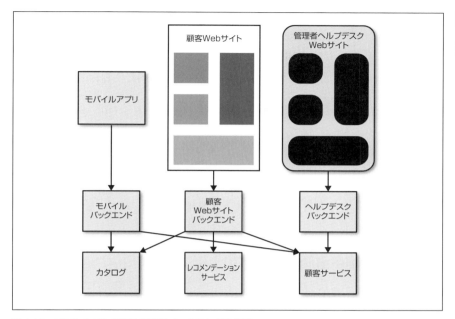

図 4-10　フロントエンド向けの専用バックエンドの使用

　このパターンは、**フロントエンド向けのバックエンド**（BFF：Backends For Frontends）と呼ばれることもあります。このパターンでは、特定の UI に専念しているチームがそのチーム独自のサーバ側コンポーネントにも対処できます。このようなバックエンドを、たまたまサーバに組み込まれたユーザインタフェースの部品と考えられます。UI の種類によっては最低限のサーバ側フットプリントが必要なものもあれば、さらに多くのフットプリントが必要なものもあります。API 認証 / 認可レイヤが必要な場合は、BFF と UI の間に配置できます。詳しくは 9 章で説明します。

　この手法の危険性は、他の集約レイヤの場合と同じです。入り込むべきではないロジックが入り込む恐れがあります。バックエンドが使うさまざまな機能のビジネスロジックは、サービス自体の中に留まるべきです。BFF には、特定のユーザエクスペリエンスの提供に特化した振る舞いだけを追加すべきです。

4.14.6　ハイブリッド手法

　先ほど述べた多くの選択肢は万能でなくても構いません。部品ベースの組み立ての手法を採用してWebサイトを作成していても、モバイルアプリケーションに関してはフロントエンド向けのバックエンド手法を使っている組織もあります。重要な点は、ユーザに提供する基盤となる機能の凝集性を維持する必要があることです。音楽の注文や顧客の詳細の変更に関連するロジックがそれぞれの操作に対処するサービス内に留まり、システム全体に広がらないようにしなければなりません。中間レイヤに多くの振る舞いを詰め込みすぎる罠の回避は、バランスが難しい作業です。

4.15　サードパーティソフトウェアとの統合

　管理下にある既存システムを分割する方法を調べてきましたが、対話する相手を変更できない場合はどうでしょうか。多くの正当な理由から、勤務先の組織は商用ソフトウェアを購入したり、自分ではほとんど制御できないSaaS（Software as a Service）製品を利用しています。その場合、どのように適切に統合するのでしょうか。

　本書を読んでいるなら、あなたはおそらくコードを記述する組織で働いているのでしょう。社内目的、または外部顧客向けのソフトウェアを記述しているか、あるいはその両方かもしれません。とはいえ、多数のカスタムソフトウェアを作成できる組織にいるとしても、やはり第三者が提供する商用やオープンソースのソフトウェア製品を使うでしょう。それはなぜでしょうか。

　まず、ほぼ確実に組織には内部で対応できないほど多くのソフトウェアの需要があります。Excelのようなオフィス生産性ツールからOS、給与システムにいたるまで、使用するすべての製品のことを考えてください。自分が使用するソフトウェアをすべて作成するのは、膨大な仕事です。次に、最も重要なことですが、コスト効率がよくありません。例えば、独自のメールシステムを構築するコストは、（オープンソースではなく商用製品を利用したとしても）メールサーバとメールクライアントの既存の組み合わせを使うコストをおそらく大きく上回ってしまうでしょう。

　私の顧客は、「構築すべきか、それとも購入すべきか」の選択に悩んでしまうことが多くあります。一般に、平均的なエンタープライズ組織とこの種の会話をするときに私や私の同僚が行うアドバイスは、結局のところ「特殊な処理をするなら構築してください。それを戦略的資産とみなせます。使い方が特殊でなければ購入してください」に尽きます。

4.15 サードパーティソフトウェアとの統合 | **87**

　例えば、平均的な組織は給与システムを戦略的資産とはみなしません。全体的に見ると、給与の支払いは世界中で同じです。同様に、ほとんどの組織は商用のコンテンツ管理システム（CMS：Content Management System）を購入しています。CMSのようなツールの使用をビジネスの鍵とは考えないからです。一方、私はガーディアン（The Guardian、イギリスの新聞）の Web サイトの再構築に早い段階から関わったのですが、そこではカスタムの CMS を構築するという判断が下されました。CMS は新聞事業の中核だからです。

　商用のサードパーティソフトウェアでときどき触れる考え方は理解でき、喜んで受け入れられます。しかし、中には多くの人々が悩まされることになるシステムが、いくつか存在します。それはなぜでしょうか。

4.15.1　制御の欠如

　CMS などの商用製品や SaaS ツールの機能の統合や拡張に関する課題の 1 つは、通常多くの技術的判断が既に下されている点です。どのようにツールと統合するのでしょうか。それはベンダの判断です。ツールの拡張に使えるプログラミング言語は何でしょうか。それもベンダ次第です。カスタマイズの継続的インテグレーションを可能にするためにツールの構成をバージョン管理に格納し、ゼロから再構築できますか。それもベンダの選択に左右されます。

　運がよければ、開発の観点から見たツールの扱いの容易さ（または難しさ）は、ツール選択過程の一部とみなされます。しかし、その場合でも事実上ある程度の制御を外部に譲ることになります。統合とカスタマイズの作業をチームに取り戻すことが大切です。

4.15.2　カスタマイズ

　エンタープライズ組織が購入する多くのツールは、**それぞれの状況に合わせて**高度にカスタマイズできる機能を売りにしています。しかし、注意してください。多くの場合、入手できるツールの性質のために、カスタマイズのコストはゼロからカスタムで構築するよりも高価になってしまうことがあります。製品を購入することに決めても、その製品が提供する特定の機能がそれほど特殊でなければ、複雑なカスタマイズを行うよりも組織の仕事のやり方を変更する方が理にかなっているでしょう。

　CMS はこのような危険性をはらんだ好例です。継続的インテグレーションをサポートしていない設計の複数の CMS を使った際は API がひどく、基盤となるツールで

CMS 向けの小さなアップグレードによって、CMS に行ったカスタマイズが壊れることがありました。

この点において、Salesforce は特に面倒です。Salesforce は長年、Force.com プラットフォームを推進していて、Force.com エコシステム内にしか存在しないプログラミング言語 Apex を使う必要があります。

4.15.3　統合スパゲティ

もう 1 つの課題は、ツールとの統合方法です。既に述べたように、サービス間の統合方法を入念に検討することが重要であり、理想的には少数の種類の統合に標準化したいでしょう。しかし、ある製品が独自のバイナリプロトコルを使うことに決め、別の製品は SOAP、さらに別の製品は XML-RPC となったら、どうするでしょうか。さらに悪いのは基盤となるデータストアにアクセスできるツールであり、既に述べたものと全く同じ結合に関する問題を引き起こしてしまいます。

4.15.4　思い通りにする

商用製品や SaaS 製品には適した場所というものがあり、多くの人にとってはすべてをゼロから構築するのは現実的でも賢明でもありません。では、どのように解決すればよいのでしょうか。その鍵は、状況を自分の思い通りに戻すことです。

ここでの中心的な考え方は、自分が制御するプラットフォーム上ですべてのカスタマイズを行い、ツール自体を使うコンシューマの数を制限することです。この考え方を詳しく調べるために、2 つの例を考えてみましょう。

4.15.4.1　例：サービスとしての CMS

私の経験では、CMS はカスタマイズや統合が必要な製品で最も一般的に使用される製品の 1 つです。理由は、基本的な静的サイトが必要な場合を除き、平均的なエンタープライズ組織は顧客記録や最新の製品情報提供といった動的コンテンツで Web サイトの機能を強化したいからです。この動的コンテンツの情報源は通常は組織内の他のサービスであり、そのサービスを実際に自分で構築していることもあります。

CMS をカスタマイズしてこの特殊なコンテンツをすべて取り込んで外部に表示したいという衝動に駆られます（多くの場合、これは CMS のセールスポイントです）。しかし、平均的な CMS の開発環境はひどいものです。

平均的な CMS が得意とすることと、CMS を購入する目的を考えてみましょう。

それは、コンテンツ作成とコンテンツ管理です。ほとんどの CMS はページレイアウトさえうまくできず、通常は期待外れのドラッグアンドドロップ機能しか備えていません。その場合でも、結局は HTML や CSS に詳しい人に CMS テンプレートを微調整してもらう必要があります。CMS は、カスタムコードを構築するにはひどいプラットフォームであることが多いものです。

答えは何でしょうか。図 4-11 に示すように、CMS の手前に外部に Web サイトを提供する独自のサービスを配置します。コンテンツを作成して取得できるようにする役割を担うサービスとして CMS を扱います。独自のサービスでは、コードを記述して好みの方法でサービスと統合します。Web サイトのスケーリングを制御でき（多くの商用 CMS は独自のアドオンを提供して負荷に対処します）、妥当なテンプレートシステムを選べます。

また、ほとんどの CMS はコンテンツを作成できる API も提供するので、CMS の手前に独自のサービスファサードを配置することもできます。状況によっては、このようなファサードでコンテンツを取得する API を抽象化することもあります。

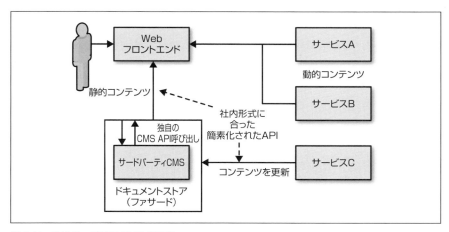

図 4-11　独自サービスで CMS を隠す

この数年間、ThoughtWorks 社ではいたるところで何度もこのパターンを使っています。私自身も何度も利用しています。注目に値する例の 1 つは、製品向けの新しい Web サイトを公開しようとしていた顧客です。当初は、その顧客は CMS 上にソリューション全体を構築したいと考えていたのですが、CMS を決めていませんでし

90 | 4章　統合

た。私たちは代わりにこの手法を提案し、手前の Web サイトの開発を開始しました。CMS ツールを選んでいる間に、静的コンテンツを表示するだけの Web サービスを CMS に見せかけました。結局、本番環境でこの偽のコンテンツサービスを使って実際のサイトにコンテンツを表示することで、CMS を選ぶ前にサイトを適切に立ち上げることになりました。後で、手前のアプリケーションを何も変更せずに最終的に選んだツールを投入することができました。

　この手法により、私たちは CMS の影響範囲を最小限に抑え、カスタマイズを自らの技術スタックに移すことができます。

4.15.4.2　例：多目的 CRM システム

　CRM（Customer Relationship Management：顧客関係管理）ツールは、百戦錬磨のアーキテクトでさえ恐怖を覚える、よく出会う野獣です。この分野は Salesforce や SAP といったベンダが代表的ですが、すべてを行ってくれるようなツールの例であふれています。そのため、ツール自体が単一障害点となり、依存関係のもつれた結び目となります。私がこれまで見てきた CRM の多くの実装は、（凝集性の反対としての）**粘着性のある**（adhesive）サービスの代表例です。

　通常、このようなツールの役割は初めは小さいものですが、徐々に組織の機能の中でより重要な部分となります。問題は、この不可欠となったシステムに関する指示や選択を自分たちではなくツールベンダが行うことです。

　最近、制御を取り戻す取り組みに関わりました。私が担当した組織は、多くの目的に CRM ツールを使っていましたが、プラットフォームに関連するコスト増加だけの価値が得られていないことを認識していました。同時に、複数の内部システムが統合のために理想とは言えない CRM API を使っていました。システムアーキテクチャをビジネスドメインをモデル化したサービスに近づけ、これからの移行のための土台を築く必要もありました。

　最初に、CRM システムが現在所有するドメインに対する中核概念を特定しました。この概念の1つは**プロジェクト**の概念でした。つまり、メンバーに割り当てることができるものです。他の複数のシステムがプロジェクト情報を必要としていました。そこで、プロジェクトサービスを作成しました。このサービスはプロジェクトを RESTful なリソースとして公開し、外部システムは統合点をこの新しく扱いやすいサービスに移動できました。内部的には、プロジェクトサービスは単なるファサードであり、基盤となる統合の詳細を隠しています。これを**図 4-12** に示します。

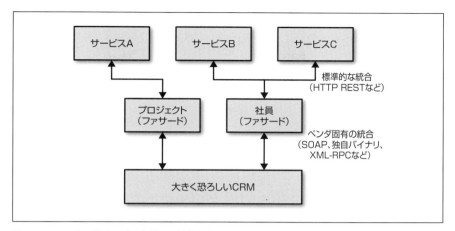

図 4-12 ファサードサービスを使って基盤となる CRM を隠す

　本書の執筆時点ではまだ進行中だった作業は、CRM で対処している他のドメイン概念を特定し、その概念に対してさらにファサードを作成することでした。基盤となる CRM から移行するときが来たら、それぞれのファサードを調べて社内ソフトウェアソリューションや商用ソリューションが要件を満たすかどうかを判断できます。

4.15.5　ストラングラー（絞め殺し）パターン

　完全には管理下にはないレガシープラットフォームやさらには商用プラットフォームについて、このようなプラットフォームを取り除きたい場合や少なくともそこから離れたいときにはどうするかも考えておきます。そこでストラングラーアプリケーションパターン（絞め殺しアプリケーションパターン、Strangler Application Pattern、http://bit.ly/1v71DOH、日本語訳 http://bliki-ja.github.io/StranglerApplication/）が便利です。CMS システムの手前に自らのコードを配置する例と同様に、ストラングラーでは古いシステムへの呼び出しを捕捉してインターセプトします。これにより、呼び出しを既存のレガシーコードにルーティングするか、自分で記述した新しいコードに向けるかを判断できます。そのため、ビッグバン型で書き換える必要なしに機能を徐々に置き換えることができます。

　マイクロサービスに関しては、1 つのモノリシックアプリケーションに既存のレガシーシステムへのすべての呼び出しをインターセプトさせる代わりに、一連のマイク

ロサービスでインターセプトすることもできます。この状況では元の呼び出しの捕捉とリダイレクトが複雑になり、プロキシを使わなければならない場合もあります。

4.16　まとめ

統合に関するさまざまな選択肢を調べ、マイクロサービスが他のコラボレータとの分離をできる限り維持できるようにする最有力な選択肢についての私の考えを共有しました。

- いかなる代償を払ってもデータベース統合を避けます。

- REST と RPC との間のトレードオフを理解し、REST をリクエスト／レスポンス統合の優れた出発点と積極的にみなします。

- オーケストレーションよりもコレオグラフィを選びます。

- ポステルの法則を理解して耐性のあるリーダー（Tolerant Readers）を使って破壊的変更を避け、バージョンが必要ないようにします。

- ユーザインタフェースを合成レイヤと考えます。

ここでは非常に多くのことを取り上げたので、すべての話題を深く掘り下げることはできませんでした。とはいえ、これが契機となり、さらに学びたい場合の正しい方向を示す優れた土台になったでしょう。

また、商用製品という形で完全には管理下にはないシステムの扱い方にも時間を費やしました。ここでの説明は、自分で記述したソフトウェアにも簡単に適用できることがわかりました。

ここで概要を説明した手法の中には**レガシー**ソフトウェアにも同様にうまく適用できるものもありますが、古いシステムを支配し、さらに有効な部品に分解するという大抵は途方もない作業に取り組みたい場合はどうなるでしょうか。詳しくは、次章で説明します。

5章
モノリスの分割

　優れたサービスとはどのようなものか、そしてなぜサービスが小さいほどよいのかについて議論してきました。また、システムの設計を進化させられることの重要性についても既に説明しました。しかし、このパターンに従っていない大量のコードベースが既に存在している場合には、どのように対処するのでしょうか。どのようにしてビッグバン型の書き直しをする必要なしにモノリシックアプリケーションを分解するのでしょうか。

　モノリス（一枚岩、モノリシックなもの）は時間とともに増大します。新機能やコードを驚くべき速さで取り込みます。すぐに組織にとって恐ろしく巨大な存在になり、手を出したり変更したりするのをためらうようになります。しかし、対策がないわけではありません。思い通りに使える適切なツールがあれば、この怪物を倒すことができます。

5.1　すべては接合部次第

　3章では、サービスの凝集性を高め、疎結合にしたいと述べました。モノリスの問題は、大抵はどちらにも反していることです。凝集性をもたらし、一緒に変更する傾向があるものをまとめるのではなく、あらゆる種類の関係のないコードを取り込んで一緒にします。同様に、実際には疎結合も存在しません。コードを変更したい場合には簡単に変更できることもありますが、モノリスの残りの大部分に影響を与えずにその変更をデプロイすることはできず、システム全体をデプロイし直さなければなりません。

　Michael Feathers は、その著書『Working Effectively with Legacy Code』（Prentice-Hall、日本語版『レガシーコード改善ガイド』翔泳社、関連記事 http://codezine.jp/

article/corner/308）の中で**接合部（seam）**の概念を定義しています。すなわち、分離して扱うことができ、コードベースの残りの部分に影響を与えずに作業できるコード部分です。また、接合部を特定する必要もあります。しかし、コードベースを整理するために接合部を探すのではなく、サービス境界となる接合部を特定したいのです。

　では、何が適切な接合部となるのでしょうか。既に述べたように、境界づけられたコンテキストが優れた接合部になります。定義によれば、境界づけられたコンテキストは、組織内の凝集性があり疎結合な境界を表すからです。したがって、まずはコード内でのこの境界の特定から始めます。

　ほとんどのプログラミング言語は、類似コードをグループ化できる「名前空間」の概念を持っています。Java の package 概念はかなり劣った例ですが、必要なものの多くを提供します。他のすべての主流のプログラミング言語にも同様の概念が組み込まれています。

5.2　MusicCorp の分解

　MusicCorp のオンラインシステムの大量の振る舞いを表す、大規模なバックエンドモノリシックサービスがあるとします。まず、3 章で説明したように、組織に存在すると思われる高水準の境界づけられたコンテキストを特定します。そして、モノリスの対応する境界づけられたコンテキストを把握する必要があります。最初にモノリシックバックエンドが扱うと思われる 4 つのコンテキストを特定しましょう。

カタログ

　　販売用に提供する品目についてのメタデータに関係するすべて。

経理

　　アカウント、支払、払い戻しといった報告。

倉庫

　　顧客注文の発送や返品、在庫水準の管理など。

レコメンデーション

　　特許出願中の画期的なレコメンデーションシステム。平均的な科学研究所よりも多くの Ph.D.（博士）がいるチームが記述した極めて複雑なコード。

まずは上記のコンテキストを表すパッケージを作成し、既存コードをそれらのパッケージに移動します。最新な IDE では、リファクタリングを介して自動的にコードを移動できます。また、他の処理の間に漸進的に移動できます。しかし、IDE がリファクタリングを実行するのが困難な動的型付け言語を使っている場合には特に、コードの移動で生じる破壊を捕捉するテストも必要です。時間とともに、どのコードがうまく収まり、どのコードが**取り残されて**どこにも収まらないかがわかるようになります。多くの場合、この残ったコードから見逃している境界づけられたコンテキストを特定します。

このプロセスは、コードを使ってパッケージ間の依存関係も分析できます。コードは組織を表しているので、ドメイン内の現実の組織が対話するのとグループと同様に、組織内の境界づけられたコンテキストを表すパッケージは対話すべきです。例えば、Structure101 のようなツールでは、パッケージ間の依存関係をグラフィカルに表示できます。間違って表示されているものを見つけた場合（例えば、倉庫パッケージが経理パッケージのコードに依存しており、実際の組織にはそのような依存関係が存在しない場合）、この問題を調査して解決を試みることができます。

このプロセスには小規模なコードベースでは半日、数百万行のコードを扱うときには数週間や数カ月かかることがあります。最初のサービスを分割する前にすべてのコードをドメイン指向パッケージに分類する必要はない場合もあり、実際には 1 箇所に労力を集中した方が有益なことがあります。これをビッグバン型の手法にする必要はありません。毎日少しずつ行うことができ、進捗を追跡するために自由に使えるツールがたくさんあります。

コードベースを接合部に合わせて整理できました。次はどうするのでしょうか。

5.3　モノリスを分割する理由

モノリシックなサービスやアプリケーションを小さくしたいという決断は、幸先がいいでしょう。しかし、このようなシステムでは少しずつ進めることを強くお勧めします。漸進的な手法は進めながらマイクロサービスについて学ぶ手助けとなり、間違いの影響も制限されます（おそらく間違えることになるでしょう）。モノリスを 1 枚の大理石と考えてください。すべてを破壊することもできますが、うまくいくことはほとんどありません。漸進的に行う方がはるかに理にかなっています。

そこで、モノリスを一度に 1 つずつ分解していく場合には、どこから始めるべきでしょうか。接合部の中から、最初にどれを取り出すべきでしょうか。ただ分割するの

ではなく、コードベースのどの部分を分離したら最も恩恵が得られるかを考えるのが最善です。指針となるものを考えてみましょう。

5.3.1 変化の速度

おそらく、在庫の管理方法には短時間で大量の変更が発生してしまうことがわかるでしょう。在庫の接合部をサービスとして分割すると、そのサービスは別個の自律的な単位になるため迅速に変更できます。

5.3.2 チーム構成

MusicCorp は、実際には 2 箇所の地域にデリバリチームを分割配置しています。1 チームはロンドン、もう 1 チームはハワイです（一部の人たちはのんびり暮らしています）。ハワイチームが多く使うコードを分割し、すべての責任を任せられたら素晴らしいでしょう。この考え方については、10 章で詳しく説明します。

5.3.3 セキュリティ

MusicCorp はセキュリティ監査を受け、機密情報保護を強化することに決めました。現在は、経理関連のコードですべて対処しています。このサービスのコードを分割したら、監視、転送データの保護、格納データの保護に関してこの別個のサービスに保護を追加できます。この考え方については、9 章で詳しく取り上げます。

5.3.4 技術

レコメンデーションシステムを担当するチームは、Clojure 言語の論理プログラミングライブラリを使って新しいアルゴリズムを導入しています。このチームは、顧客に提供する機能を改善することで、これが顧客のためになると考えています。レコメンデーションのコードを別のサービスに分割できれば、テスト対象の代替実装の構築を検討しやすくなるでしょう。

5.4 入り組んだ依存関係

分割する接合部を特定する際には、そのコードがシステムの残りの部分とどのように関わり合っているかを考慮します。できれば依存関係の少ない接合部を取り出したいのです。探し出したさまざまな接合部を依存関係の有向非巡回グラフ（先ほど述べたパッケージモデリングツールが得意なグラフ）で表示できる場合には、ほどくのが

難しそうな接合部を特定するのに便利です。

これにより、すべての入り組んだ依存関係の原因となることが多いものがわかります。それはデータベースです。

5.5 データベース

複数のサービスの統合手法としてデータベースを利用する課題については、既に詳しく説明しました。以前に明言したように、私はこの方法を支持していません。つまり、データベース内でも接合部を探し、適切に分割できるようにする必要があるのです。しかし、データベースは面倒な代物です。

5.6 問題の対処

最初の一歩は、コード自体を調べ、どの部分がデータベースに対する読み書きを行っているかを確認することです。一般的なプラクティスは、Hibernateなどのフレームワークに支えられリポジトリレイヤを用意してコードをデータベースとバインドし、オブジェクトやデータ構造のデータベースに対するマッピングを容易にすることです。ここまでの話を理解していれば、境界づけられたコンテキストを表すパッケージにコードをグループ化しているでしょう。データベースアクセスコードにも同じことを実行したいのです。これには、図5-1に示すようにリポジトリレイヤを複数の部分に分割する必要があるでしょう。

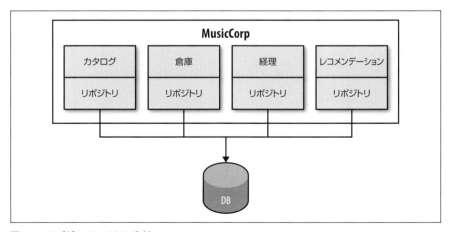

図5-1　リポジトリレイヤの分割

特定のコンテキストのコード内にデータベースマッピングコードを併置すると、どのコードがデータベースのどの部分を使っているかを理解しやすくなります。例えば、Hibernate では、境界づけられたコンテキストごとにマッピングファイルなどを使っていれば、これがとても明確になります。

しかし、話はこれだけではありません。例えば、経理コードが帳簿テーブルを使っており、カタログコードが品目テーブルを使っていることははっきりしているものの、データベースが帳簿テーブルから品目テーブルへの外部キー関係を施行しているかがはっきりしないこともあります。（障害物となるかもしれない）このようなデータベースレベルの制約を確認するには、別のツールでデータを可視化する必要があります。手始めとしては自由に利用できる SchemaSpy（http://schemaspy.sourceforge.net）といったツールを使うとよいでしょう。SchemaSpy は、テーブル間の関係のグラフィカルな表現を作成できます。

これはすべて、最終的なサービス境界をまたがる可能性のあるテーブル間の結合を理解するのに便利です。しかし、このような結びつきをどのように断ち切るのでしょうか。また、複数の異なる境界づけられたコンテキストが同じテーブルを使っている場合はどうでしょうか。このような問題の解決は簡単ではなく多くの答えがありますが、対処は可能です。

具体的な例に戻って、音楽専門店を再び考えてみましょう。4 つの境界づけられたコンテキストを探したので、それらを 4 つの別個の連携するサービスにしていく必要があります。直面する問題の具体例と、考えられる解決策を調べていきます。また、この例では標準的なリレーショナルデータベースで遭遇する課題を具体的に示していますが、他の NoSQL ストアでも同様の問題が見つかるでしょう。

5.7　例：外部キー関係の削除

この例では、カタログコードが、汎用的な品目テーブルを利用してアルバムに関する情報を格納しています。経理コードは帳簿テーブルで経理取引を追跡します。月末には、組織内の各関係部署の人たちのために報告書を作成し、現状を確認できるようにします。レポートを見栄えよく読みやすくしたいので、「SKU 12345 を 400 枚販売して 1,300 ドル稼いだ」と報告するよりも、販売品についてさらに情報を追加したいのです（つまり、「ブルース・スプリングスティーンの『Greatest Hits』を 400 枚販売して 1,300 ドル稼いだ」）。そのために、経理パッケージの報告コードは品目テーブルにアクセスして SKU のタイトルを取得します。また、図 5-2 に示すように帳簿テー

ブルから品目テーブルへの外部キー制約があります。

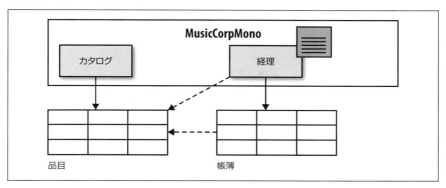

図 5-2　外部キー関係

　ここではどのように修正するのでしょうか。変更する必要があるのは 2 箇所です。まず、経理コードが品目テーブルにアクセスしないようにします。品目テーブルはカタログコードに属しており、カタログと経理が独立したサービスになったときにデータベース統合を発生させたくないからです。最も迅速に解決するには、経理コードが品目テーブルにアクセスするのではなく、経理コードが呼び出せるカタログパッケージの API 呼び出し経由でデータを公開します。この API 呼び出しは、図 5-3 に示すようにネットワーク経由で実行する呼び出しの先駆者になります。

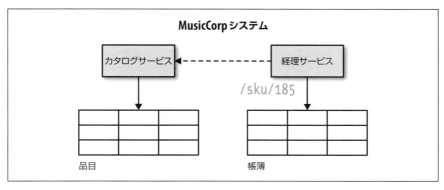

図 5-3　外部キー関係の削除後

100 | 5章　モノリスの分割

　この時点で、2つのデータベース呼び出しを行って報告を作成しなければならない
ことは明らかです。これは確かです。また、これらが2つの別個のサービスである場
合にも、同じことが発生します。すると、性能に関する一般的な懸念が生じますが、
簡単な答えがあります。システムをどの程度高速にする必要があるでしょうか。また、
現在はどのくらい高速でしょうか。現在の性能をテストでき、優れた性能がどの程度
であるかがわかるなら、自信を持って変更すべきです。特に**遅くなってもまだ全く差
支えない**ときには、一方と引き換えに他方を遅くするのが適している場合もあります。
　しかし、外部キー関係はどうでしょうか。外部キー関係が完全になくなってしまい
ます。これは、データベースレベルではなく結果として生じるサービスで管理する必
要がある制約になりました。つまり、サービスにまたがって独自の一貫性検査を実装
するか、関連データを整理する措置を講じなければなりません。多くの場合、これが
必要かどうかは技術者が判断することではありません。例えば、注文サービスにカタ
ログ品目のIDのリストが含まれている場合、カタログ品目を削除し、注文が無効な
カタログIDを参照するようになると何が起こるでしょうか。これを許すべきでしょ
うか。許すなら、注文を表示する際にどのように表示するのでしょうか。許さないな
ら、違反していないかをどのように調べるのでしょうか。ユーザに対するシステムの
振る舞いを決める人に、このような質問に答えてもらわなければなりません。

5.8　例：共有静的データ

　社内Javaプロジェクト用に`StringUtils`クラスを記述したのと同じくらい多くの
回数、データベースに国コードを格納しているのを見たことがあります（**図5-4**を
参照）。これはシステムがサポートする国を新しいコードのデプロイよりも頻繁に変
更する予定であることを示唆しますが、本当の理由が何であれ、このような共有静的
データをデータベースに格納する例は数多く登場します。考えられるすべてのサービ
スがこのような同じテーブルから読み取る場合、この音楽専門店の例ではどうすれば
よいでしょうか。

　選択肢はいくつかあります。その1つは、パッケージごとにこのテーブルを重
複して持ち、長期的視点ではサービスごとにも重複して持つことにします。もち
ろん、これは一貫性の課題を招く可能性があります。オーストラリア東海岸沖の
Newmantopiaの作成を反映するように1つのテーブルを更新したけれども、他のテー
ブルを更新しなかったらどうなるでしょうか。

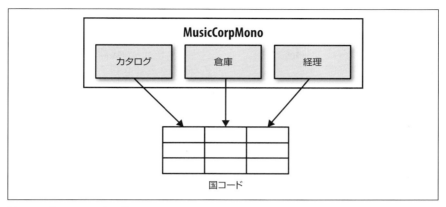

図 5-4　データベース内の国コード

　第2の選択肢は、代わりにこの共有静的データをコードとして扱うことです。おそらく、このデータはサービスの一部としてデプロイされたプロパティファイルに含まれているか、または単なる列挙型になるでしょう。データの一貫性に関する問題は残りますが、経験から、稼働中のデータベーステーブルを変更するよりも変更を構成ファイルに展開する方がはるかに簡単であることがわかります。多くの場合、これはとても理にかなったやり方です。

　第3の選択肢は極端かもしれませんが、この静的データを独立したサービスに入れることです。私が直面したいくつかの状況では、静的参照データに関するデータ量、複雑さ、規則がこの手法を正当化するのに十分でしたが、国コードを対象にしているだけならおそらくやりすぎでしょう。

　個人的には、多くの状況ではこのデータを構成ファイルかコードに直接追加するようにしています。なぜなら、大抵の場合に簡単だからです。

5.9　例：共有データ

　次にさらに複雑な例を掘り下げてみましょう。この例は、システムを分割しようとするときに一般的な問題となる共有可変データです。経理コードは顧客の注文による支払いを管理し、返品時の払い戻しも追跡します。同時に、倉庫コードは顧客の注文が発送または受領されたことを示すようにレコードを更新します。このすべてのデータはWebサイトの適切な場所に表示され、顧客が自分のアカウントの現状を確認で

きるようにします。簡単のため、図 5-5 に示すようにこのすべての情報を汎用的な顧客レコードテーブルに格納しています。

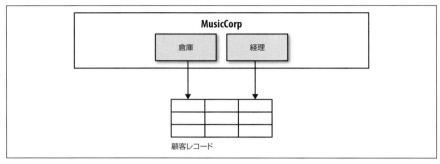

図 5-5　顧客データへのアクセス：何か見逃していないか

経理コードと倉庫コードはどちらも同じテーブルに書き込んでおり、同じテーブルから読み取ることもあるでしょう。これはどのように分割できるでしょうか。この状況は、実際に頻繁に見かけるものです。これは、コードでモデル化されておらず、実際にはデータベースで暗黙的にモデル化されているドメイン概念です。ここで見逃しているドメイン概念は Customer の概念です。

現在の顧客の抽象概念を具体化する必要があります。過渡的なものとして、Customer という新しいパッケージを作成します。すると、API を利用して Customer コードを経理や倉庫といった他のパッケージに公開できます。これを進めていくと、最終的には別個の顧客サービスになります（図 5-6）。

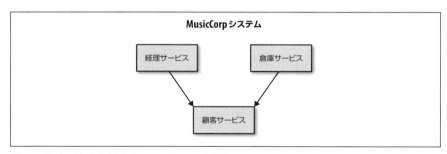

図 5-6　顧客の境界づけられたコンテキストの認識

5.10 例：共有テーブル

図5-7は最後の例を示します。カタログは販売するレコードの名前と価格を格納し、倉庫は在庫の電子レコードを保持します。この2つを汎用的な品目テーブルの同じ場所に保持することにします。以前はすべてのコードがマージされていたので、実際に関心事をまとめているかがはっきりしていませんでしたが、現在は別々に格納できる2つの別個の概念があることがわかります。

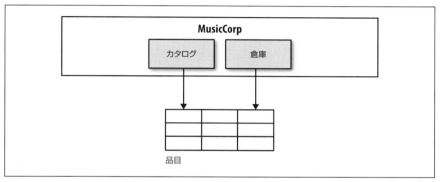

図5-7 異なるコンテキスト間で共有されるテーブル

ここでの答えは図5-8のようにテーブルを2つに分割し、倉庫向けの在庫リストテーブルとカタログ詳細向けのカタログエントリテーブルを作成することです。

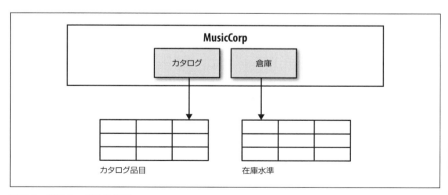

図5-8 共有テーブルの分割

5.11 データベースリファクタリング

先ほどの例では、スキーマの分離に役立つデータベースリファクタリングを取り上げました。この話題に関するより詳細な議論は、Scott J. Ambler と Pramod J. Sadalage 共著の『Refactoring Databases』（Addison-Wesley、日本語版『データベース・リファクタリング』ピアソン・エデュケーション）を参照するとよいでしょう。

5.11.1 段階的な分割

アプリケーションコードの接合部を探し、それらを境界づけられたコンテキストにグループ化しました。それを利用してデータベースの接合部を特定し、データベースの分割に最善を尽くしました。次は何でしょうか。1つのスキーマを持つ1つのモノリシックサービスから、それぞれが独自のスキーマを持つ2つのサービスへのビッグバン型リリースを行いますか。実際には、図 5-9 に示すようにスキーマは分割するもののサービスは1つのままにし、その後でアプリケーションコードを別のマイクロサービスに分割する方法をお勧めします。

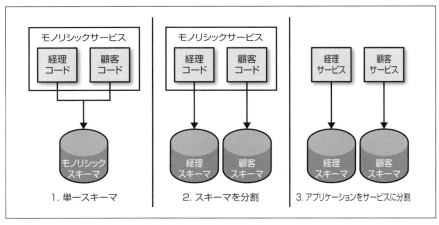

図 5-9　サービス分離の段階化

別個のスキーマでは、1つの動作を行うためのデータベース呼び出しの数が増えてしまう可能性があります。以前なら必要なすべてのデータを1つの SELECT 文で取得できましたが、2つの場所からデータを取得してメモリ内で結合しなければならなくなりました。また、2つのスキーマに移行すると、トランザクション完全性（整合性、

integrity）が失われ、アプリケーションに重大な影響を及ぼしかねません。詳しくは次で取り上げます。スキーマを分割してもアプリケーションコードを一緒のままにしておくことで、サービスのコンシューマに影響を与えることなく変更を元に戻したり引き続き微調整することができます。DB分離が理にかなっていると満足したら、アプリケーションコードを2つのサービスへ分離することについて検討できます。

5.12　トランザクション境界

　トランザクションは便利です。トランザクションでは、「すべてが一緒に起こるか、全く何も起こらないかのどちらか」にすることができます。トランザクションは、データベースにデータを挿入する場合にとても便利です。複数のテーブルを一度に更新でき、何かに失敗したらすべてがロールバックされ、データが一貫性のない状態にならないことを保証します。簡単に言えば、トランザクションによって、システムをある一貫性のある状態から別の一貫性のある状態に移行させる複数の異なる操作をグループ化できるのです。すべてが正常に動作するか、または何も変わらないかのどちらかです。

　トランザクションはデータベースだけに適用されるものではありませんが、データベースで最もよく使います。例えば、メッセージブローカーでもトランザクション内でメッセージの投稿と受信を行えます。

　モノリシックスキーマでは、おそらくすべての作成や更新は1つのトランザクション境界内で行われるでしょう。データベースを分割すると、単一トランザクションが提供する安全性を失います。MusicCorpの簡単な例を考えてください。注文の作成時には、顧客の注文が作成されたことを示すように注文テーブルを更新し、さらに倉庫チーム向けのテーブルにエントリを追加して、倉庫チームが発送のためにピッキングしなければならない注文があることをわかるようにする必要があります。私たちはアプリケーションコードを別個のパッケージにグループ化し、また、アプリケーションコードを分離する前に、スキーマの顧客部分と倉庫部分を分割して独自のスキーマに入れられるようにするところまで来ています。

　既存のモノリシックスキーマでの単一トランザクションでは、**図 5-10** に示すように注文の作成と倉庫チーム向けのレコードの挿入は単一トランザクション内で行われます。

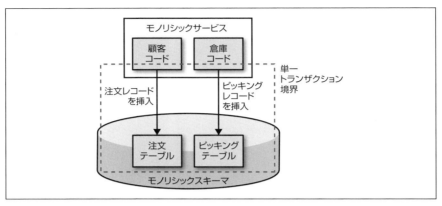

図 5-10　単一トランザクションでの 2 つのテーブルの更新

　しかし、注文テーブルを含む顧客関連データ向けと倉庫向けの 2 つの別個のスキーマに分割したら、このトランザクションの安全性は失われます。**図 5-11** に示すように、発注プロセスが 2 つの別個のトランザクション境界にまたがるようになります。注文テーブルへの挿入に失敗したら、迷わずすべてを中止し、一貫性のある状態を保てます。しかし、注文テーブルへの挿入に成功したが、ピッキングテーブルへの挿入に失敗した場合はどうなるでしょうか。

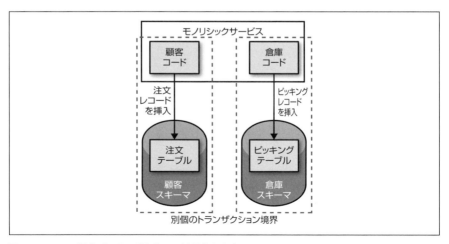

図 5-11　1 つの操作がトランザクション境界をまたぐ

5.12.1　後でリトライ

　顧客の注文が受け付けられ発注されたことで十分で、後で倉庫のピッキングテーブルへの挿入をリトライするかもしれません。キューやログファイルにこの操作部分をキューイングして、後でリトライできます。ある種の操作ではこれは理にかなっていますが、リトライが操作を修正することを前提としなければなりません。

　いろいろな意味で、これは**結果整合性**（eventual consistency）と呼ばれるものの別の形態です。トランザクション境界を利用してトランザクション完了時にシステムが一貫性のある状態になることを保証する代わりに、システムが将来のある時点で一貫性のある状態になることを受け入れるのです。この手法は、長時間に及ぶビジネス操作で特に便利です。詳しくは、11 章でスケーリングのパターンを扱う際に説明します。

5.12.2　操作全体の中止

　他に、操作全体を拒否するという選択肢もあります。この場合、システムを一貫性のある状態に戻さなければなりません。ピッキングテーブルは挿入が失敗しているので簡単ですが、注文テーブルのトランザクションをコミットしています。これを元に戻す必要があります。そのためには、補正（補償、compensating）トランザクションを発行し、新しいトランザクションを開始して直前の操作を元に戻さなければなりません。ここでは、これは簡単なことで、DELETE 文を発行してデータベースから注文を削除するだけです。そして、UI を介して操作が失敗したことを報告する必要もあります。アプリケーションはモノリシックシステム内でこのどちらにも対処できますが、アプリケーションコードを分割したときに何ができるかを検討しなければなりません。補正トランザクションに対処するロジックは顧客サービスに配置するのでしょうか。それとも、注文サービスや他の場所に置くのでしょうか。

　しかし、補正トランザクションに失敗したらどうなるのでしょうか。これは確かに起こり得ることです。これに失敗すると、対応するピッキング指示のない注文が注文テーブルに存在してしまいます。この状況では、補正トランザクションをリトライするか、バックエンドプロセスが後でこの非一貫性を取り除けるようにする必要があります。これは、管理者がアクセスできる保守画面や自動化プロセスのような簡単なものになります。

　次に、一貫性を保ちたい操作が 1 つや 2 つではなく、3 つ、4 つ、5 つある場合にどうなるかを考えてください。それぞれの失敗に対する補正トランザクションへの対

処は、実装は言うまでもなく把握もとても困難です。

5.12.3　分散トランザクション

　補正トランザクションを手動でオーケストレーションする代わりに、分散トランザクションを利用します。分散トランザクションは、その分散トランザクション内の複数のトランザクションにわたります。**トランザクションマネージャ**と呼ばれる全体管理プロセスを使って、基盤となるシステムが実行するさまざまなトランザクションをオーケストレーションします。通常のトランザクションの場合と同様に、分散トランザクションはすべてが一貫性のある状態を維持するように努めますが、分散トランザクションでは、ネットワーク境界を越えて通信することが多い異なるプロセスで動作する複数の異なるシステムに対して一貫性を維持を図ります。

　分散トランザクション（特に顧客の注文を処理する場合のような短時間のトランザクション）を処理する最も一般的なアルゴリズムは、2フェーズ（2相）コミットを使うことです。2フェーズコミットでは、まず投票フェーズがあります。このフェーズでは、（この文脈では**コホート**とも呼ばれる）分散トランザクションの参加者がトランザクションマネージャにローカルトランザクションを進められるかどうかを通知します。トランザクションマネージャが全参加者から「はい」の投票を受けたら、全参加者にトランザクションを進めてコミットするように指示します。1つでも「いいえ」の投票があれば、トランザクションマネージャは全参加者にロールバックを送信します。

　この手法は、中央調整プロセスが進めるように指示するまで全参加者が停止していることを前提にしています。つまり、停止に弱いのです。トランザクションマネージャがダウンしたら、保留中のトランザクションは決して完了しません。コホートが投票中に応答に失敗したら、すべてがブロックされます。また、投票後にコミットに失敗したらどうなるかという課題もあります。このアルゴリズムには、これは起こりえないという暗黙の前提があります。コホートが投票期間中に「はい」と答えたら、コホートがコミットできるとみなさなければなりません。コホートには、ある時点でこのコミットを実行する手段が必要です。つまり、このアルゴリズムは絶対確実ではないのです。むしろ、ほとんどの失敗の場合を捕捉しようとしているだけなのです。

　この調整プロセスはロックも意味します。つまり、保留中のトランザクションがリソースに対するロックを保持できます。リソースに対するロックは競合を招き、特に分散システム環境ではシステムのスケーリングが一層困難になります。

分散トランザクションは、Java Transaction API（JTA）のように特定の技術スタック向けに実装されており、データベースやメッセージキューといった異なるリソースのすべてが、同じ汎用的なトランザクションに参加できるようにします。さまざまなアルゴリズムを正しく実装するのは困難なので、独自のアルゴリズムを作成することは勧めません。代わりに、分散トランザクションを採用したいと思われる場合には、この話題について十分に調査を行い、既存の実装を使えないかどうかを確認してください。

5.12.4　何をすべきか

これらの解決策はすべて複雑です。おわかりのように、分散トランザクションは正しく実行するのが困難で、実際にはスケーリングを妨げることもあります。最終的には補正リトライロジックで収束するシステムは検証が難しく、データの非一貫性を修正するために他の補正動作が必要な場合があります。

現在単一トランザクション内で起こっているビジネス操作があったら、本当に必要かどうかを自問してください。それらを異なるローカルトランザクション内で実行し、結果整合性の概念に頼ることができるでしょうか。このようなシステムの方が構築やスケーリングがはるかに簡単です（詳しくは 11 章で説明します）。

本当に一貫性を維持したい状態に遭遇したら、まずは分割を避けるためにあらゆる手を尽くします。**本当に**精一杯やってみてください。本当に分割を進める必要がある場合には、そのプロセスの完全に技術的な視点（データベーストランザクションなど）から離れ、トランザクション自体を表す具体的な概念を実際に作成してください。これにより、補正トランザクションといった他の操作を実行するハンドル（フック）と、システム内でこのようなさらに複雑な概念を監視して管理する手段が得られます。例えば、「処理中の注文」の概念を作成できます。これは、エンドツーエンドの注文処理（および例外処理）にかかわるすべてのロジックに専念できる自然な場所を提供します。

5.13　レポート

既に説明したように、サービスを小さな部分に分割する際には、潜在的にデータの格納方法や格納場所も分割する必要があります。しかし、これは一般的で必須のユースケースであるレポートにおいて問題となります。

マイクロサービスアーキテクチャへの移行のような根本的なアーキテクチャ変更は、多くの混乱を引き起こしますが、すべてをあきらめる必要はありません。レポー

トシステムの利用者は他のユーザと同様にユーザで私たちは、ユーザのニーズを考慮する必要があります。アーキテクチャを根本的に変更してユーザに適応するように求めるだけでは傲慢です。レポートの領域は混乱に対する準備が整っていないと言いたいわけではありませんが（確実に整っています）、まず既存のプロセスの扱い方を決めるのには価値があります。私たちは、対処する対象を選ばなければなりません。

5.14　レポートデータベース

レポートでは通常、有益な出力を作成するために、組織の複数の部分からのデータをまとめる必要があります。例えば、総勘定元帳（GL）からのデータをカタログから得られる販売商品の説明でしたいかもしれません。または、特定の高価値顧客の消費行動を調べたいかもしれません。これには、購入履歴や顧客プロフィールの情報が必要でしょう。

標準的なモノリシックサービスアーキテクチャでは、すべてのデータを1つの大きなデータベースに格納します。つまり、すべてのデータが1箇所にあることになるので、SQLクエリなどでデータを簡単に結合でき、すべての情報に及ぶレポートは実際にはとても簡単です。通常は、クエリによる負荷がメインシステムの性能に影響を及ぼすのを恐れて、メインデータベースに対してこのようなレポートを実行しないので、**図 5-12** に示すようにレポートシステムは大抵リード（読み取り）レプリカを備えています。

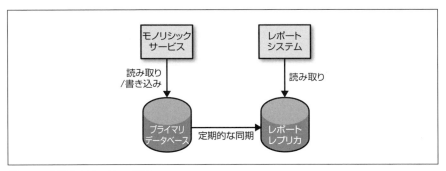

図 5-12　標準的なリードレプリカ

この手法には、全データが既に1箇所にあるので、簡単なツールでクエリできるという大きな利点が1つあります。しかし、いくつかの欠点もあります。まず、データベー

スのスキーマが、事実上動作中のモノリシックサービスとレポートシステムとの間の共有APIになります。そのため、スキーマの変更を慎重に管理しなければなりません。実際には、これはこのような変更の実行と調整の役割を担いたい人の機会を減らす別の障害となります。

次に、両方のユースケース（稼働システムやレポートシステムの支援）に対するデータベースの最適化方法に関する選択肢が限られてしまいます。リードレプリカを最適化し、より高速で効率的なレポートを可能にするデータベースもあります。例えば、MySQLではトランザクション管理のオーバーヘッドのない別のバックエンドを実行できます。しかし、データ構造の変更が稼働システムに悪影響を及ぼす場合には、データ構造を変えてレポートを高速化することはできません。スキーマが一方のユースケースには優れているが他方には不適切なものになるか、またはどちらの目的にも適さない最大公約数的なものになることが頻繁にあります。

最後に、最近は利用できるデータベースの選択肢が爆発的に増えています。標準的なリレーショナルデータベースは多くのレポートツールで利用できるSQLクエリインタフェースを公開していますが、これは稼働サービスでデータを格納するためには必ずしも最適な選択肢ではありません。

アプリケーションデータをNeo4jのようにグラフとしてモデル化した方がよい場合はどうでしょうか。また、MongoDBのようなドキュメントストアを使いたい場合はどうでしょうか。同様に、レポートシステムに対して大量データのスケーリングがずっと簡単なCassandraのようなカラム指向（列指向）データベースの使用を検討したい場合はどうでしょうか。両方の目的に1つのデータベースを使わなければならないという制約があると、このような選択や新たな選択肢の模索ができなくなることが少なくありません。

データベースは完璧ではありませんが、（ほとんどの場合）正しく機能します。では、情報を複数の異なるシステムに格納する場合は、どうするのでしょうか。全データをまとめてレポートを行う手段はあるでしょうか。また、標準的なレポートデータベースモデルに付随する欠点をなくす方法があるでしょうか。

この手法に代わる実行可能な方法は数多くあります。どの解決策が最も理にかなっているかは多くの要因に左右されますが、実際に私が知っている選択肢をいくつか探っていきます。

5.15　サービス呼び出しを介したデータ取得

このモデルには多くのバリエーションがありますが、どれも API 呼び出しを介してソースシステムから必要なデータを取得します。過去 15 分間に発注された注文数を示すだけのダッシュボードのようなとても簡単なレポートシステムでは、これで問題ないでしょう。2 つ以上のシステムからのデータをレポートするには、複数の呼び出しを行ってこのデータを組み立てる必要があります。

しかし、この手法は、大量データを必要とするユースケースではすぐに機能しなくなります。過去 24 カ月にわたる音楽専門店での顧客購買行動をレポートし、顧客行動のさまざまな動向や利益への影響を調べたいユースケースを考えてください。少なくとも、顧客システムと経理システムから大量のデータを取得しなければなりません。レポートシステムにこのデータのローカルコピーを保持するのは、危険です。（履歴データであっても、事後に変更されることがあり）データが変更されているかどうかがわからない場合があるので、正確なレポートを作成するには過去 2 年間のすべての経理レコードと顧客レコードが必要になるからです。顧客数が適度な場合でも、すぐにとても遅い操作になることがわかります。

また、レポートシステムは特定の方法でデータを取得するサードパーティツールに頼っていることも多く、SQL インタフェースの提供はレポートツールをできる限り統合しやすくする一番の近道です。もちろん、この方法でデータを定期的に SQL データベースに取り込むこともできますが、やはり課題が生じます。

主な課題の 1 つは、さまざまなマイクロサービスが公開する API が、おそらくレポートユースケース向けに設計されていないことです。例えば、顧客サービスでは ID で顧客を特定するか、さまざまなフィールドで顧客を検索できますが、すべての顧客を取得する API は必ずしも公開されていないでしょう。そのため、多数の呼び出しを行って全データを取得することになります。例えば、全顧客のリストを反復処理して顧客ごとに別の呼び出しを行わなければなりません。これはレポートシステムにとって非効率なだけでなく、対象となるサービスに負荷をかけることにもなります。

サービスが公開するリソースにキャッシュヘッダを追加し、このデータをリバースプロキシなどにキャッシュすることで一部のデータ取得を高速化できますが、大抵はレポートの特徴はデータの**ロングテール**にアクセスすることです。これは以前に誰も要求していない（または少なくとも十分に長時間にわたって要求していない）リソースを要求することを意味し、コストのかかる**キャッシュミス**となってしまいます。

レポートを簡単にするバッチ API を公開することで、これを解決できます。例え

ば、顧客サービスで顧客 ID のリストを渡して一括して取得できるようにするか、または全顧客を閲覧できるインタフェースを公開することもできます。より極端なバージョンは、バッチリクエストを独自のリソースとしてモデル化することです。例えば、顧客サービスは BatchCustomerExport リソースエンドポイントのようなものを公開できます。呼び出し側システムは BatchRequest を POST し、おそらく全データを含むファイルを配置できる場所に渡します。顧客サービスは HTTP 202 レスポンスコードを返し、リクエストを受け付けたものの未処理であることを示します。すると、呼び出し側システムはリクエストが実行されたことを示す 201 作成済み状態を受け取るまでリソースをポーリングし、それからデータを取得できます。このようにすると、HTTP で送信するオーバーヘッドなしに大規模になる可能性のあるデータファイルをエクスポートできます。システムは単に共有場所に CSV ファイルを保存できます。

　上記の手法でデータを一括挿入し適切に機能している例を、私は見たことがあります。しかし、従来のレポートニーズに対処するときにさらに効果的にスケールできる簡単な解決策が他にあると感じているため、従来のレポートシステムにはこの方法をあまりお勧めできません。

5.16　データポンプ

　レポートシステムにデータを取得させる代わりに、レポートシステムにデータを渡すことができます。標準 HTTP 呼び出しによるデータ取得の欠点として、多数の呼び出しを行ったときの HTTP のオーバーヘッドと、レポートの目的だけに存在する API を作成しなければならないオーバーヘッドが挙げられます。代わりに、図 5-13 に示すようにデータソースとなるサービスのデータベースに直接アクセスするスタンドアロンプログラムを用意し、レポートデータベースにデータを投入します。

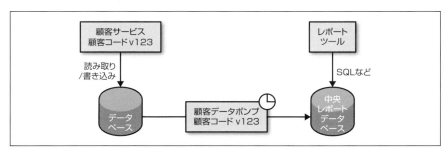

図 5-13　データポンプを使って定期的に中央レポートデータベースにデータを送る

この時点で、「でも、同じデータベースに対して多くのプログラムを統合するのは悪い考えだと言っていたのに」と思うでしょう。以前に要点をはっきり示したことを考えると、少なくともあなたがそう思うことを期待しています。この手法は、適切に実装すれば特筆すべき例外で、結合の欠点はレポートが容易になることで十分に緩和されます。

まず、データポンプは、サービスを管理するのと同じチームが構築し管理すべきです。これは、Cron で起動されるコマンドラインプログラムと同様に簡単なものです。このプログラムには、サービス向けの内部データベースとレポートスキーマ両方の詳しい知識が必要です。一方のデータベースを他方にマッピングすることが、ポンプの仕事です。サービスを管理するのと同じチームにポンプを管理させることで、サービスのスキーマとの結合に伴う問題を軽減するように努めます。実際には、一方をデプロイするときはいつでも両方をデプロイすることを前提として、バージョン管理を一緒に行い、サービス自体のビルドの一環の追加成果物としてデータポンプのビルドを作成することをお勧めします。これらを一緒にデプロイし、サービスチーム以外にはスキーマにアクセスさせないことを明言すると、従来の DB 統合課題の多くは大幅に軽減します。

レポートスキーマ自体との結合は残り、レポートスキーマを変更が難しい公開 API として扱わなければなりません。このコストをさらに軽減できるテクニックを提供するデータベースもあります。**図 5-14** はリレーショナルデータベースでの例を示しており、レポートデータベースでサービスごとに 1 つのスキーマを持ち、マテリアライズドビューのようなもので集約ビューを作成できます。このようにすると、顧客データポンプには顧客データ向けのレポートスキーマだけを公開できます。しかし、これを高性能で実現できるかどうかは、レポート向けに選んだデータベースの機能に左右されます。

ここではもちろん、統合の複雑さがスキーマの奥深くに押し込まれており、このような構成を高性能にするためにデータベースの機能に頼っています。一般にデータポンプは理にかなった実用的な提案だと考えていますが、特にデータベース内の変更管理に関する課題を考えると、分割されたスキーマの複雑さに価値があるかどうかはあまり確信が持てません。

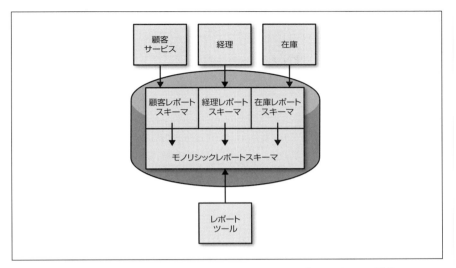

図 5-14　マテリアライズドビューを利用した 1 つのモノリシックレポートスキーマの形成

5.16.1　代替手段

　私が関わったあるプロジェクトでは、一連のデータポンプを使って AWS S3 に JSON ファイルを投入し、S3 を使って巨大データマートを装いました。この手法は、ソリューションのスケーリングが必要になるまではとてもうまく機能し、本書の執筆時点ではこのポンプを変更して代わりに Excel や Tableau といった標準的なレポートツールと統合できるデータキューブにデータを投入しようとしています。

5.17　イベントデータポンプ

　4 章では、マイクロサービスが管理するエンティティの状態変化に基づいてイベントを発行する考え方について触れました。例えば、顧客サービスは特定の顧客が作成、更新、または削除されたときにイベントを発行できます。このようなイベントフィードを公開するマイクロサービスでは、図 5-15 に示すように、レポートデータベースにデータを送る独自のイベントサブスクライバを記述するという選択肢があります。

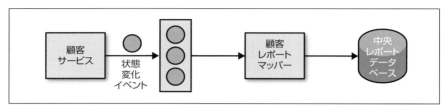

図 5-15 状態変化イベントを使ってレポートデータベースにデータを投入するイベントデータポンプ

　これで、元となるマイクロサービスの基盤となるデータベースでの結合を回避するようになりました。代わりに、サービスが発行し外部のコンシューマに公開するために設計されているイベントにバインドするだけです。イベントは本質的に時間的であることを考えると、中央レポートストアに送るデータに関してより賢くなれます。データポンプの場合のように定期的なスケジュールに頼るのではなく、イベントが発生したときにレポートシステムにデータを送信できるので、レポートシステムにデータを迅速に送ることができます。

　また、どのイベントが既に処理済みか格納しておくと、古いイベントは既にレポートシステムにマッピングされているとみなして、イベント到着時に新しいイベントだけを処理できます。すると、差分を送信する必要があるだけなので、挿入がより効率的になります。データポンプでも同様にできますがその場合これを自分で管理しなければならないのに対し、イベントストリームの（xがタイムスタンプyに発生するという）本質的に時間的な性質が大いに役立ちます。

　イベントデータポンプはサービス内部とあまり結合しないので、マイクロサービス自体を担当するチームとは別のグループによる管理も検討しやすくなります。イベントストリームの性質がサブスクライバとサービスの変更を過度に結合しない限り、このイベントマッパーはサブスクライブしているサービスとは独立して進化させることができます。

　この手法には、必要なすべての情報をイベントとしてブロードキャストしなければならないという主な欠点があり、データベースレベルでの直接操作の利点がある大量データ向けのデータポンプほど、スケーリングがうまくできない場合があります。それにもかかわらず、既に適切なイベントを公開している場合には、このような手法で疎結合になり新鮮なデータが入手できるため、十分に検討に値します。

5.18　バックアップデータポンプ

この選択肢は Netflix で使用されている手法に基づいています。既存のバックアップソリューションを活用し、Netflix で対処しなければならないスケーリングの課題も解決します。ある意味データポンプの特殊な場合と考えられますが、詳しく調べる価値のある興味深いソリューションのように私には思えました。

Netflix は、多くのサービスのバッキングストアとして Cassandra を標準とすることに決めました。Netflix は Cassandra を扱いやすくするツールの構築に大幅な時間を投資し、その多くを多数のオープンソースプロジェクトを介して外部と共有しています。当然ながら、Netflix が格納しているデータが適切にバックアップされていることはとても重要です。Cassandra データをバックアップするには、バックアップするデータファイルのコピーを作成してどこか安全な場所に格納する手法が標準的です。Netflix は、SSTable として知られるこのファイルを Amazon の S3 オブジェクトストアに格納しています。そして、S3 オブジェクトストアはかなりのデータ耐久性を保証します。

Netflix ではこのすべてのデータにわたるレポートが必要ですが、その規模を考えると簡単ではありません。Netflix の手法は、SSTable のバックアップをジョブのソースとして使う Hadoop を利用することです。結局、Netflix はこの手法を使って大量データを処理できるパイプラインを実装することにし、Aegisthus プロジェクト（http://bit.ly/1EMC3zf）としてオープンソース化しました。しかし、データポンプと同様に、このパターンではやはり宛先のレポートスキーマ（またはターゲットシステム）と結合することになります。

同様な手法（つまり、バックアップを処理するマッパーの使用）を使うと、別の状況でもうまくいくことが想像できます。また、既に Cassandra を使っている場合には、Netflix が既に多くの作業を行ってくれています。

5.19　リアルタイムを目指す

これまでに概説したパターンの多くは、多くの異なる場所から1つの場所に大量データを送るさまざまな方法でした。しかし、すべてのレポートを1箇所から行う考え方は本当に妥当なのでしょうか。ダッシュボード、警告、経理レポート、ユーザ分析があり、これらすべてのユースケースでは正確性と適時性の許容範囲が異なるため、さまざまな技術的選択肢が可能になります。8 章で詳細に説明するように、ニーズに従ってデータを複数の異なる場所にルーティングできる汎用的なイベントシステムへ

の移行が加速しています。

5.20　変更のコスト

　本書では、小さな変更を漸進的に行うことを推奨する理由を多く示しています。主な要因の1つは変更の影響を理解し、必要に応じて方針を変更することです。これにより間違いのコストを軽減できますが、間違いの可能性を完全に取り除くわけではありません。間違える可能性はあり、それを受け入れるべきです。間違いのコストを軽減する最善の方法を理解すべきでもあります。

　これまで述べたように、コードベース内でのコードの移動に伴うコストは非常に小さいものです。多くの支援ツールがあり、問題を引き起こしても、一般に修正は迅速にできます。しかし、データベースの分割にはかなり多くの作業が必要で、データベース変更のロールバックも複雑です。同様に、サービス間の過度に結合された統合を解いたり、複数のコンシューマが使用しているAPIを完全に書き直したりするのは相当な作業です。変更のコストが大きいと、変更操作のリスクが高まります。このリスクにどのように対処できるでしょうか。「影響が最も少ないところで間違いを犯すようにする」のが私の手法です。

　私は、ホワイトボードで多くのことを考えます。変更のコストや間違いのコストが少ないからです。まずは提案した設計の概略をホワイトボードに書きます。そして、サービス境界をまたいでユースケースを実行したときに、何が起こるかを確認します。例えば、音楽専門店の例では、顧客がレコードの検索、Webサイトへの登録、またはアルバムの購入を行ったときに何が起こるかを想像します。どんな呼び出しが行われるでしょうか。2つのサービスの間で呼び出しが多すぎ、1つにすべきであることを示しているでしょうか。

　ここでの優れたテクニックは、オブジェクト指向システムの設計に関してより一般的な手法を採用することです。それは、CRC（Class-Responsibility-Collaboration、クラス-責務-協調）カードです。CRCカードでは、1つのインデックスカードにクラス名、その責務、それが連携するクラスを記述します。提案した設計に取り組む際に、サービスごとにそれが提供する機能に関する責務を列挙し、コラボレータを規定します。扱うユースケースが多くなるに従い、すべてが適切に構成されているかどうかがわかってくるものです。

5.21　根本原因の理解

大きなサービスを小さなサービスに分割する方法を議論してきましたが、そもそもなぜサービスがそこまで大きくなったのでしょうか。まず、分割が必要になるところまでサービスが増大するのは全く問題ないことを理解すべきです。私たちは、時間とともにシステムのアーキテクチャを漸進的に**変更**したいのです。重要なのは、分割のコストが高くなりすぎる前に分割する必要があるかを判断することです。

しかし実際には、この健全点を超えてサービスが増大してしまうのを私たちの多くが経験します。現在の巨大な怪物よりも小さな一連のサービスの方が明らかに扱いやすいことを知っているにもかかわらず、やはり巨大化を進めてしまいます。なぜでしょうか。

この問題の一部は開始点を知ることです。本章が役に立つとよいのですが。しかし、他にもサービス分割に関わるコストという課題があります。サービスを実行する場所を探し、新しいサービススタックを開始することなどは、簡単な仕事ではありません。では、どのように対処するのでしょうか。正しいとわかっていても困難な場合には、事態を簡単にするように努力すべきです。ライブラリや軽量サービスフレームワークへの投資は、サービスの新規作成に関わるコストを削減できます。セルフサービスで仮想マシンをプロビジョニングできるようにしたり、さらには PaaS（Platform as a Service）を利用できるようにしたりすることで、システムのプロビジョニングとテストを容易にします。次章からは、このコストを削減するために役立つ多くの手段を説明していきます。

5.22　まとめ

サービス境界に沿って現れる接合部を探してシステムを分解し、それを漸進的な方法で実行できます。これらの接合部の検出が得意になり、最初の段階でのサービス分割のコストを減らすようにすると、継続的にシステムを成長、進化させ、将来のどのような要件も満たすことができます。おわかりのように、この作業には骨が折れるものもあります。しかし、漸進的に実行できるため、この作業を恐れる必要はありません。

サービスを分割できましたが、新たな問題も引き起こしています。製品に関わる可動部が増えたのです。そこで、次ではデプロイの世界に足を踏み入れます。

6章
デプロイ

モノリシックアプリケーションのデプロイは、かなり簡単なプロセスです。しかし、相互依存するマイクロサービスでは全く別の困った事態になります。デプロイは、適切に行わないと複雑になってしまい悲惨な目にあう分野の1つです。本章では、マイクロサービスを粒度の細かいアーキテクチャにデプロイする際に便利なテクニックと技術を調べていきます。

まずは継続的インテグレーションと継続的デリバリに目を向けます。これらの関連しているものの異なる概念は、構築するものやその構築方法とデプロイ方法を考えるときに下す決断に役立ちます。

6.1 継続的インテグレーションとは

継続的インテグレーション（CI：Continuous Integration）は、長年にわたって現在まで存在しています。しかし、特にマイクロサービス、ビルド、バージョン管理リポジトリ間のマッピングを考えるときには特に、考慮すべきさまざまな選択肢があるので、基本について少し時間を費やして調べる価値があります。

CIの主な目的はすべてを互いに常に同期させることであり、実際には新たにチェックインされたコードが既存コードと適切に統合（インテグレーション）されるようにすることで、これを実現します。そのために、CIサーバはコードがコミットされたことを検出し、そのコードをチェックアウトし、コードのコンパイルやテストの合格を確認するといった検証を実行します。

このプロセスの一環として、大抵はサービスをデプロイしてテストを実行するといった、追加の検証に使う成果物を作成します。理想的には、このような成果物を一度だけビルドし、そのバージョンのコードのすべてのデプロイでその成果物を使用し

たいでしょう。これは同じことを何度も実行するのを避け、デプロイされた成果物が
テスト済みであることを確認できるようにするためです。このような成果物を再利用
できるようにするために、CI ツール自体が提供するか、または別のシステム上のあ
る種のリポジトリに成果物を配置します。

マイクロサービスに使える成果物の種類についてはすぐに取り上げます。また、テ
ストについては 7 章で詳しく説明します。

CI には多くの利点があります。コードの品質に関して、ある程度の高速なフィー
ドバックが得られます。また、バイナリ成果物の作成を自動化できます。成果物のビ
ルドに必要なすべてのコードはバージョン管理されているので、必要に応じて成果物
を再作成できます。また、デプロイされた成果物からコードへのある程度のトレーサ
ビリティも得られ、CI ツール自体の機能によってはコードや成果物に対して実行し
たテストもわかります。このような理由から、CI がこれほどの成功を収めているの
です。

6.1.1 実際に CI を行っているか

おそらく、自分の組織で継続的インテグレーションを使用していることと思います。
使用していなければ、使い始めるべきです。継続的インテグレーションは変更を迅速
かつ容易に行うために重要な実装であり、これなしではマイクロサービスへの旅は苦
痛に満ちたものになるでしょう。とはいえ、CI を行っていると言っているにもかか
わらず実際には全く行っていない多くのチームと、一緒に仕事をしたことがあります。
CI ツールの利用と CI のプラクティスを混同しているのです。ツールは、単にこの手
法を可能にする道具にすぎません。

私は、CI とは何かを本当に理解しているかを調べるために Jez Humble が尋ねた 3
つの質問を、とても気に入っています。

1 日に一度はメインラインにチェックインしていますか。

コードが必ず統合されるようにする必要があります。他の全員の変更とともに
コードを頻繁にチェックインしていなければ、結局は将来の統合が困難になりま
す。たとえ一時的なブランチを使って変更を管理していても、1 つのメインライ
ンブランチにできる限り頻繁に統合してください。

変更を検証するテストスイートがありますか。

テストがないと、統合が構文的に正常に機能していることがわかるだけで、システムの振る舞いを壊しているかどうかはわかりません。コードが期待通りに振る舞うことを検証していない CI は、CI ではありません。

ビルドが壊れたときに、それを修正するのがチームの最優先事項でしょうか。

合格したグリーンビルドは、変更が安全に統合されていることを意味します。レッドビルドは、最後の変更がおそらく統合されていないことを示します。そのビルドを修正して再び合格させるのに関係しないそれ以降のチェックインを、すべて停止する必要があります。さらに変更を積み上げたら、ビルドの修正にかかる時間が大幅に増加します。ビルドが数日間壊れていたチームと一緒に作業を行い、最終的にビルドを合格させるのに相当な労力がかかった経験があります。

6.2 継続的インテグレーションの マイクロサービスへのマッピング

マイクロサービスと継続的インテグレーションについて考えるときには、CI ビルドを個々のマイクロサービスにどのようにマッピングするかについて考える必要があります。何度も述べているように、残りのサービスとは独立して、1 つのサービスに変更を行いそれをデプロイできるようにしたいのです。これを念頭に置いて、個々のマイクロサービスを CI ビルドやソースコードにどのようにマッピングすべきでしょうか。

最も簡単な方法から始めるなら、すべてをひとまとめにします。図 6-1 でわかるように、全コードを格納する 1 つの巨大なリポジトリと 1 つのビルドがあります。このソースコードリポジトリにチェックインするとビルドが開始され、すべてのマイクロサービスに関連する検証処理を全部実行し、同じビルドに結び付けられた複数の成果物を作成します。

これは表面的には他の手法よりもはるかに簡単そうです。気に掛けるリポジトリが少ないほど、概念的にビルドが簡単になります。開発者の観点から見ると、状況もかなり簡単になります。コードをチェックインするだけで済むからです。一度に複数のサービスを担当しなければならなくても、気に掛ける必要があるのは 1 つのコミットだけです。

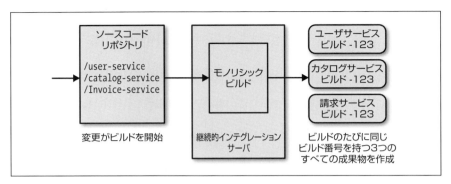

図 6-1 すべてのマイクロサービスに対する1つのソースコードリポジトリと CI ビルドを使う

　このモデルは、同時リリースの考え方を取り入れれば完璧に機能します。同時リリースでは、一度に複数のサービスをデプロイすることを気にしません。一般に、これは絶対に避けるべきパターンですが、プロジェクトの初期段階では（特に1チームだけがすべてを担当する場合には）、短期的には理にかなっていることもあります。

　しかし、大きな欠点があります。（例えば、**図 6-1** のユーザサービスの振る舞いを変更するために）1つのサービスを1行変更したら、他の**すべての**サービスが検証されてビルドされます。これには必要以上に時間がかかります。おそらくテストの必要がないものを待つことになります。これは、サイクル時間（1つの変更を開発から本番環境に展開する速度）に影響を及ぼします。しかし、さらに面倒なのは、どの成果物をデプロイすべきでどの成果物をデプロイすべきではないかを知ることです。小さな変更を本番環境に反映するために、すべてのサービスをデプロイする必要があるでしょうか。これはわかりにくい場合があります。コミットメッセージを読むだけで**本当に変更されたサービスを推測するのは困難です**。この手法を使う組織は結局すべてを一緒にデプロイすることが少なくなく、これは本当に避けたい状況です。

　さらに、ユーザサービスへの1行の変更がビルドを壊したら、この破壊を修正するまで他のサービスに変更を加えることはできません。また、複数のチームがこの巨大なビルドを共有している場合を考えてください。誰が責任を負いますか。

　この手法のバリエーションは、**図 6-2** に示すようにすべてのコードを含む1つのソースツリーを持ち、複数の CI ビルドをこのソースツリーの一部とマッピングする手法です。明確に定義された構造があれば、ビルドをソースツリーの特定の部分と簡単にマッピングできます。一般に、このモデルは良し悪しなので、私はこの方法を

支持しません。一方では、気に掛けるリポジトリが1つだけなので、チェックイン／チェックアウトのプロセスが簡単になります。他方では、複数サービスのソースコードを一度にチェックインする習慣がとてもつきやすくなり、サービスを結合する変更にも陥りやすくなります。しかし、複数のサービスに1つのビルドを持つよりは、この方法を強くお勧めします。

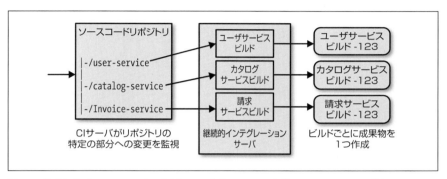

図6-2　独立したビルドにマッピングされるサブディレクトリを持つ1つのソースレポジトリ

　他の代替手段はあるでしょうか。私が好きなのは、図6-3に示すようにマイクロサービスごとに1つのCIビルドを持ち、本番環境にデプロイする前に迅速に変更して検証できるようにする手法です。ここでは、サービスごとに独自のソースコードリポジトリを持ち、各リポジトリが個々のCIビルドにマッピングされています。変更時には、必要なビルドのテストだけを実行します。デプロイすべき1つの成果物が得られます。チーム所有権との一致もより明確です。サービスを所有していれば、そのリポジトリとビルドも所有します。この世界ではリポジトリにまたがる変更が難しくなりますが、（コマンドラインスクリプトを使うなどすることで）この欠点はモノリシックなソース管理とビルドプロセスの欠点より解決しやすいものだと、私は断言します。

　特定のマイクロサービスサービスに対して実行すべきテストが常にわかるように、特定のマイクロサービス向けのテストを、そのマイクロサービスのソースコードとともにソース管理の対象とします。

　各マイクロサービスは、独自のソースコードリポジトリと独自のCIビルドプロセスを持ちます。CIビルドプロセスを使って、完全に自動的にデプロイ可能な成果物を作成します。次に、CIの先に目を向け、継続的デリバリをどのように取り入れる

かを調べてみましょう。

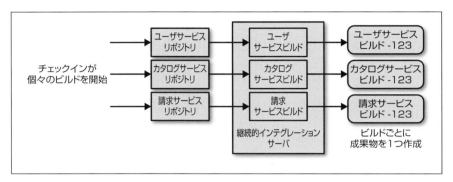

図6-3　マイクロサービスごとに1つのソースコードリポジトリとCIビルドを使う

6.3　ビルドパイプラインと継続的デリバリ

　継続的インテグレーションを利用し始めた初期に、私たちはビルドに複数のステージがあると便利な場合があることに気付きました。テストは、これに該当する一般的な例です。多数の高速でスコープの小さいテストと、少数の低速でスコープの大きいテストがある場合があります。すべてのテストを一緒に実行すると、高速なテストが失敗しても、低速でスコープの大きいテストが最終的に完了するのを待つ場合、高速なフィードバックを得られないでしょう。また、高速なテストが失敗したら、おそらく低速なテストを実行してもあまり意味はないでしょう。この問題の解決策は、ビルドにさまざまなステージを設け、**ビルドパイプライン**を作成することです。高速なテストのステージと低速なテストのステージを設けるのです。

　このビルドパイプラインの概念は、各ステージを明確にし、ソフトウェア品質を把握するのに役立つため、ソフトウェアの進捗を追跡する素晴らしい手段となります。成果物をビルドし、パイプラインを通してその成果物を使用します。成果物が各ステージを進むにつれ、ソフトウェアが本番環境で適切に機能する自信を持つようになります。

　継続的デリバリ（CD：Continuous Delivery）は、この概念や他のいくつかの概念に基づいています。Jez Humble と Dave Farley の同名の著書『Continuous Delivery』（Addison-Wesley、日本語版『継続的デリバリー』アスキー）に概説されているように、継続的デリバリは、チェックインするたびに本番環境への準備状況に

関するフィードバックを常に得られ、さらに各チェックインをすべてリリース候補として扱う手法です。

この概念を完全に採用するには、ソフトウェアをチェックインから本番環境に展開するために必要なすべてのプロセスをモデル化し、リリースを可能にするという観点からソフトウェアのあらゆるバージョンの場所を把握しておく必要があります。CDでは、手動と自動の両方でソフトウェアが通過しなければいけないあらゆるステージをモデル化するために、複数ステージのビルドパイプラインの考え方を拡張することで、これを行います。図 6-4 は、見慣れたパイプラインの例を示しています。

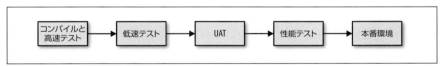

図 6-4　ビルドパイプラインとしてモデル化された標準的なリリースプロセス

ここでは、CD を第一級の概念として採用しているツールが本当に必要です。多くの人が CI ツールをハックし拡張して CD を実行しようとしていましたが、多くの場合、最初から CD を組み込んだツールのように簡単に使えない複雑なシステムとなってしまっています。CD を完全にサポートするツールでは、パイプラインを定義して可視化でき、ソフトウェアの本番環境までの経路全体をモデル化できます。あるバージョンのコードがパイプラインを進むときには、自動化された検証手順に合格すると次のステージに進みます。手動で行われるステージもあります。例えば、手動のユーザ受け入れテスト（UAT：User Acceptance Testing）プロセスがある場合には、CD ツールを使ってそれをモデル化できるべきです。UAT 環境にデプロイする準備が整った次に利用可能なビルドがわかり、そのビルドをデプロイでき、手動の検査に合格したら、そのステージを成功と設定し次のステージに移動できます。

ソフトウェアの本番環境までの経路全体をモデル化すると、ビルドとリリースのプロセスを 1 箇所で監視し、そこが改善を施す明らかな中心となるため、ソフトウェア品質の見通しが大きく改善し、リリースにかかる時間も大幅に短縮できます。

マイクロサービスの世界では、サービスを互いに独立してリリースできるようにしたいため、CI の場合と同様に、サービスごとに 1 つのパイプラインを持ちたいでしょう。パイプラインでは、成果物を作成して本番環境までの経路を進める必要があります。いつものように、成果物は千差万別です。最も一般的に利用できる選択肢をすぐ

後で説明します。

6.3.1 避けられない例外

どんな優れた規則にもあるように、考慮すべき例外があります。「ビルドごとに1つのマイクロサービス」の手法を目指すべきですが、別の方法が理にかなっている場合はあるでしょうか。チームが新たなプロジェクトに着手する際には（特に白紙の状態で担当する未開発プロジェクトの場合には）、サービス境界を割り出す際に大幅な変動がある可能性が非常に高くなります。これは、ドメインに対する理解が安定するまで初期のサービスを大きめにしておく根拠になります。

このような変動の最中には、サービス境界にまたがる変更の可能性が高まり、この期間中は、すべてのサービスを1つのビルドに入れて、サービスをまたがる変更のコストを削減することは、理にかなっているでしょう。

しかし、当然その場合には、すべてのサービスを一括してリリースする必要があります。また、移行ステージも必要です。サービスAPIが安定したら、サービスAPIをそれぞれのビルドに移します。数週間（または数か月）後までにサービスを適切に分離するためにサービス境界を安定させることができなければ、（境界内のモジュール分離は維持しながら）モノリシックなサービスに再びマージし、じっくりとドメインの把握を行います。これは、3章で説明したSnap CIチームの経験を反映しています。

6.4 プラットフォーム固有の成果物

ほとんどの技術スタックには、ある種の第一級の成果物と、その成果物の作成とインストールをサポートするツールがあります。Rubyにはgem、JavaにはJARファイルとWARファイル、PythonにはEggがあります。これらの技術スタックの経験を持つ開発者は、これらの成果物の扱い（および作成）に精通しているでしょう。

しかし、マイクロサービスの観点から見ると、技術スタックによってはこの成果物だけでは十分ではない場合があります。JavaのJARファイルを実行可能ファイルにして組み込みHTTPプロセスを実行できますが、RubyやPythonのアプリケーションなどでは、Apacheやnginx内で動作するプロセスマネージャを使うことになるでしょう。そのため、成果物のデプロイとリリースのために必要な他のソフトウェアをインストールして構成する手段が必要です。そこで、PuppetやChefといった自動構成管理ツールが役立ちます。

他の欠点は、このような成果物は特定の技術スタックに固有であり、さまざまな技

術を組み合わせているときにはデプロイが困難になる可能性があることです。複数の
サービスを一緒にデプロイしたい人の観点で考えてみてください。ある機能をテスト
したい開発者やテスター、または本番環境のデプロイを管理している人などです。こ
れらのサービスが3つの完全に異なるデプロイ機構を使っているとします。おそらく、
Ruby gem、JAR ファイル、Node.js npm パッケージがあります。彼らはあなたに感
謝するでしょうか。

　自動化は、基盤となる成果物のデプロイ機構の違いを隠すのに、大いに役立ちます。
Chef、Puppet、Ansible はどれも、複数の異なる一般的な技術固有のビルド成果物
をサポートしています。しかし、さらに扱いやすいさまざまな種類の成果物があります。

6.5　OS 成果物

　技術固有の成果物に関する問題を回避するためには、基盤となる OS にネイティブ
の成果物を作成するという方法があります。例えば、Red Hat や CentOS ベースのシ
ステムでは RPM を、Ubuntu では deb パッケージを、Windows では MSI をビルド
します。

　OS 固有の成果物を使用する利点は、デプロイの観点から見て基盤となる技術を気
に掛けなくてよい点です。OS にネイティブなツールを使って、パッケージをインス
トールするだけです。また、OS ツールは、パッケージのアンインストールやパッ
ケージに関する情報取得にも便利で、CI ツールの出力先となるパッケージリポジト
リも提供できます。また、OS パッケージマネージャが行う作業の多くは、通常なら
Puppet や Chef といったツールで実行する作業を補います。例えば、私が使ったこ
とのあるすべての Linux プラットフォームでは、自分のパッケージから他のパッケー
ジへの依存関係を定義でき、OS ツールがほかのパッケージを自動的にインストール
します。

　しかし、そもそもパッケージの作成が難しいという欠点があります。Linux では、
FPM パッケージマネージャツール（http://bit.ly/15LaQSb）が Linux OS パッケー
ジ作成のための素晴らしい抽象概念を提供し、tar ベースのデプロイから OS ベース
のデプロイへの転換がかなり簡単です。Windows の方が多少面倒です。MSI インス
トーラなどの形式のネイティブなパッケージングシステムは、Linux の機能と比べ
ると不十分な点が多くあります。NuGet パッケージシステムは、少なくとも開発ラ
イブラリの管理を支援するという点では解決の手助けになり始めています。最近に
なって、Chocolatey NuGet がこの考え方を拡張して、ツールやサービスのデプロイ

向けに設計された Windows 向けのパッケージマネージャを提供しており、これは
Linux のパッケージマネージャにとてもよく似ています。Windows の特徴的な方式
が依然として IIS に何かをデプロイすることであるという事実は、この手法を魅力的
だと思わない Windows チームがいるかもしれないことをことを意味していますが、
Chocolatey NuGet は明らかに正しい方向への一歩です。

　もちろん、もう 1 つの欠点は複数の異なる OS にデプロイする場合です。さまざま
な OS 向けの成果物を管理するオーバーヘッドは、とても大きくなることがあります。
他者がインストールするソフトウェアを作成している場合には、選択肢がないかもし
れません。しかし、自分が制御するマシンにソフトウェアをインストールしている場
合には、使用する OS の数を 1 つにするか少なくとも減らすことをお勧めします。マ
シン間の振る舞いの差異を大幅に減らすことができ、デプロイと保守の作業を簡素化
できます。

　一般に、OS ベースのパッケージ管理に移行したチームはデプロイテクニックを
簡素化し、大きく複雑なデプロイスクリプトの罠を回避する傾向があります。特に
Linux を使用している場合には、これは、全く異なる技術スタックを利用するマイク
ロサービスのデプロイを簡素化する優れた方法になるでしょう。

6.6　カスタムイメージ

　Puppet、Chef、Ansible といった自動構成管理システムの課題の 1 つは、マシン
上でスクリプトを実行するのに時間がかかることです。Java アプリケーションをデ
プロイできるようにプロビジョニングされ構成されているサーバの簡単な例を取り上
げましょう。AWS を使い、標準的な Ubuntu イメージでサーバをプロビジョニング
していると仮定します。まず、Java アプリケーションを実行するために Oracle JVM
をインストールする必要があります。マシンのプロビジョニングに数分、JVM のイ
ンストールにさらに数分かかるので、この簡単なプロセスは 5 分程度かかります。次
に、自分のソフトウェアの配置について検討できます。

　これは実はとても単純な例です。大抵は、他の一般的なソフトウェアをインストー
ルしたいでしょう。例えば、OS 統計情報を収集するために collectd を使い、ログ集
約に Logstash を使い、おそらく監視のために適切な Nagios をインストールしたい
かもしれません（このソフトウェアについては 8 章で詳しく説明します）。時間とと
もに、さらに追加するものが増え、これらの依存関係のプロビジョニングに必要な時
間がさらに長くなります。

Puppet、Chef、Ansible などは高機能であり、既に存在するソフトウェアをインストールすることはありません。残念ながら、だからと言って既存のマシンでスクリプトを実行するのが必ずしも高速であるわけではありません。すべての検査を実行するのに時間がかかるからです。また、過度な（詳しくはすぐ後で説明する）構成ドリフトを許したくないので、マシンをあまり長期間使い続けるのも避けなければなりません。オンデマンドコンピューティングプラットフォームを使用している場合には、毎日のように絶えずインスタンスの停止や新たなインスタンスの起動を行うので、構成管理ツールの宣言型の性質には限られた効果しかありません。

やがて、同じツールが繰り返しインストールされるのを見ると本当にうんざりしてきます。（おそらくデプロイや CI の一環として）これを 1 日に何度も行うと、高速なフィードバックを提供するという観点で深刻な問題となります。また、システムがゼロダウンタイムデプロイを許していない場合、マシンにすべての前提条件をインストールするのを待ってから自分のソフトウェアのインストールに取りかかることになるので、本番環境へのデプロイ時のダウンタイムの増加につながります。（7 章で説明する）ブルーグリーンデプロイメントのようなモデルでは、旧バージョンをオフラインにすることなく新バージョンのサービスをデプロイできるので、ダウンタイムの増加を抑えられます。

この起動時間を短くする手法として、**図 6-5** に示すように使用する一般的な依存関係を書き込んだ仮想マシンイメージを作成する手法があります。私がこれまで使ったことのあるすべての仮想化プラットフォームでは、独自のイメージを構築できます。また、これを行うツールはこの数年間で大幅に高機能になっています。そのため、状況が多少変わりました。現在では、独自のイメージに一般的なツールを書き込むことができます。ソフトウェアをデプロイしたいときには、このカスタムイメージのインスタンスを起動し、サービスの最新バージョンをインストールするだけです。

もちろん、イメージを構築するのは一度だけなので、後でこのイメージのコピーを起動するときには、依存関係が既に存在しているのでそれらのインストールに時間を費やす必要はありません。これは大幅な時間の節約につながります。主な依存関係が変わらなければ、新バージョンのサービスで同じベースイメージを使い続けることができます。

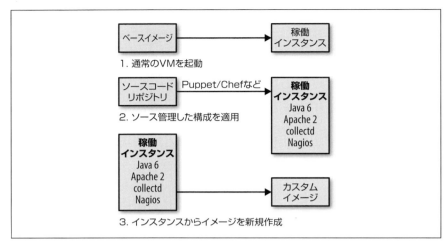

図 6-5　カスタム VM イメージの作成

しかし、この手法には欠点があります。イメージの構築には長い時間がかかることがあります。開発者のために他のサービスデプロイ方法をサポートし、バイナリデプロイを作成するためだけに 30 分も待たずに済むようにするとよいでしょう。次に、構築されたイメージが大きくなる場合があります。これは、例えば独自の VMware イメージを作成する際に大きな問題となります。ネットワーク経由で 20GB のイメージを移動するのは必ずしも簡単ではないからです。すぐにコンテナ技術（具体的には Docker）について検討しますが、この技術ではこのような欠点の一部を回避できます。

過去の経緯から、このようなイメージを構築するために必要なツールがプラットフォームごとに異なるという課題があります。VMware イメージの構築は、AWS AMI、Vagrant イメージ、Rackspace イメージの構築とは異なります。これはすべてが同じプラットフォームの場合は問題にはならないかもしれませんが、すべての組織がこのような幸運に恵まれているわけではありません。また、たとえこのような幸運な状況でも、この分野のツールは扱いが難しく、マシン構成に使う他のツールとうまく連携しないことが多いのです。

Packer（http://www.packer.io/）は、イメージの構築を大幅に簡素化するために設計されたツールです。好みの構成スクリプト（Chef、Ansible、Puppet などをサポート）を使用して、同じ構成でさまざまなプラットフォーム向けのイメージを作成でき

ます。本書の執筆時点では、Packer は VMware、AWS、Rackspace Cloud、Digital Ocean、Vagrant をサポートしており、Linux や Windows のイメージの構築にうまく利用しているチームもありました。AWS の本番環境デプロイ向けのイメージと、対応するローカル開発 / テスト向けの Vagrant イメージを、すべて同じ構成から作成できます。

6.6.1　成果物としてのイメージ

依存関係を書き込んだ仮想マシンイメージを作成してフィードバックを加速できますが、そこで終わりにする理由があるでしょうか。さらに進みましょう。サービスをイメージに書き込んで、サービス成果物をイメージにするモデルを採用できます。すると、イメージを起動したときには、サービスの準備もできています。このように起動時間がとても高速になるため、Netflix は AWS AMI としてサービスを書き込むモデルを採用しているのです。

OS 固有のパッケージと同様に、このような VM イメージはサービスの作成に使用する技術スタックの違いを抽象化する優れた手段となります。イメージ上で動作しているサービスが Ruby で記述されているか Java で記述されているか、gem を使っているか JAR ファイルを使っているかを気に掛けるでしょうか。気に掛けるのは適切に機能するかどうかだけです。イメージの構築とデプロイの自動化に労力を集中できます。これは、別のデプロイの概念である**イミュータブル（不変）サーバ**を実装する実に巧みな手段にもなります。

6.6.2　イミュータブルサーバ

ソース管理にすべての構成を格納することで、サービスやうまくいけば環境全体を自由自在に自動的に再現しようとしています。しかし、デプロイプロセスを実行した後に、誰かがやってきてボックスにログインし、ソース管理とは独立して変更を行ったらどうなるでしょうか。この問題は**構成ドリフト**と呼ばれており、ソース管理内のコードが稼働中のホストの構成を反映しなくなっている状態です。

これを避けるために、稼働中のサーバには変更を行わないようにします。代わりに、あらゆる変更は（どんなに小さくても）マシンを新規作成するためにビルドパイプラインを通過しなければなりません。イメージベースのデプロイを使わずにこのパターンを実装できますが、これはイメージを成果物として使用することの論理的拡張でもあります。例えば、イメージ作成中に、実際に SSH を無効化し、誰もボックスにロ

グインして変更を行えないようにすることができます。

　もちろん、既に述べたサイクル時間に関してやはり同じ警告が当てはまります。ボックスに格納されているデータを別の場所に格納するようにする必要もあります。このような複雑さはさておき、このパターンを採用するとデプロイが容易になり、把握が簡単な環境になります。また、既に述べたように、事態を簡素化するためにあらゆる手を尽くすべきです。

6.7　環境

　ソフトウェアが CD パイプラインステージを進むにつれて、ソフトウェアがさまざまな種類の環境にデプロイされます。**図6-4** のビルドパイプラインの例を考えると、おそらく少なくとも4つの別の環境を考慮しなければなりません。低速なテストを実行する環境、UAT 向けの環境、性能試験向けの環境、最後に本番環境です。マイクロサービスは一貫して同じであるべきですが、環境は異なります。少なくとも、別個の一連の構成とホストがあります。しかし、大抵はそれよりずっと多様です。例えば、サービスの本番環境は2つのデータセンターに分散した複数の負荷分散されたホストで構成され、テスト環境ではすべてが1台のホストで動作しているかもしれません。このような環境の違いがいくつかの問題となります。

　何年も前、私はこの問題に悩まされていました。本番環境のクラスタ化した WebLogic アプリケーションコンテナに、Java Web サービスをデプロイしていました。この WebLogic クラスタは複数のノード間でセッション状態をレプリケーションしており、1台のノードに障害が発生してもある程度の回復性がありました。しかし、WebLogic ライセンスは高価で、ソフトウェアをデプロイするマシンも高価でした。そのため、テスト環境ではソフトウェアを非クラスタ化構成で1台のマシンにデプロイしていました。

　それにより、あるリリース中に大きな痛手を受けました。WebLogic がノード間でセッション状態をレプリケーションできるようにするためには、セッションデータを適切にシリアライズできる必要があります。残念ながらあるコミットがこれを壊したので、本番環境へのデプロイ時にセッションレプリケーションに障害が発生しました。最終的には、テスト環境にもクラスタ化構成を構築することで解決しました。

　デプロイしたいサービスはこのような異なるすべての環境で同じですが、環境ごとに目的が異なります。開発者のノート PC では、サービスを迅速にデプロイして、スタブ化されている可能性のあるコラボレータに対してテストや手動での振る舞いの検

証を実行したいのに対し、本番環境にデプロイするときには、サービスの複数のコピーを負荷分散される形でデプロイし、耐久性のために 1 つ以上のデータセンターに分散したいでしょう。

ノート PC からビルドサーバ、UAT 環境、本番環境まで進むときには、環境をより本番に近づけるようにし、環境の違いに関連する問題を早く把握できるようにしたいでしょう。これには常にバランスが必要です。擬似本番環境を再現する時間とコストは膨大になってしまうこともあるので、どこかで妥協しなければなりません。さらに、擬似本番環境を使うとフィードバックループが遅くなってしまう場合があります。例えば、AWS で 25 台のマシンに自分のソフトウェアがインストールされるのを待つのは、ローカルの Vagrant インスタンスに自分のサービスをデプロイするよりずっと遅くなります。

擬似本番環境と高速なフィードバックのバランスは、一定ではありません。はるか下流で見つけたバグとフィードバック時間を監視し、必要に応じてこのバランスを調整してください。

単一成果物のモノリシックシステム環境の管理は、特に簡単に自動化できるシステムにアクセスできない場合は、困難になる場合があります。マイクロサービスごとに複数の環境を考えると、さらに手ごわくなります。この環境管理を容易にする別のデプロイプラットフォームについては次節で検討します。

6.8　サービス構成

サービスには何らかの構成が必要です。理想的には、構成を少なくし、「データベース接続に使うべきユーザ名とパスワード」といった環境によって変化する構成に限るべきです。環境によって変化する構成は、最小限に維持すべきです。構成による根本的なサービスの振る舞いの変化が大きく、環境によって構成が大きく変わるほど、特定の環境だけで見つかる問題が多くなり、極度の苦痛になります。

そこで、環境によって変化するサービスの構成がある場合、デプロイプロセスの一環としてどのように対処すべきでしょうか。環境ごとに 1 つの成果物をビルドし、その成果物の内部に構成を含めるという選択肢があります。この方法は最初はうまくいきそうに見えます。構成は適切に組み込まれ、デプロイするだけですべてが適切に機能するはずです。しかし、これが問題となります。継続的デリバリの概念を思い出してください。リリース候補を表す成果物を作成してパイプラインを通し、本番環境に進んでも問題ないことを確認する必要がありました。そこで Customer-Service-Test

（顧客サービステスト）と Customer-Service-Prod（顧客サービス本番）の成果物を
ビルドするとしましょう。Customer-Service-Test 成果物がテストに合格したものの、
実際にデプロイするのは Customer-Service-Prod 成果物である場合、最終的に実際
に本番環境にデプロイするソフトウェアをしっかり検証したと言えるでしょうか。

他にも課題があります。まず、成果物のビルドにさらに時間がかかります。次に、
ビルド時に存在する環境をわかっている必要があります。また、機密な構成データに
どのように対処するのでしょうか。本番環境のパスワードの情報をソースコードと一
緒にチェックインしたくはありませんが、ビルド時にすべての成果物を作成するため
に必要なら、大抵は避けられません。

より優れた手法は、1つの成果物を作成し、構成を別に管理する手法です。環境ご
とに存在するプロパティファイルや、インストールプロセスに渡すさまざまなパラ
メータで、これを実現できます。特に多数のマイクロサービスを扱うときには、構成
を提供する専用システムを使うという選択肢も人気です。詳しくは11章で説明します。

6.9　サービスからホストへのマッピング

マイクロサービスに関する議論の初期に生じる疑問の1つは、「マシンごとにいく
つのサービスを実行するか」です。先に進む前に、**マシン**や以前に使用したもっと一
般的な**ボックス**よりも適した用語を選ぶべきです。現在のような仮想化の時代には、
OS が稼働している1台のホストと基盤となる物理インフラとの間のマッピングが大
きく変わる可能性があります。そのため、私は**ホスト**を分離の一般的な単位として使
うことが多いのです。ホストは、自分のサービスをインストールして実行できる OS
です。物理マシンに直接デプロイしている場合には、1台の物理サーバが1台の**ホス
ト**にマッピングされます（おそらくこの状況では、ホストは完全に正しい専門用語で
はありませんが、適した用語がないため十分でしょう）。仮想化を利用している場合
には、1台の物理マシンを複数の独立したホストにマッピングでき、各ホストが1つ
以上のサービスを保持できます。

さまざまなデプロイモデルを考えるとき、ホストについて考えます。では、ホスト
ごとにいくつのサービスを持つべきでしょうか。

どのモデルが望ましいかに関しては私には明確な考えがありますが、どのモデルが
適しているかを判断するには考慮すべき要素がたくさんあります。また、選択次第で
利用できるデプロイの選択肢が限られる場合があることを理解するのも重要です。

6.9.1　ホストごとに複数のサービス

図 6-6 に示すようにホストごとに複数のサービスを持つことは、多くの理由から魅力的です。まず、純粋なホスト管理の観点から簡単になります。あるチームがインフラを管理し、別のチームがソフトウェアを管理する世界では、インフラチームの作業負荷は、大抵は管理しなければならないホスト数に比例します。1台のホストにより多くのサービスを配置する場合、サービス数が増えても、ホスト管理の作業負荷が増えることはありません。次にコストです。たとえ仮想ホストのプロビジョニングとリサイズができる仮想化プラットフォームを使用できても、仮想化によってオーバーヘッドが加わり、サービスが利用できるリソースが減ってしまいます。私見では、このどちらの問題も新しい作業プラクティスや技術で解決できます。詳しくはすぐ後で説明します。

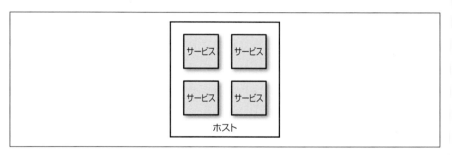

図 6-6　ホストごとに複数のマイクロサービス

また、このモデルは、ある種のアプリケーションコンテナにデプロイする人にはおなじみでしょう。ある意味では、アプリケーションコンテナの利用はホストごとに複数のサービスのモデルの特殊な場合なので、別個に調べていきます。このモデルは、開発者の日常の負担を減らすこともできます。本番環境で1台のホストに複数のサービスをデプロイすることは、ローカルの開発ワークステーションやノートPCに複数のサービスをデプロイすることと同じです。代わりのモデルを調べたい場合には、そのモデルを開発者にとって概念的に簡潔に保つ手段を探す必要があります。

しかし、このモデルには課題があります。まず、監視が困難です。例えば、CPUを監視する際は、他のサービスとは独立してあるサービスのCPUを監視する必要があるでしょうか。または、ボックス全体のCPUを気に掛けるのでしょうか。また、

副作用が起こりやすくなります。あるサービスに大幅な負荷がかかると、システムの他の部分に利用できるリソースが減ることになってしまいます。Giltは、実行するサービス数の規模を拡大したときにこの問題に直面しました。最初は1つのボックスに多くのサービスを共存させていましたが、あるサービスの負荷が不均一になるとそのホストで動作する他のすべてに悪影響を及ぼしました。これにより、ホスト障害の影響分析もさらに複雑になります。1台のホストの故障が大きな波及効果を引き起こすのです。

　サービスのデプロイも多少複雑です。あるデプロイが別のデプロイに影響を与えないようにするため、さらに配慮が必要となるからです。例えば、Puppetでホストを準備するものの、各サービスが異なる（そして矛盾する可能性のある）依存関係を持つ場合、どのようにして正しく機能させるのでしょうか。最悪の例として、複数のサービスのデプロイを束ね、1台のホストに複数の異なるサービスを一挙にデプロイして、複数のサービスの1台のホストへのデプロイの簡素化を図ろうとしているのを見たことがあります。私見では、ソフトウェアの独立したリリースの追求というマイクロサービスの主な利点の1つを放棄することは、簡潔さが改善するという小さな利点よりはるかに重大です。ホストごとに複数のサービスというモデルを採用するなら、各サービスを独立してデプロイすべきだという考え方を必ず貫いてください。

　このモデルは、チームの自律性も妨げます。同じホストにさまざまなチームのサービスがインストールされている場合、これらのサービス向けのホストを誰が構成するのでしょうか。おそらく、集権的なチームで対処することになり、サービスのデプロイにさらに調整が必要となります。

　もう1つの問題は、この選択肢がデプロイする成果物の選択肢を制限する可能性があることです。（私たちが本当に避けたい）1つの成果物への複数の異なるサービスの配置をしない限りは、イメージベースのデプロイやイミュータブルサーバは使えません。

　1台のホストに複数のサービスがあると、スケーリングを最も必要としているサービスをスケーリングするのが、複雑となります。同様に、あるサービスが特に機密なデータや操作に対処している場合、基盤となるホストの設定を変更するか、さらにはホストを別のネットワークセグメントに配置したいでしょう。すべてを1台のホストに置くと、たとえ個々のニーズが異なっていても、結局はすべてのサービスを同様に扱わなければいけなくなります。

　同僚のNeal Fordが言うように、デプロイやホスト管理に関わる作業プラクティ

スの多くは、リソース不足に対して最適化を図るものです。以前は、別のホストが必要な場合の唯一の選択肢は、別の物理マシンを購入するか借りることでした。多くの場合、リードタイムが長くなり、長期の財政的責任が必要となりました。私が担当した顧客では、2、3年ごとにしか新しいサーバをプロビジョニングしないことが珍しくなく、このスケジュール以外で追加のマシンを入手するのは困難でした。しかし、オンデマンドコンピューティングプラットフォームがコンピューティングリソースのコストを劇的に削減しており、仮想化技術の改善により、社内にホスティングされたインフラでも柔軟性が高まっています。

6.9.2　アプリケーションコンテナ

　IISへの.NETアプリケーションのデプロイやサーブレットコンテナへのJavaアプリケーションのデプロイになじみがあるなら、図6-7のように複数の別のサービスやアプリケーションが1つのアプリケーションコンテナ内に存在し、そのアプリケーションコンテナが1台のホストに存在するというモデルに詳しいでしょう。これは、サービスを含むアプリケーションコンテナが、複数インスタンスのグループ化に対処するクラスタリングサポートや監視ツールなど、管理性を改善するという観点で利点があるという考え方です。

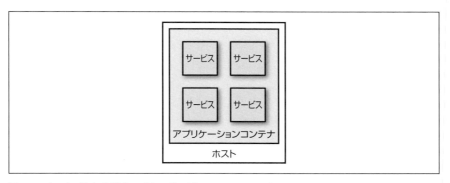

図6-7　ホストごとに複数のマイクロサービス

　この配置は、言語ランタイムのオーバーヘッド削減という観点でも利点があります。1つのJavaサーブレットコンテナ内で5つのJavaサービスが動作している場合を考えてください。JVMのオーバーヘッドは1つだけです。これを、組み込みコンテナを使った場合の同じホストで動作する5つの独立したJVMと比較してください。と

はいえ、やはりこれらのアプリケーションコンテナには、本当に必要かどうかを確認したくなる欠点があると、私は感じています。

その中でも第一の欠点は、必然的に技術選択が制限されてしまう点です。技術スタックを受け入れなければなりません。これはサービスの実装のための技術選択だけでなく、システムの自動化や管理の観点での選択肢も制限します。すぐ後で説明するように、複数ホストの管理のオーバーヘッドに対処できる方法の1つは自動化関連なので、解決方法の制約によってますます不利になるでしょう。

また、コンテナ機能の価値にも疑問があります。コンテナの多くはクラスタを管理して共有インメモリセッション状態をサポートする機能を売り込んでいますが、サービスのスケールアウトの際に生じる課題があるため、これはどのような場合でも絶対に避けたいものです。また、コンテナが提供する監視機能は、8章で説明するようにマイクロサービスの世界で行いたい連携監視を検討する上で十分ではありません。また、コンテナの多くは起動に時間がかかり、開発者フィードバックサイクルに影響を及ぼします。

他にも問題があります。JVMのようなプラットフォーム上でアプリケーションの適切なライフサイクル管理を行うと問題になり、単なるJVMの再起動よりも複雑になる場合があります。複数のアプリケーションが同じプロセスを共有するので、リソース使用やスレッドの分析も複雑です。また、たとえ技術固有のコンテナから価値を得られても、それは無料ではありません。その多くが商用であるためコスト上の問題があることに加え、それ自体もリソースのオーバーヘッドを加えます。

結局、この手法も、もはや維持できないであろうリソース不足に対して最適化する試みにすぎません。デプロイモデルとしてホストごとに複数のサービスを持たせるかどうかにかかわらず、成果物として自己完結型のデプロイ可能なマイクロサービスを検討することを強くお勧めします。これは、.NETではNancyなどを使って実現可能であり、Javaはこのモデルを長年サポートしています。例えば、素晴らしいJetty組み込みコンテナは非常に軽量な自己完結型HTTPサーバを生み出しており、これはDropwizardスタックの中核となります。Googleは静的コンテンツを直接提供するために組み込みJettyコンテナを適切に使用していることで知られており、私たちはこれを大規模に運用可能なことを知っています。

6.9.3　ホストごとに1つのサービス

図6-8に示すホストごとに1つのサービスのモデルでは、1台のホストに複数のサービスが存在することによる副作用を回避し、監視や改善がはるかに簡単になります。また、単一障害点を減らす可能性もあります。仮想化プラットフォームを使っている場合は必ずしも明確ではありませんが、あるホストが停止しても1つのサービスにしか影響を与えないはずです。スケーリングや障害に対応する設計については11章で取り上げます。また、他のサービスとは独立してサービスを簡単にスケーリングでき、サービスとそのサービスが稼働するホストだけに意識を集中することで、セキュリティ上の問題を容易に扱うことができます。

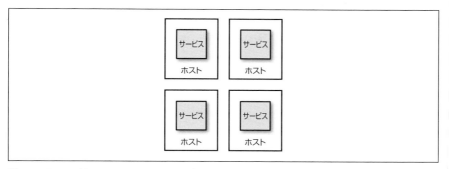

図6-8　ホストごとに1つのマイクロサービス

同様に重要なことは、既に説明したイメージベースのデプロイやイミュータブルサーバパターンといった、代替のデプロイテクニックを使う可能性が開かれていることです。

私たちは、マイクロサービスアーキテクチャの採用のために多くの複雑さを加えてきています。さらに複雑にすることだけは、絶対にしたくありません。私見では、実現可能なPaaSを利用できない場合は、このモデルがシステムの全体的な複雑さの軽減に優れているので、このモデルをお勧めします。ホストごとに1つのサービスというモデルを使うと、把握が飛躍的に簡単になり、複雑さを減らすのに役立ちます。あなたがまだこのモデルを受け入れられなくても、マイクロサービスがあなたに適していないとは言えません。マイクロサービスアーキテクチャがもたらす複雑さを減らす手段として、徐々にこのモデルに近づくようにすることをお勧めします。

しかし、ホストの数が増えると、欠点が生じる可能性があります。管理すべきサー

バが増え、動作する別のサーバが増えるとコスト上の問題にもなります。このような問題にもかかわらず、やはり私はマイクロサービスアーキテクチャにはこのモデルが好ましいと思います。また、多数のホストを扱う際のオーバーヘッドを減らすためにできることについても、すぐに説明します。

6.9.4　PaaS

　PaaS（Platform as a Service）を利用する際は、単一ホストの場合よりも高い抽象化レベルで作業をします。PaaSの大部分はJavaのWARファイルやRuby gemといった技術固有の成果物に依存し、成果物を自動的にプロビジョニングして実行します。システムのスケーリングに透過的に対処を図るプラットフォームもあります。より一般的な（そして、私の経験ではよりエラーを起こしにくい）方法では、サービスを実行するノード数を自分で制御できますが、あとはプラットフォームが対処します。

　本書の執筆時点では、最も洗練された最高のPaaSソリューションのほとんどはホスト型です。おそらく最上級のPaaSとしてHerokuが思い浮かびます。Herokuはサービスの実行に対処するだけでなく、データベースなどのサービスもとても簡単な方法でサポートしています。この領域には自己ホスト型ソリューションも存在していますが、ホスト型ソリューションよりも未熟です。

　PaaSソリューションがうまくいくときには、本当にとてもうまくいきます。しかし、あまり有効ではない場合は、大抵は修正のための内部調査に関してあまり制御できません。これはトレードオフの一環です。私の経験では、PaaSソリューションが賢くなろうとするほど、より間違った方向に進んでしまうように思います。アプリケーション使用量に基づいてオートスケーリングを図るもののうまくいかない複数のPaaSを使ったことがあります。このような知性を高めるためのヒューリスティックな（発見的な）手法は、必然的にあなたの特定のユースケースではなく、平均的なアプリケーション向けに調整される傾向があります。アプリケーションが標準的でなければないほど、PaaSでうまく動作しない可能性が高まります。

　優れたPaaSソリューションは多くのことに対処するので、可動部が増えることで増加するオーバーヘッドに対処する優れた手段となります。とはいえ、やはりこの領域に適したすべてのモデルが出揃ったという確信は、私にはまだありません。また、自己ホスト型の選択肢が限られているということは、この手法があなたにとって有効ではない場合があることを意味しています。今後10年間で、PaaSが、ホストや個々のサービスのデプロイを自己管理しなくてもよいデプロイ先となることを、私は期待

しています。

6.10 自動化

　これまでに取り上げた多数の問題の答えは、自動化に行きつきます。マシン数が少なければ、すべてを手動で管理できます。以前、私はそうしていました。少数の本番マシンを稼働させ、ボックスに手動でログインしてログを収集し、ソフトウェアをデプロイし、プロセスを確認していたことを覚えています。生産性は、同時に開いている端末ウィンドウ数に制約されているように思え、モニタが2つになることで大きく向上しました。しかし、これはすぐに行き詰まります。

　ホストごとに1つのサービスのモデルに反対する意見としては、ホスト管理のオーバーヘッドが増えるという認識が挙げられます。すべてを手動で行っている場合は、これは確かに真実です。サーバが倍になれば、作業も倍に増えます。しかし、ホストの制御とサービスのデプロイを自動化していれば、ホストの追加によって作業負荷が線形に増える理由はありません。

　しかし、たとえホスト数を少数に保っていても、やはり多くのサービスがあります。つまり、対処するデプロイ、監視するサービス、収集するログが複数になるので、自動化は不可欠です。

　また、自動化は開発者の生産性を保つ手段でもあります。開発者に個々のサービスやサービスグループのセルフサービスプロビジョニングを行えるようにすることは、開発者を楽にする鍵です。理想的には、開発者は問題を早期に検出できるように、本番サービスのデプロイに使うのと全く同じツールを利用できるべきです。この考え方を取り入れた多くの技術を本章で検討していきます。

　自動化を可能にする技術を選ぶことが、極めて重要です。まずホスト管理に使うツールから始めます。仮想マシンの起動やシャットダウンを行うコードを書けますか。自分が書いたソフトウェアを自動的にデプロイできますか。手動介入なしにデータベースの変更をデプロイできますか。マイクロサービスアーキテクチャの複雑さを抑制したいなら、自動化の文化を取り入れることが大切です。

6.10.1　自動化の威力に関する2つのケーススタディ

　自動化の威力を説明する2つの具体例を示すと、役に立つでしょう。オーストラリアの私たちの顧客の1社にRealEstate.com.au（REA）があります。REAはオーストラリアやアジア太平洋地域の小売客や法人顧客に対して不動産リストを提供してい

ます。長年にわたって、REA はプラットフォームを分散型マイクロサービス設計に
移行しています。この移行を始めたときには、サービス関連のツールを適切にする（開
発者がマシンのプロビジョニング、コードのデプロイ、コードの監視を簡単にでき
るようにする）ためだけに多くの時間を費やさなければなりませんでした。これに
よって、始めるためにフロントローディング（初期段階での作り込み）が必要とな
りました。

　最初の 3 か月間に、REA は 2 つの新しいマイクロサービスだけしか本番環境に展
開できず、開発チームがサービスのビルド、デプロイ、サポートの全体の全責任を
負っていました。次の 3 か月間には、10 から 15 のサービスを同様に稼働しました。
18 か月後までには、REA には 60 から 70 以上のサービスを持つまでになりました。

　このようなパターンは、2007 年に開始したオンラインファッション小売店 Gilt
（http://bit.ly/1z1WR3T）の経験でも実証されています。Gilt のモノリシックな
Rails アプリケーションはスケーリングが難しくなり、Gilt は 2009 年にシステムをマ
イクロサービスに分解することに決めました。ここでも、Gilt でのマイクロサービス
の利用拡大を促進した主な理由として、自動化（特に開発者を助けるツール）が挙げ
られました。1 年後、Gilt は約 10 個のマイクロサービスを稼働しました。Gilt が数
えたところ、2012 年には 100 以上、2014 年には 450 以上のマイクロサービスが稼働
しました。言い換えると、Gilt の開発者 1 人につき約 3 つのサービスがあることにな
ります。

6.11　物理から仮想へ

　多数のホストの管理に使用できる重要なツールの 1 つは、既存の物理マシンを少数
の部品にまとめる方法を探すものです。VMware や AWS で使われているような従来
の仮想化は、ホスト管理のオーバーヘッド削減において大きな成果をもたらしていま
す。しかし、この領域には新たな進歩があり、詳しく調べる価値があります。その進
歩が、マイクロサービスアーキテクチャのさらに興味深い可能性を開くことができる
からです。

6.11.1　従来の仮想化

　ホストが多いと、なぜコストがかかるのでしょうか。ホストごとに物理サーバが必
要な場合には、答えは極めて明白です。このような環境で運用している場合には、ホ
ストごとに複数のサービスのモデルがおそらく適していますが、これがこれまで以上

に困難な制約になっても驚かないでください。しかし、ほとんどの人はある種の仮想化を使用しているのではないでしょうか。仮想化は物理サーバを別個のホスト群に分割でき、各ホストで別のものを実行できます。ホストごとに1つのサービスにしたい場合、単に物理インフラを小さなエンティティに分割することはできないのでしょうか。

これが可能な場合もあります。ただ、マシンを分割してVMを増やし続けることには、制約がないわけではありません。物理マシンを靴下用の引き出しと考えてください。引き出しに多くの木製の仕切りを入れると、収納できる靴下は増えるでしょうか、それとも減るでしょうか。答えは減ります。仕切りが占める空間があるからです。引き出しの扱いや整理が簡単になり、仕切りの1つに靴下だけではなくTシャツを入れることもできるでしょうが、仕切りが増えると全体的な空間は減ることになります。

仮想化の世界には、靴下用引き出しの仕切りと同様のオーバーヘッドがあります。このオーバーヘッドの発生源を理解するために、ほとんどの仮想化がどのように行われているかを調べてみましょう。**図6-9**は、2種類の仮想化の比較を表しています。左側には、いわゆる**タイプ2仮想化**に関連するさまざまなレイヤがあります。タイプ2仮想化は、AWS、VMware vSphere、Xen、KVMで実装されています（タイプ1仮想化は、VMが別のOS上ではなくハードウェア上で直接動作する技術です）。物理インフラには、ホストOSがあります。このOS上で**ハイパーバイザ**と呼ばれるものを実行します。ハイパーバイザには2つの重要な仕事があります。まず、CPU

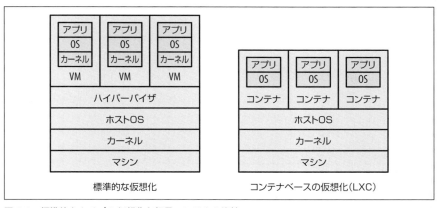

図6-9　標準的なタイプ2仮想化と軽量コンテナの比較

146 | 6章　デプロイ

やメモリといったリソースを仮想ホストから物理ホストにマッピングします。次に、制御レイヤとしての役割を果たし、仮想マシンを操作できるようにします。

　VM 内では、それぞれが全く異なるホストのように見えます。また、VM は独自のカーネルで独自の OS を実行できます。VM を、ハイパーバイザによって基盤となる物理ホストや他の仮想マシンから分離されている、ほとんど密閉されているマシンとみなすことができます。

　問題は、ハイパーバイザが、この仕事をするためのリソースを確保する必要があることです。これは、他で使えるはずだった CPU、I/O、メモリを消費します。ハイパーバイザが管理するホストが増えると、必要なリソースが増えます。ある時点で、このオーバーヘッドが物理インフラをさらに分割する際の制約になります。実際には、ほとんどの場合、物理ボックスをより小さな構成要素に分割すると、それに比例してより多くのリソースがハイパーバイザのオーバーヘッドとして消費さされるので、分割のメリットが減っていきます。

6.11.2　Vagrant

　Vagrant はとても便利なデプロイプラットフォームであり、通常は本番環境ではなく開発やテストに使用します。Vagrant は、ノート PC 上に仮想クラウドを提供します。内部では標準的な仮想化システムを使っています（通常は VirtualBox ですが、他のプラットフォームも使えます）。テキストファイルで一連の VM を定義でき、さらに VM のネットワーキングや VM が基にすべきイメージも定義できます。このテキストファイルをチェックインし、チームメンバー間で共有できます。

　そのため、ローカルマシンで擬似本番環境を簡単に作成できます。同時に複数の VM を起動し、個々の VM を停止して故障モードをテストできます。また、VM をローカルディレクトリにマッピングし、変更を行ってすぐに反映されているのを確認できます。AWS などのオンデマンドクラウドプラットフォームを利用しているチームでも、Vagrant の利用による高速なターンアラウンドは開発チームにとって大きな利点になります。

　しかし、多くの VM を実行すると平均的な開発マシンに大きな負荷がかかるという欠点があります。1 つの VM に 1 つのサービスがある場合、ローカルマシン上でシステム全体を立ち上げられないことがあります。その結果、状況を管理可能にするために一部の依存関係をスタブ化する必要があり、開発とテストを行いやすくするための作業が 1 つ増えます。

6.11.3 Linux コンテナ

Linux ユーザには、仮想化の代替手段があります。ハイパーバイザで個々の仮想ホストを分割して制御する代わりに、Linux コンテナが別個のプロセス空間を作成し、その空間内に他のプロセスが存在します†。

Linux では、プロセスはある特定のユーザによって実行され、パーミッションの設定によって特定の機能を備えます。プロセスは、他のプロセスを生成できます。例えば、端末でプロセスを起動すると、通常その子プロセスは端末プロセスの子とみなされます。Linux カーネルの仕事は、このプロセスツリーを保守することです。

Linux コンテナはこの考え方を拡張しています。コンテナは、事実上全体的なシステムプロセスツリーのサブツリーになります。コンテナには物理リソースをカーネルにより割り当てることができます。この一般的な手法は、Solaris ゾーンや OpenVZ といったさまざまな形式で存在していますが、最も人気になっているのは LXC です。LXC は、最近のどの Linux カーネルでもそのままで利用できます。

図 6-9 の LXC が動作するホストのスタック図を調べると、いくつかの違いがわかります。まず、ハイパーバイザが必要ありません。次に、コンテナごとに独自の OS ディストリビューションを実行できますが、コンテナは同じカーネルを共有しなければなりません（カーネルにプロセスツリーが存在するからです）。つまり、同じカーネルを共有できれば、ホスト OS が Ubuntu を実行し、コンテナが CentOS を実行できることになります。

ハイパーバイザが必要ないことによる利点は、リソースの節約だけではありません。フィードバックの観点でも利点があります。Linux コンテナは、機能を完備した仮想マシンよりもプロビジョニングが**はるかに**高速です。VM の起動に何分もかかることは珍しくありませんが、Linux コンテナは数秒で起動できます。また、リソースの割り当てに関してコンテナを細かく制御でき、設定を微調整して基盤となるハードウェアを最大限に活用するのが大幅に簡単になります。

コンテナの軽量な性質のおかげで、VM の場合よりも同じハードウェア上で多くのコンテナを実行できます。図 6-10 のようにコンテナごとに 1 つのサービスをデプロイすることで、他のコンテナから（完全ではありませんが）ある程度分離でき、独自の VM で各サービスを実行する場合よりもはるかにコスト効率よく実行できます。

---

† 監訳者注：Windows Server 2016 の新機能として、類似の技術である Windows Server Containers がサポートされています。

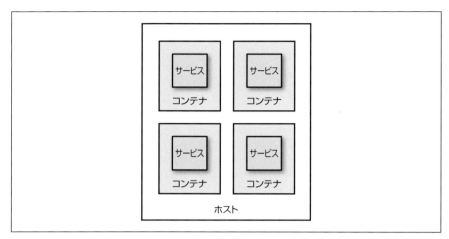

図6-10　別個のコンテナでのサービスの実行

　コンテナは、機能を完備した仮想化と一緒に使うこともできます。大規模なAWS EC2インスタンスをプロビジョニングしてその上でLXCコンテナを実行し、両者の長所を生かしている複数のプロジェクトを見たことがあります。EC2形式でのオンデマンドコンピューティングプラットフォームと、その上で動作する柔軟性が高く高速なコンテナの組み合わせです。

　しかし、Linuxコンテナには問題がないわけではありません。ホスト上のコンテナに多くのマイクロサービスが動作している場合を考えてください。外部からはどのようにマイクロサービスは見えるのでしょうか。外部から基盤となるコンテナにルーティングされる手段が必要であり、これは通常の仮想化ではハイパーバイザの多くが行ってくれていたことです。コンテナを直接公開するために、iptablesを使ったポート転送の構成に途方もない時間を費やしているのを数多く目にしたことがあります。他にも、コンテナは互いに完全に密閉されているとはみなせないことを覚えておきましょう。あるコンテナのプロセスが突然他のコンテナや基盤となるホストと対話できる、実証済みの既知の方法が多数あります。このような問題には設計によるものもあれば対応中のバグもありますが、どちらにしても実行しているコードを信頼できなければ、コンテナで安全に実行できると期待してはいけません。このような分離が必要な場合には、代わりに仮想マシンの使用を検討する必要があります。

6.11.4 Docker

Dockerは、軽量コンテナ上に構築されたプラットフォームです。コンテナの扱いに関する多くの作業に対処できます。Dockerでは、**アプリ**を作成してデプロイします。アプリはVMの世界のイメージと同義ですが、コンテナベースのプラットフォーム向けです。Dockerはコンテナのプロビジョニングを管理し、ネットワーキング問題の一部に対処し、Dockerアプリケーションを格納してバージョン付けできる独自のレジストリの概念も提供します。

Dockerのアプリ抽象化は、VMイメージと同様にサービスを実装するために使う基盤技術を隠すので便利です。サービスのビルドにDockerアプリケーションを作成させ、それをDockerレジストリに格納して使います。

また、Dockerは、開発やテストの目的でローカルに多くのサービスを実行する際の欠点を軽減することもできます。Vagrantを使って複数の独立したVMをホスティングして各VMが独自のサービスを持つのではなく、VagrantにDockerインスタンスを実行する1つのVMをホスティングできます。そして、Vagrantを使ってDockerプラットフォームの設定や削除を行い、Dockerを使って個々のサービスの高速なプロビジョニングを行います。

Dockerを活用するために、多数のさまざまな技術が開発されています。CoreOSは、Dockerを考慮して設計されたとても興味深いOSです。CoreOSは、Dockerを実行するのに不可欠なサービスだけを提供する、必要最小限の機能を備えたLinux OSです。つまり、CoreOSは他のOSよりもリソース消費が少なく、基盤となるマシンのリソースをより多くコンテナに割り当てることができます。debやRPMといったパッケージマネージャを使うのではなく、すべてのソフトウェアを独立したDockerアプリとしてインストールし、それぞれが独自のコンテナで動作します。

Docker自体がすべての問題を解決するわけではありません。Dockerを、1台のマシン上で動作する簡単なPaaSと考えてください。複数のマシン上の複数のDockerインスタンスにわたるサービスの管理に役立つツールが必要なら、そのような機能を追加した他のソフトウェアを調べる必要があります。ユーザがコンテナを要求でき、そのコンテナを実行できるDockerコンテナを探すスケジューリングレイヤが必要です。この領域では、最近オープンソース化されたGoogleのKubernetesやCoreOSのクラスタ技術が有効で、毎月のように新規参入者がいます。Deis（http://deis.io/）はDockerを基にした興味深いツールであり、Docker上にHerokuのようなPaaSを提供しようとしています。

以前に PaaS ソリューションについて述べました。PaaS での私の悩みは常に、PaaS は抽象化レベルを間違えることが多く、自己ホスト型ソリューションは Heroku などのホスト型ソリューションに大きく後れを取っていることです。Docker の方がずっと適切に対処でき、この領域で関心が急増しているため、Docker が今後数年間で、さまざまなユースケースのあらゆる種類のデプロイに対してずっと発展し得るプラットフォームになると、私は予想しています。色々な意味で、適切なスケジューリングレイヤを備えた Docker は、IaaS ソリューションと PaaS ソリューションとの間に位置します。これを表すために **CaaS**（**Containers as a Service**）という用語が既に使われています。

複数の企業が、本番環境で既に Docker を使用しています。Docker は、軽量コンテナの多くの欠点を回避するツールとともに、プロビジョニングの効率と速度に関して軽量コンテナの多くの利点を提供します。代替のデプロイプラットフォームを調べるのに興味があるなら、Docker を調べてみることを強くお勧めします。

6.12　デプロイのインタフェース

どのような基盤プラットフォームや成果物を使っていても、特定のサービスをデプロイする統一インタフェースが不可欠です。開発 / テスト向けのローカルのデプロイから本番環境のデプロイまでのさまざまな状況で、要求に応じてマイクロサービスのデプロイを開始したいでしょう。また、開発から本番環境までのデプロイ機構をできる限り同様に保ちたいでしょう。私たちが最もやりたくないことは、デプロイで全く異なるプロセスを使ったために本番環境で問題を引き起こすことだからです。

この領域で長年働いてきた経験から、1 つのパラメータ化可能なコマンドライン呼び出しを使うことがデプロイを開始する最も理にかなった方法だと、私は確信しています。これをスクリプトで呼び出すか、CI ツールで起動するか、または手動で入力することもできます。Windows バッチから bash、Python Fabric スクリプトといったさまざまな技術スタックでラッパースクリプトを構築してこれを実現したことがありますが、すべてのコマンドラインは同じ基本形式を共有しています。

何をデプロイしているかを知る必要があるので、既知のエンティティ（この場合はマイクロサービス）の名前を提供しなければなりません。また、エンティティのバージョンを知る必要もあります。**どのバージョンか**に対する答えは、3 つの可能性のいずれかになる傾向があります。ローカルで作業する際には、ローカルマシン上にあるバージョンになります。テスト時には、最新の**グリーンビルド**が必要でしょう。これ

は、単に成果物リポジトリの最新の成功成果物になります。または、問題のテスト／診断時には、特定のビルドをデプロイしたいでしょう。

最後に、覚えておくべき3つ目のことはマイクロサービスをデプロイしたい環境です。既に述べたように、マイクロサービスのトポロジは環境によって異なることがありますが、それはここでは隠されているべきです。

そこで、この3つのパラメータを取る簡単な deploy スクリプトを作成すると考えてください。例えば、ローカルで開発していて、カタログサービスをローカル環境にデプロイしたいとしましょう。その場合には以下のように入力します。

```
$ deploy artifact=catalog environment=local version=local
```

チェックインしたら、CI ビルドサービスが変更を探し出し、新しいビルド成果物を作成してビルド番号 b456 を付けます。ほとんどの CI ツールで一般的ですが、この値はパイプラインに従って渡されます。テストステージが開始されたら、CI ステージが次のコマンドを実行します。

```
$ deploy artifact=catalog environment=ci version=b456
```

一方、QA チームはカタログサービスの最新バージョンを統合テスト環境に渡して探索的テストを実施したいでしょう。QA チームは次のコマンドを実行します。

```
$ deploy artifact=catalog environment=integrated_qa version=latest
```

このために最もよく使用するツールは Fabric です。Fabric はコマンドライン呼び出しを関数にマッピングするために設計された Python ライブラリであり、リモートマシンへの SSH といったタスクの対処も十分にサポートしています。Fabric を Boto などの AWS クライアントライブラリと組み合わせると、大規模な AWS 環境を完全に自動化するために必要なすべてが手に入ります。Ruby では Capistrano がある意味 Fabric と似ており、Windows では PowerShell を使うと便利です。

6.12.1　環境定義

環境定義を機能させるには、環境がどのように見えるか、特定の環境でサービスがどのように見えるかを定義する方法が必要です。環境定義を、マイクロサービスからコンピューティング、ネットワーク、ストレージのリソースへのマッピングと考えることができます。以前は YAML ファイルでこれを実行し、スクリプトでこのデータ

152 | 6章　デプロイ

を取得していました。**例 6-1** は、AWS を使用したプロジェクトで数年前に行った作業の簡素バージョンです。

例 6-1　環境定義の例

```
development:
  nodes:
  - ami_id: ami-e1e1234
    size: t1.micro ❶
    credentials_name: eu-west-ssh ❷
    services: [catalog-service]
    region: eu-west-1

production:
  nodes:
  - ami_id: ami-e1e1234
    size: m3.xlarge ❶
    credentials_name: prod-credentials ❷
    services: [catalog-service]
    number: 5 ❸
```

❶ 使用するインスタンスのサイズを変え、コスト効率が上がるようにしました。探索的テストでは、64GB RAM を搭載した 16 コアのボックスは必要ありません。

❷ 環境ごとに異なる認証情報を指定できることが重要です。機密環境の認証情報を、限られた人のみアクセスできる別のソースコードリポジトリに格納しました。

❸ デフォルトではサービスに複数ノードが構成されている場合には、自動的にロードバランサを作成することにしました。

簡素化するために詳細を一部割愛しています。

catalog-service の情報を他の場所に格納しました。**例 6-2** からわかるように、この情報は環境ごとに変えませんでした。

例6-2 環境定義の例

```
catalog-service:
  puppet_manifest : catalog.pp ❶
  connectivity:
  - protocol: tcp
    ports: [ 8080, 8081 ]
    allowed: [ WORLD ]
```

❶ 実行する Puppet ファイルの名前です。ここではたまたま Puppet-solo を使っていましたが、理論的には別の構成システムをサポートすることもできました。

　当然、ここでの多くの振る舞いは規約を基にしていました。例えば、サービスの実行場所に関係なくサービスが使うポートを標準化し、サービスが複数のインスタンスを持っている場合にはロードバランサを自動的に構成することに決めました（AWSのELB ではとても簡単です）。

　このようなシステムの構築には多くの作業が必要でした。労力はフロントローディングである（初期段階で生じる）ことが多いですが、デプロイの複雑さに対処するためにはこれは不可欠です。将来は、これを自分で行わずに済むようになることを期待しています。Terraform は HashiCorp 社の最新のツールであり、この領域で有効です。通常は、技術よりも考え方についての書籍でこのような新しいツールに言及するのは避けるのですが、Terraform はこの線に沿ったオープンソースツールの作成を試みています。Terraform はまだ初期段階ですが、その機能は既に十分興味をそそられるものです。多数の異なるプラットフォームでのデプロイを対象とする機能を備えているので、将来はこの作業に最適のツールとなるでしょう。

6.13　まとめ

　本章では多くの問題を取り上げたので、まとめておきましょう。まず、サービスを他のサービスとは独立してリリースする機能を維持することに重点を置き、どの技術を選んでもこの機能をサポートするようにします。私はマイクロサービスごとに1つのリポジトリを持つことを大いに好んでいますが、マイクロサービスを別々にデプロイしたければ、マイクロサービスごとに1つの CI ビルドが必要だと、より強く確信しています。

次に、可能ならホスト／コンテナごとに1つのサービスに移行してください。可動部の管理をより安価で簡単にするために、LXCやDockerといった代替技術を調べますが、どの技術を採用しても、すべてを管理するには自動化の文化が重要であることを理解してください。すべてを自動化してください。そして、手にしている技術で自動化ができなければ、新しい技術を手に入れてください。AWSのようなプラットフォームを利用できるようになると、自動化の際に大きな利点となります。

デプロイの選択が開発者に影響することをよく理解し、開発者もそれに愛着を持てるようにしてください。任意のサービスを多数のさまざまな環境にセルフサービスデプロイできるツールを作成することがとても重要であり、そのツールが開発者、テスター、運用担当者たちに役立つのです。

最後に、この話題をさらに深く調べたい場合は、Jez HumbleとDavid Farley共著の『Continuous Delivery』（Addison-Wesley、日本語版『継続的デリバリー』アスキー）を読むことを強くお勧めします。この書籍は、パイプライン設計や成果物管理などのテーマを詳細に説明しています。

次章では、本章で簡単に触れた話題をさらに掘り下げていきます。すなわち、マイクロサービスが実際に機能するようにするためには、どのようにテストするのでしょうか。

7章
テスト

    自動テストの世界は、私が最初にコードを書き始めて以来、大幅に進歩してきており、さらに改善する新しいツールやテクニックが毎月のように登場しているように思われます。しかし、機能が分散システムに及ぶ際に、効果的かつ効率的に機能をテストする方法には課題が残っています。本章では、粒度の細かいシステムのテストに関する問題を分析し、自信を持って新しい機能をリリースできるようにする解決策を示します。

    テストは多くの領域を対象とします。自動テストについて述べるだけでも、検討すべき事項が数多くあります。マイクロサービスでは、別のレベルの複雑さが加わります。実行できるさまざまな種類のテストを理解することは、ソフトウェアをできる限り早く本番環境に展開させることと、ソフトウェアが十分な品質を保つようにすることの、場合によっては相反する作用のバランスをとるために重要です。

7.1　テストの種類

    コンサルタントとして、私は世界を分類する手段として奇妙な4象限を使うのが好きですが、本書でまだ使っていないことが気に掛かっていました。幸い、Brian Marick が、適切なテストに関する素晴らしい分類システムを考え出しました。図7-1 は、Lisa Crispin と Janet Gregory 共著のさまざまな種類のテストを分類できる『Agile Testing』（Addison-Wesley、日本語版『実践アジャイルテスト』翔泳社）からの Marick の4象限の派生形を表しています。

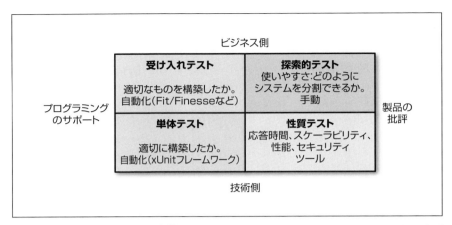

図 7-1　Brian Marick のテスト 4 象限。Crispin Lisa、Gregory Janet、Agile Testing：A Practical Guide for Testers and Agile Teams, 1st Edition, ©2009。Pearson Education, Inc., Upper Saddle River, NJ の許可により編集。

　下側は**技術面**でのテストです。つまり、技術者が最初にシステムを作成するのを支援するテストです。性能テストとスコープの小さい**単体テスト**（ユニットテスト）が、このカテゴリに入ります。通常はすべて自動化されます。これは、4 象限の上側と比較されます。上側のテストによって、非技術系の利害関係者がシステムの動作をよく理解できるようになります。これは、左上の受け入れテストで表されるようなスコープの大きいエンドツーエンドのテストや、探索的テストで表されるような、UAT システムに対して行うユーザテストに代表される手動テストになります。

　この 4 象限で表されるテストの種類には、それぞれの役割があります。各テストで実施すべき正確なテスト量はシステムの性質によりますが、システムのテスト方法に複数の選択肢があることを理解するのが重要です。最近は大規模な手動テストから離れてできる限り自動化することが好まれる傾向があり、もちろん私はこの傾向に賛同しています。現在大量の手動テストを実施している場合には、ソフトウェアを迅速かつ効率的に検証できないとマイクロサービスの多くの利点が得られないので、マイクロサービスへの道を進めていく前に対処することをお勧めします。

　本章では、手動テストには触れません。手動テストはとても有益で、確かに役割がありますが、マイクロサービスアーキテクチャのテストに関する違いはさまざまな種類の自動テストとの関連で主に現れるので、自動テストに重点を置きます。

しかし、自動テストに関しては、いくつのテストを実施したいでしょうか。この質問に答え、どのようなトレードオフがあるかを理解するために、もう1つのモデルがとても役に立ちます。

7.2 テストスコープ

Mike Cohn は、その著書『Succeeding with Agile』（Addison-Wesley）の中でテストピラミッドと呼ぶモデルの概要を述べ、必要な自動テストの種類を説明しています。このピラミッドはテストが扱わなければならないスコープを考えるのに便利であり、目指すべきさまざまな種類のテストの割合を考えるのにも役立ちます。Cohn の元々のモデルは、図 7-2 でわかるように自動テストを単体、サービス、UI に分割しています。

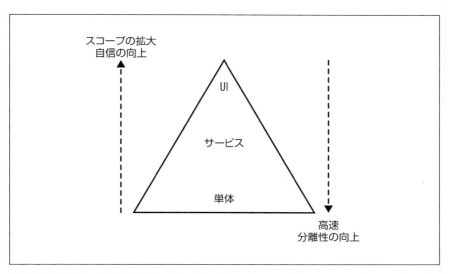

図 7-2　Mike Cohn のテストピラミッド。Mike Cohn、Succeeding with Agile: Software Development Using Scrum, 1st Edition, ©2010。Pearson Education, Inc., Upper Saddle River, NJ の許可により編集。

このモデルの問題は、すべての用語の意味が人によって異なることです。「サービス」は特に多重に定義されていて、単体テストにも多くの定義があります。1行のコードをテストするだけの場合、そのテストは単体テストでしょうか。これは単体テストと

言えるでしょう。複数の関数やクラスをテストする場合も、単体テストでしょうか。私は単体テストでないと思いますが、多くの人が異議を唱えるでしょう。その曖昧さにもかかわらず、私は単体とサービスという名前を使ってしまうことが多いのですが、UI テストは**エンドツーエンド**テストと呼ぶ方がはるかに好きなので、今後はこの名前で呼びます。

このような混乱があるので、これらの異なるレイヤの意味を考察する価値があるでしょう。

具体例を紹介します。**図 7-3** では、ヘルプデスクアプリケーションとメイン Web サイトがあり、どちらも顧客サービスと対話して顧客詳細の取得、確認、編集を行います。そして、顧客サービスはロイヤリティポイントサービスと対話します。ロイヤリティポイントサービスでは、顧客は Justin Bieber の CD を購入するなどしてポイントを獲得します。これは明らかにこの音楽専門店システム全体のほんの一部ですが、テストしたい少数の異なる状況に踏み込むには十分です。

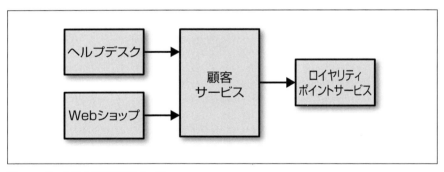

図 7-3　テスト用の音楽専門店の一部

7.2.1　単体テスト

単体テスト（ユニットテスト）は、一般的に 1 つの機能やメソッド呼び出しを検査するテストです。**テスト駆動設計**（TDD：Test-Driven Design）の副作用として生成されるテストは、プロパティベーステストといったテクニックで生成される種類のテストを実施するので、このカテゴリに分類されます。ここではサービスを起動せず、外部ファイルやネットワーク接続の使用を制限します。一般に、この種のテストが多数必要になります。適切に実施すると、このテストは非常に高速で、最近のハードウェアでは数千のテストを 1 分以下で実施できるでしょう。

これは開発者を支援するテストなので、Marickの用語では**ビジネス側**ではなく**技術側**になります。また、単体テストでほとんどのバグを検出したいでしょう。そのため、この例で顧客サービスについて考えるときには、**図7-4**に示すように、単体テストでは分離された小さなコード部分を対象とします。

単体テストの主な目的は、機能が適切かどうかに関して高速なフィードバックを得ることです。このテストは、コードのリファクタリングを支援するために重要です。スコープの小さいテストで間違いを犯しているかどうかがわかり、テストを進めながらコードを再構築できます。

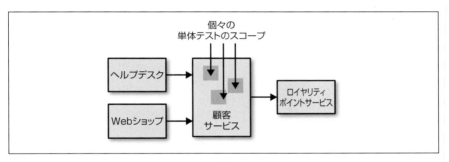

図7-4 このシステム例での単体テストのスコープ

7.2.2 サービステスト

サービステストは、ユーザインタフェースを迂回してサービスを直接テストするように設計されています。モノリシックアプリケーションでは、UIに**サービス**を提供する一連のクラスをテストするだけでしょう。多数のサービスからなるシステムでは、サービステストは個々のサービスの機能をテストします。

1つのサービスを単独でテストするのは、テストの分離性を高めて、問題の検出と修正を早めるためです。この分離を実現するには、**図7-5**に示すように外部のコラボレータをすべてスタブ化し、サービス自体だけをスコープにする必要があります。

サービステストには小規模なテストと同様に高速なものもありますが、実際のデータベースに対してテストしたり、ネットワーク経由でスタブ化された下流コラボレータにアクセスする場合には、テスト時間が長くなってしまいます。また、簡単な単体テストよりも大きいスコープを対象とするので、テストに失敗したときには単体テストの場合より問題箇所の検出が難しくなります。しかし、可動部が少なくなるので、

よりスコープの大きいテストよりも脆弱ではなくなります。

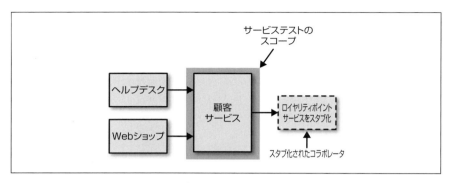

図7-5 本書のシステム例におけるサービステストのスコープ

7.2.3 エンドツーエンドテスト

エンドツーエンドテストは、システム全体に対して実行するテストです。このテストは多くの場合、ブラウザを介してGUIを実行しますが、ファイルのアップロードといった他の種類のユーザ対話を簡単に模倣することもできます。

このテストは、図7-6に示すように多くの本番コードを対象とします。そのため、このテストに合格すれば満足です。テストされたコードが本番環境で正しく機能するという自信が高まります。しかし、このようにスコープが大きくなることは欠点を伴い、すぐにわかるようにマイクロサービス環境で適切にテストを実施することはとても扱いにくいものです。

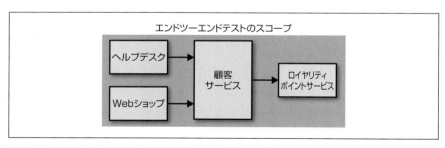

図7-6 本書のシステム例におけるエンドツーエンドテストのスコープ

7.2.4　トレードオフ

このピラミッドでは、ピラミッドの上に行くにつれ、テストスコープが増え、テストされている機能が正しく機能する自信も高まるという点が重要です。その一方で、テストの実行に時間がかかるのでフィードバックサイクル時間が増え、テストに失敗すると問題のある機能を判別するのが困難になります。ピラミッドの下に行くほど、一般にテストが大幅に高速になるので、フィードバックサイクルが早まります。問題のある機能を早く特定でき、継続的インテグレーションビルドが高速になり、新しいタスクに移行してから問題が検出される可能性が減ります。スコープの小さいテストに失敗したときには、問題箇所がわかり、大抵は問題のコードまで正確にわかります。反対に、1 行のコードだけをテストしている場合には、システム全体が正常に機能するという自信をあまり得られません。

サービステストやエンドツーエンドテストのようなよりスコープの大きいテストに失敗したら、今後は高速な単体テストを記述してその問題を探すようにします。このようにして、常にフィードバックサイクルの改善を試みます。

私が担当したことのあるほとんどすべてのチームは、Cohn がこのピラミッドで使っている名前とは異なる名前を使っていました。どのよう名前で呼んでいても、重要なのは目的によってさまざまなスコープのテストが必要になるということです。

7.2.5　いくつのテストを実施するか

すべてのテストにトレードオフがあるなら、各テストをいくつ実施する必要があるのでしょうか。優れた経験則としては、ピラミッドを下るにつれて必要なテストの数が一桁増えることでしょう。しかし、重要なのは、さまざまな種類の自動テストがあることを知り、現在のバランスで問題があるかどうかを理解することです。

例えば、あるモノリシックシステムでは、4,000 の単体テスト、1,000 のサービステスト、60 のエンドツーエンドテストがありました。フィードバックの観点から、サービステストとエンドツーエンドテストが多すぎると判断したので（多すぎるエンドツーエンドテストはフィードバックループに影響を与える最悪の要因でした）、テストカバレッジをスコープの小さいテストで置き換えるように努めました。

一般的なアンチパターンは、**テストスノーコーン**（Test Snow Cone）†、または逆ピラミッド（Inverted Pyramid）とよく呼ばれるものです。この状況では、スコープ

---

†　監訳者注：スノーコーンとは、逆さの円錐形の紙コップに入ったかき氷のこと。

162 | 7章　テスト

の小さいテストが全くないかほとんどなく、テストかカバレッジはスコープの大きい
テストによります。このようなプロジェクトでは大抵、テストがとても遅く、フィー
ドバックサイクルが長くなってしまいます。このようなテストを継続的インテグレー
ションの一環として実行すると、多くのビルドを実行できず、ビルド時間の性質のた
め、何かが壊れているとビルドが長期間壊れたままになります。

7.3　サービステストの実装

　単体テストの実装は大局的に見れば比較的単純で、その記述方法を説明したドキュ
メントがたくさんあります。サービステストとエンドツーエンドテストは、より興味
深いテストです。

　サービステストでは、サービス全体にわたる機能をテストする必要があります。対
象のサービスを他のサービスから分離するために、すべてのコラボレータをスタブ化
する手段を探す必要があります。そこで、**図7-3**の顧客サービス用にこのようなテ
ストを記述したい場合には、顧客サービスのインスタンスをデプロイし、先ほど述べ
たようにすべての下流サービスをスタブ化します。

　継続的インテグレーションビルドが最初に実行することの1つに、サービス用のバ
イナリ成果物の作成があり、そのデプロイは簡単です。しかし、下流コラボレータの
模倣にはどのように対処するのでしょうか。

　サービステストスイートは、下流コラボレータ用のスタブサービスを起動し（また
はそれが動作していることを確認し）、スタブサービスに接続するようにテスト対象
のサービスを構成する必要があります。そして、実世界のサービスを模倣してレスポ
ンスを返すようにスタブを構成する必要があります。例えば、特定の顧客の既知のポ
イント残高を返すように、ロイヤリティポイントサービス用のスタブを構成します。

7.3.1　モックかスタブか

　「下流コラボレータのスタブ化」とは、テスト対象のサービスからの既知のリクエ
ストに対して、決められたレスポンスで応答するスタブサービスを作成することを意
味します。例えば、顧客123の残高を尋ねられたときには、15,000を返すように、
スタブポイントサービスに指示します。このテストは、スタブの呼び出し回数が0回
か1回か100回かを気に掛けません。このテストのバリエーションは、スタブの代
わりにモックを使うテストです。

　モックを使うときには、実はさらに進んで、呼び出しが行われたことを確認します。

期待した呼び出しが行われなかったら、テストは失敗します。この手法を実装するには偽のコラボレータをもっと賢く作成しなければならず、使いすぎるとテストが脆弱になってしまいます。しかし、先ほど述べたように、スタブは呼び出し回数が0回か1回か多数かを気に掛けません。

しかし、モックでは期待される副作用が確実に発生するので、場合によってはとても便利です。例えば、顧客の作成時は、その顧客の新しいポイント残高が設定されているかを確認したいでしょう。呼び出しのモック化とスタブ化のバランスは難しく、サービステストでは単体テストの場合と同様に困難です。しかし、私は通常、サービステストではモックよりもスタブをずっと多く使います。このトレードオフに関する詳しい議論は、Steve Freeman と Nat Pryce 共著の『Growing Object-Oriented Software, Guided by Tests』（Addison-Wesley、日本語版『実践テスト駆動開発 テストに導かれてオブジェクト指向ソフトウェアを育てる』翔泳社）を参照してください。

私は通常、サービステストにモックを使うことはほとんどありません。しかし、両方を行えるツールがあると便利です。

スタブとモックは実際には適切に区別されていると感じていますが、特に**フェイク**、**スパイ**、**ダミー**といった他の用語が持ち込まれると、違いを混同する人がいることもわかっています。Martin Fowler は、スタブやモックも含めこれらすべてをテストダブルと呼んでいます（http://bit.ly/1C7atPb、日本語訳 http://bliki-ja.github.io/TestDouble/）。

7.3.2　高度なスタブサービス

通常、スタブサービスは自分で開発します。このようなテストケース用のスタブサーバを起動させるために、Apache や nginx から組み込み Jetty コンテナ、コマンドライン起動型 Python Web サーバまでのすべてを、私は使用したことがあります。おそらく、このようなスタブを作成する同じ作業を何度も行ったことがあります。私たちの大量の作業を省いてくれているのが、ThoughtWorks 社の同僚 Brandon Bryars が開発した mountebank（http://www.mbtest.org/）というスタブ / モックサーバです。

mountebank を、HTTP を介してプログラミング可能な小さなソフトウェアアプライアンスと考えることができます。たまたま Node.js で記述されていますが、呼び出し側サービスからは完全に不透明です。mountebank を起動するときには、スタブを有効にするポート、対処するプロトコル（現在は TCP、HTTP、HTTPS をサポート

しており、さらなるサポートが計画されています）、リクエスト送信時に送るレスポンスを指定するコマンドを mountebank に送信します。また、モックとして使いたい場合には、エクスペクテーション[†]の設定もサポートしています。このようなスタブエンドポイントを自由に追加または削除でき、1つの mountebank インスタンスが複数の下流の依存関係をスタブ化できます。

そのため、顧客サービスに対してのみサービステストを実行したい場合には、顧客サービスと、ロイヤリティポイントサービスの役割を果たす mountebank インスタンスを起動できます。そして、そのテストに合格したら、顧客サービスをすぐにデプロイできます。顧客サービスを呼び出すサービス（ヘルプデスクや Web ショップ）はどうでしょうか。これらのサービスを壊す変更を行ったかどうかがわかるでしょうか。ピラミッドの頂上の重要なテスト、エンドツーエンドテストを忘れています。

7.4　面倒なエンドツーエンドテスト

マイクロサービスシステムでは、ユーザインタフェースを介して公開する機能は、複数のサービスによって提供されます。Mike Cohn のピラミッドで概説したようにエンドツーエンドテストのポイントは、ユーザインタフェースを介して水面下のすべての機能を動作させ、システム全体の概観を示すことです。

そこで、エンドツーエンドテストを実装するには、複数のサービスを一緒にデプロイし、そのすべてに対してテストを実行します。当然ながらこのテストはスコープがずっと大きいため、システムが正しく機能する自信が増します。その一方で、このテストは遅くなりがちであり、障害の診断がより困難となります。前に登場した例を使ってさらに詳しく調べ、このテストを組み込む方法を確認してみましょう。

顧客サービスの新バージョンを提供したいとしましょう。この変更を本番環境にできる限り早くデプロイしたいのですが、ヘルプデスクや Web ショップを壊す変更を取り入れていないか心配です。問題はありません。すべてのサービスを一緒にデプロイし、ヘルプデスクと Web ショップにテストを実行してバグを発生させたかどうかを確認しましょう。単純なやり方は、**図 7-7** のように単に顧客サービスパイプラインの最後にテストを追加する方法です。

[†]　監訳者注：モックにおけるエクスペクテーションとは、受信する一連の呼び出しの仕様のこと。

図 7-7 エンドツーエンドテストステージの追加：正しいやり方でしょうか

ここまでは問題ありません。しかし、自問しなければならない最初の疑問は、他のサービスのどのバージョンを使用すべきかということです。ヘルプデスクと Web ショップの本番環境バージョンにテストを実行すべきでしょうか。これは妥当な想定ですが、ヘルプデスクか Web ショップの新バージョンが稼働待ちのときはどうなるでしょうか。その場合はどうすべきでしょうか。

他にも問題があります。多くのサービスをデプロイしてそれらのサービスに対してテストを実行する一連の顧客サービステストがある場合、他のサービスに対するエンドツーエンドテストはどうなるでしょうか。同じことをテストしている場合には、多くの同じ領域を対象としていることに気付き、そもそもすべてのサービスをデプロイする多くの労力が重複しているでしょう。

複数のパイプラインを1つのエンドツーエンドテストステージにまとめる（ファンイン：fan in）と、この両方の問題をうまく解決できます。ここでは、**図 7-8** の例からわかるようにいずれかのサービスの新しいビルドが始動されるたびに、エンドツーエンドテストを実行します。高度なビルドパイプラインをサポートする CI ツールの中には、このようなファンインモデルがデフォルトで有効なものもあります。

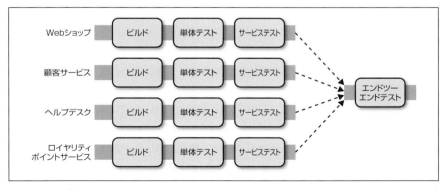

図 7-8 サービスにまたがるエンドツーエンドテストを行う標準的な方法

166 | 7章　テスト

したがって、いずれかのサービスが変更されるたびに、そのサービスにローカルなテストを実施します。ローカルなテストに合格したら、統合テストを開始します。これは素晴らしいですが、いくつか問題があります。

7.5　エンドツーエンドテストの欠点

残念ながら、エンドツーエンドテストには多くの欠点があります。

7.6　信頼できない脆弱なテスト

テストスコープが大きくなると、可動部の数も増えます。可動部はテスト失敗を引き起こします。この失敗は、テスト対象の機能が壊れていることではなく、他の問題が生じていることを示します。例として、1枚のCDを注文できることを確認するテストがあるが、4つか5つのサービスに対してテストを実行している場合、いずれかのサービスがダウンすると、テスト本来の性質とは関係のない失敗が生じることがあります。同様に、一時的なネットワーク障害が原因で、テスト対象の機能に関して何も示さずにテストが失敗する可能性もあります。

可動部が増えると、テストが脆弱になり、決定性が下がります。ときどき失敗するテストがある場合、後で再び合格するかもしれないと思って誰もがテストを再実行します。そのテストは信頼できません。この問題の原因となるのは、さまざまなプロセスを対象とするテストだけではありません。複数スレッドで実行される機能を対象とするテストも問題となることが多く、その場合には失敗は競合状態、タイムアウト、またはその機能が実際に壊れていることを示します。信頼できないテストは敵です。失敗しても、あまりわかることがありません。後で再び合格することを願ってCIビルドを再実行しても、結局チェックインが積み重なり、多数の壊れた機能があることに突然気付くことになるだけです。

信頼できないテストに気付いたら、最善を尽くして取り除くことが不可欠です。そうしないと、テストスイートへの信頼を失い、「常にこのように失敗する」と思うようになります。信頼できないテストを含むテストスイートは、Diane Vaughanが**逸脱の常態化**（逸脱の標準化、normalization of deviance）と呼ぶものの犠牲になります。逸脱の常態化とは、間違っているものに慣れすぎて、それを正常で問題ないと徐々に受け入れ始めることがあるという考え方です[†]。このとても人間らしい傾向のために、

[†]　Diane Vaughan, The Challenger Launch Decision: Risky Technology, Culture, and Deviance at NASA (Chicago:University of Chicago Press, 1996)（スペースシャトル チャレンジャー号の発射決定過程に関する書籍）

テストの失敗を問題ないとみなす前に、信頼できないテストをできる限りすぐに探して取り除く必要があります。

「Eradicating Non-Determinism in Tests（テストにおける非決定性の根絶）」（http://bit.ly/1Daos3Q）の中で、Martin Fowler は、信頼できないテストがあったらそのテストを探し出し、すぐに修正できない場合はそのテストを直すために、テストスイートから排除する手法を推奨しています。テストコードが複数スレッドで動作しないように書き直せるかどうか、基盤となる環境をもっと安定化させられるかどうかを確かめてください。できれば、信頼できないテストをあまり問題にならない、スコープの小さいテストに置き換えられるかどうかを確認してください。場合によっては、テスト対象のソフトウェアをテストが簡単になるように変更することが、正しい方向であることもあります。

7.6.1　誰がテストを書くか

特定のサービスのパイプラインの一環として実行するテストでは、まずはそのサービスを所有するチームがテストを書くようにします（サービスの所有権については10章で詳しく説明します）。しかし、複数のチームが関わり、エンドツーエンドテストステージを事実上チーム間で共有している場合には、誰がテストを記述して管理するのでしょうか。

これに関してたくさんのアンチパターンがもたらされました。エンドツーエンドテストは参加自由になり、すべてのチームがアクセスでき、テストスイート全体の健全性を理解せずにテストを追加できるようになります。そのため、多くの場合にテストケースが急増し、既に述べたようなテストスノーコーンになることもあります。テストの所有者が実際にはっきりしてなかったために、テスト結果が無視されていた状況を経験したこともあります。問題が生じても、全員が他の誰かの問題だと考え、テストに合格しているかどうかを気に掛けないのです。

組織が専任チームにエンドツーエンドテストを書かせることもありますが、これも悲惨なことになる可能性があります。ソフトウェアの開発チームが、ますますコードのテストから離れていってしまうのです。結局はサービスの所有者は自分が書いた機能のエンドツーエンドテストをテストチームが書いてくれるまで待つ必要があるので、サイクル時間が長くなってしまいました。別のチームがテストを記述するため、サービスを記述したチームが関わらなくなり、テストの実行方法や修正方法をわからなくなります。残念ながらこれはやはり一般的な組織パターンですが、もともとコー

ドを書いたチームがテストの記述から離れると、大きな害を及ぼします。

　この状況を適切に解決するのはとても困難です。労力を重複させたくないし、サービスを構築したチームがはるか遠くに追いやられるほど完全に中央集中化したくもありません。私が見つけた最善のバランスは、エンドツーエンドテストスイートを共有コードベースとして扱うが、共同所有にすることです。チームは自由にこのテストスイートにチェックインしますが、テストスイートの健全性の責任をサービスを開発したチーム間で共有しなければなりません。複数チームでエンドツーエンドテストを大いに利用したい場合には、私はこの方法が不可欠だと思いますが、この方法が採用されている例はほとんど知りませんし、問題が生じなかったことはありません。

7.6.2　実行期間

　エンドツーエンドテストは時間がかかる場合があります。実行に少なくとも1日かかるテストもあります。私が担当したあるプロジェクトでは完全な回帰テストスイートに6週間かかりました。実際にエンドツーエンドテストスイートを分析してテストカバレッジの重複を減らしたり、高速化のために十分な時間をかけているチームに出会ったことはほとんどありません。

　この遅さと信頼できないことが多い事実とが相まって、大きな問題になることがあります。実行に終日かかり、問題のある機能とは関係のない問題が多く起こるテストスイートは、大惨事です。たとえ機能が実際に壊れていても、特定に長い時間がかかります。その時点で、多くの人は既に他の活動に移っており、問題の修正に脳を切り替えるのは苦痛です。

　テストを並行に実行すると一部改善できます。例えば、Selenium Grid のようなツールを活用します。しかし、この手法は、テストする必要があるものを本当に理解し、必要なくなったテストを積極的に**削減**することの代わりにはなりません。

　テストの削減は困難な場合があります。空港の安全対策を削減する場合と共通する部分が多いのではないかと思います。安全対策がどんなに非効率でも、安全対策の削減に関する議論は、人々の安全を軽視するのか、テロリストを勝たせたいのかという反射的反応で反論されることが少なくありません。何かが加える価値とそれに伴う負担のバランスの取れた議論を行うのは困難です。また、これはリスクと利益の難しいトレードオフにもなります。テストを削減したら感謝されますか。感謝されるかもしれません。しかし、削減したテストのためにバグを見落としたら、きっと責められるでしょう。しかし、スコープの大きいテストスイートに関しては、まさにこれを実行

する必要があります。同じ機能が20の異なるテストの対象になっている場合、この20のテストを実行するのに10分かかるので、おそらくその半分を取り除きたいでしょう。そのためにはリスクをきちんと理解する必要がありますが、人間はこれがとても不得意です。結果として、スコープの大きい高負荷なテストに対するこのような合理的な分析や管理は、ほとんど実施されることはありません。もっと頻繁に行ってほしいと思っても、実際に行われるわけではありません。

7.6.3　積み上がる大きな山

　開発者の生産性に関して言えば、エンドツーエンドテストに関連する長いフィードバックサイクルだけが問題ではありません。長いテストスイートでは、あらゆる問題の修正に時間がかかり、エンドツーエンドテストを実行できる時間が減ってしまいます。すべてのテストに適切に合格したソフトウェアだけをデプロイする場合は（そうすべきです）、本番環境にデプロイできる段階に到達するサービスが減ってしまいます。

　これによって、問題が積み上がることになります。問題のある統合テストステージを修正している間に、上流チームからの変更がますます積み上がってしまいます。これによりビルドの修正が難しくなる上、デプロイする変更のスコープが大きくなってしまいます。エンドツーエンドテストが失敗したらチェックインさせないようにすることも解決方法の1つですが、長いテストスイート時間を考えると、多くの場合、現実的ではありません。「30人の開発者へ。この7時間かかるビルドを修正するまでチェックイン禁止！」と言うことになってしまいます。

　デプロイのスコープが大きくなりリリースのリスクが高まると、何かを壊す可能性が高まります。ソフトウェアを頻繁にリリースできるようにするためには、小さな変更を準備ができたらできる限りすぐにリリースするという考え方に従うことが重要です。

7.6.4　メタバージョン

　エンドツーエンドテストステージでは、「このバージョンのすべてのサービスが連携するのだから、すべて一緒にデプロイすればいいでは？」と考え始めがちです。すると安易に「システム全体に1つのバージョン番号を使えばいいではないか」という話になります。Brandon Bryarsの言葉を引用すると（http://bit.ly/15BPCVE）、「2.1.0問題がある」ことになり危険です。

　複数のサービスへの変更を一緒にバージョン付けすると、複数サービスを同時に変

更してデプロイすることを許すという考え方を、事実上採用することになります。これが普通になり、問題なくなります。しかし、これを行うことで、マイクロサービスの主な利点の1つである、他のサービスとは独立して単独でサービスをデプロイできる能力を失ってしまいます。

大抵、複数のサービスを一緒にデプロイすることを許す手法では、サービスが結合してしまうという状況に陥ります。やがて、うまく分離されていたサービスが他のサービスと次第に絡み合うようになりますが、サービスを単独でデプロイすることがないのでこれに気付くこともありません。結局、絡み合った乱雑な状態になり、複数サービスのデプロイを同時にオーケストレーションしなければならず、既に述べたように、このような結合により1つのモノリシックアプリケーションよりも悪い状況に陥ります。

これはよくありません。

7.7　ストーリーではなくジャーニーをテストする

上記で概説した欠点にもかかわらず、多くのユーザにとってサービスが1つか2つならエンドツーエンドテストは、まだ管理可能であり、そのような状況では大いに理にかなっています。しかし、サービス数が3、4、10、または20ではどうなるでしょうか。テストスイートはすぐに大きく肥大化し、最悪の場合にはテスト対象シナリオの幾何学級数的急増をもたらします。

追加したすべての機能に新たなエンドツーエンドテストを追加するという罠に陥ると、この状況はさらに悪化します。すべての新しいストーリーが新しいエンドツーエンドテストにつながるコードベースでは、フィードバックサイクルが遅く、テストカバレッジが重複した肥大化したテストスイートになってしまうでしょう。

これに対抗する最善の方法は、**少数**の中核となるジャーニーに焦点を絞ってシステム全体をテストする方法です。この中核となるジャーニーで対象になっていない機能は、互いに分離してサービスを分析するテストで対処する必要があります。このジャーニーは相互に合意され、共同で所有される必要があります。音楽専門店の例では、CDの注文、商品の返品、新規顧客の作成といった（高価値な対話であり極めて少数の）動作に焦点を絞るでしょう。

少数のテストに焦点を絞ると（「少数」とは、複雑なシステムでもかなり少ない2桁を意味する）、統合テストの欠点を減らせますが、すべてを回避できるわけではありません。さらに優れた方法があるでしょうか。

7.8 救いとなるコンシューマ駆動テスト

前に概説した統合テストを使用する際に解決したい主な問題の1つは、何でしょうか。新しいサービスを本番環境にデプロイするときには、変更がコンシューマを壊さないように努めます。実際のコンシューマに対してテストを要求せずにこれを実現する方法として、**コンシューマ駆動契約**（CDC：Consumer-Driven Contract）を使う方法があります。

CDCでは、サービス（プロデューサ）に対するコンシューマのエクスペクテーション（期待）を定義します。コンシューマのエクスペクテーションはテストとしてコード形式で格納し、そのテストをプロデューサに対して実行します。成功したら、CDCをプロデューサのCIビルドの一環として実行し、契約のいずれかに違反していたら決してデプロイされないようにします。テストフィードバックの観点からとても重要なことですが、このテストは分離して1つのプロデューサに対してのみ実行する必要があるので、エンドツーエンドテストよりも高速で信頼性が高くなります。

例として、顧客サービスのシナリオを再検討してみましょう。顧客サービスには2つの別個のコンシューマがあります。ヘルプデスクとWebショップです。この両方のコンシューマサービスには、顧客サービスの振る舞いに対するエクスペクテーションがあります。この例では、2つの一連のテストを作成します。ヘルプデスクとWebショップのそれぞれのコンシューマが顧客サービスを使用するための一連のテストです。ここでの優れたプラクティスは、プロデューサチームとコンシューマチームの人にテストの作成に共同で当たらせる方法です。Webショップチームやヘルプデスクチームの人が顧客サービスチームの人と一緒に担当することになります。

CDCは顧客サービスの振る舞いに対するエクスペクテーション（期待）なので、**図7-9**に示すように、すべての下流の依存関係をスタブ化して顧客サービスだけに対して実行できます。スコープの観点から見ると、**図7-10**に示すように、これはテストピラミッドではサービステストと同じレベルになりますが、焦点が大きく異なります。このテストは、コンシューマがどのようにサービスを使うかに焦点を当てており、サービステストと比べると違反した場合に行うことが全く異なります。顧客サービスのビルド中にCDCのいずれかに違反すると、どのコンシューマが影響を受けるかが明らかになります。この時点で、問題を修正するか、または4章で説明したような方法で破壊的変更の導入について議論を始めます。そのため、CDCでは、コストがかかる可能性のあるエンドツーエンドテストを実行しなくても、ソフトウェアを本番環境に展開する前に破壊的変更を特定できます。

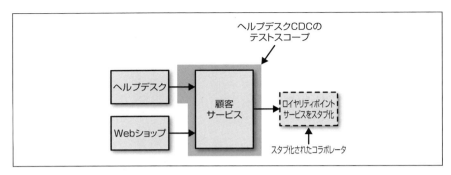

図 7-9　顧客サービスの例でのコンシューマ駆動テスト

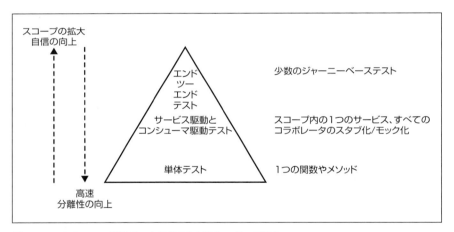

図 7-10　コンシューマ駆動テストのテストピラミッドへの統合

7.8.1　Pact

Pact（http://bit.ly/1GZwceN）はもともと RealEstate.com.au 社内で開発されたコンシューマ駆動テストツールですが、現在はオープンソースで、Beth Skurrie がほとんどの開発を主導しています。当初は Ruby 用だけでしたが、Pact は現在は JVM と .NET に移植されています。

図 7-11 にまとめたように、Pact はとても興味深い動作をします。コンシューマはまず Ruby DSL を使ってプロデューサのエクスペクテーションを定義します。そして、ローカルモックサーバを起動し、そのサーバに対してそのエクスペクテーションを実

行してPact仕様ファイルを作成します。このPactファイルは単なる正式なJSONベースの仕様です。これは当然手動作成できますが、言語APIを使うと大幅に簡単になります。これにより、さらに分離されたコンシューマのテストに使用できるモックサーバも得られます。

そして、プロデューサ側では、JSON Pact 仕様を使ってAPIを呼び出してレスポンスを検証し、このコンシューマ仕様を満たしているかを確認します。正しく行うには、プロデューサのコードベースがPactファイルにアクセスできる必要があります。6章で既に述べたように、コンシューマとプロデューサの両方が別にビルドされることを期待しています。言語非依存のJSON仕様を使うのが、特に気が利いています。つまり、Ruby クライアントを使用してコンシューマの仕様を生成できますが、PactのJVMバージョンを使い、その仕様を使ってJavaプロデューサを検証できるのです。

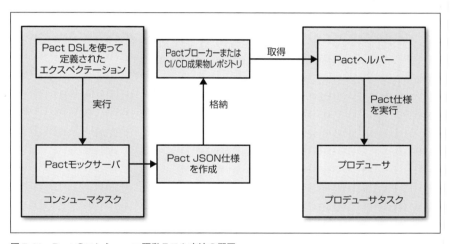

図7-11　Pactのコンシューマ駆動テスト方法の概要

コンシューマがJSON Pact 仕様を作成するので、この仕様をプロデューサビルドがアクセスできる成果物にする必要があります。CI/CDツールの成果物リポジトリにこの仕様を格納するか、または複数バージョンのPact仕様を格納できる、Pactブローカーを使うことができます。これにより、例えば本番環境バージョンのコンシューマと最新バージョンのコンシューマに対してテストを実行したい場合に、コンシューマ駆動契約テストを複数の異なるバージョンのコンシューマに対して実施できます。

紛らわしいのですが、Pacto（http://bit.ly/1ylH0t8）という ThoughtWorks 社のオープンソースプロジェクトがあり、これもコンシューマ駆動テストに使う Ruby ツールです。Pacto には、クライアントとサーバとの間の対話を記録してエクスペクテーションを生成する機能があります。これにより、既存サービスに対するコンシューマ駆動契約の記述がとても容易となります。Pacto では一旦生成されたエクスペクテーションはおおよそ静的であるのに対し、Pact ではすべてのビルドでコンシューマのエクスペクテーションを再生成します。また、プロデューサがまだ備えていない機能に対するエクスペクテーションも定義できるため、プロデューササービスが開発中の（またはまだ開発されていない）ワークフローにも適しています。

7.8.2　対話について

アジャイルでは、ストーリーは対話（conversation）のプレースホルダとみなされることが多く、CDC でも同様です。ストーリーは、サービス API をどのようにすべきか、どのようなときに壊れるかに関する一連の議論の成文化になります。また、その API をどのように進化させるべきかに関する対話を始めるきっかけとなります。

CDC では、コンシューマとプロデューササービスとの間に十分なコミュニケーションと信頼関係が必要であることを理解するのが重要です。両者が同じチーム（または同じ人）の場合には、これは難しくないはずです。しかし、サードパーティが提供するサービスを利用する際には、CDC を正しく機能させるためのコミュニケーションや信頼関係をあまり築いていない場合があります。そのような場合には、**信頼できないコンポーネントだけに関連する、限定されたスコープの大きい統合テスト**で間に合わせなければならないでしょう。または、一般公開する Web サービス API といった、何千もの潜在的なコンシューマ用の API を作成している場合には、テストを定義するときにコンシューマの役割を自分で担わなければ（またはおそらくコンシューマの一部と連携しなければ）ならないかもしれません。膨大な数の外部コンシューマを壊すのはとてもまずいので、むしろ CDC がより重要となります。

7.9　エンドツーエンドテストを使用すべきか

本章で以前に詳しく説明したように、エンドツーエンドテストには、テスト対象の可動部が増えるにつれ大幅に増加する欠点があります。マイクロサービスを大規模に実装する担当者たちとしばらく話した結果、ほとんどの場合で徐々にエンドツーエンドテストを必要としなくなっており、CDC のようなツールや改善された監視が好ま

れていることを学びました。しかし、必ずしもエンドツーエンドテストを捨ててしまったわけではありません。8章で詳しく説明する**セマンティック監視**というテクニックを利用して、多くのエンドツーエンドジャーニーテストで本番システムを監視しています。

　本番デプロイの前にエンドツーエンドを実行することを、補助輪とみなすことができます。CDC がどのように機能するかを学び、本番環境の監視やデプロイテクニックを改善している間に、エンドツーエンドテストが有益な安全策となることがあり、その場合はサイクル時間を犠牲にしてリスクの減少を選んでいます。しかし、他の領域を改善すると、エンドツーエンドテストへの依存が薄れ、必要なくなる可能性があります。

　同様に、**本番環境で学ぶ**という欲求が低く、たとえソフトウェアを出荷するまでの時間が長くなることになっても、むしろ本番リリース前にすべての欠陥を取り除けるように全力を尽くす環境で作業することもあります。欠陥のすべての原因を確実に取り除くことはできないことを理解し、依然として本番環境に効果的な監視と改善手段を用意する必要があることも理解しているなら、これは理にかなった判断になるでしょう。

　当然ながら、みなさんは私より自分の属する組織のリスク特性をよく理解しているので、どのくらいの量のエンドツーエンドテストを本当に実施する必要があるかについてよく検討してください。

7.10　本番リリース後のテスト

　大部分のテストは、システムを本番環境でリリースする前に実施します。テストでは、システムが機能的にも非機能的にも希望通りに動作するかどうかを証明するための、一連のモデルを定義しています。モデルが完璧でなければ、システムの使用時に問題に直面します。本番環境にバグが忍び込み、新たな故障モードが見つかり、予想もできないような方法でユーザがシステムを利用します。

　これに対して、多くのテストを定義してモデルを改良し、より多くの問題を早期に探して本番システムで直面する問題の数を減らすという対応を取ることも多いものです。しかし、この手法では、ある時点で利点が減ってしまうことを認識しておきます。デプロイ前のテストでは、障害の可能性をゼロに減らすことはできません。

7.10.1　デプロイとリリースの分離

　問題発生前により多くの問題を探す方法として、テストを実行する場所を従来のデプロイ前段階よりも拡大する方法があります。代わりに、ソフトウェアをデプロイし、本番環境の負荷をかける前の段階でテストできる場合には、特定の環境に特化した問題を検出できます。その代表例は**スモークテストスイート**であり、これは新たにデプロイしたソフトウェアに対して実行してそのデプロイが正常に機能していることを確認するために設計された、一連のテストです。このテストは、ローカル環境での問題を探すのに便利です。コマンドラインからコマンド1つで特定のマイクロサービスをデプロイしている場合には（そのようにすべきです）、このコマンドでスモークテストを自動的に実行すべきです。

　もう1つの例は、いわゆる**ブルーグリーンデプロイメント**です。ブルーグリーンでは、同時にデプロイされているソフトウェアの2つのコピーがあり、一方のバージョンだけが実際のリクエストを受けます。

　図**7-12**に示す簡単な例を考えてみましょう。本番環境では、顧客サービスのv123が動作しています。そこに新バージョンv456をデプロイしたいのです。このバージョンをv123と並行してデプロイしますが、そこにトラフィックは送りません。代わりに、新たにデプロイしたバージョンに対してここでテストを実施します。テストに成功したら、顧客サービスの新しいv456バージョンに本番環境の負荷を送ります。旧バージョンを短期間そのままにしておくのが一般的であり、エラーを検出したら旧バージョンへの迅速なフォールバックが可能になります。

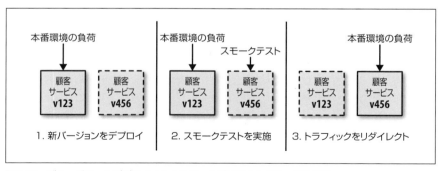

図**7-12**　ブルーグリーンデプロイメントを使ったデプロイとリリースの分離

7.10 本番リリース後のテスト | 177

　ブルーグリーンデプロイメントを実装するにはいくつかの条件があります。まず、本番環境のトラフィックを別のホスト（または一連のホスト）に向けられる必要があります。DNSエントリを変更するか、負荷分散構成を更新することで、これを実現します。また、マイクロサービスの両方のバージョンを同時に実行できる限りの十分なホストをプロビジョニングできる必要もあります。エラスティックなクラウドプロバイダを利用している場合には、これは簡単です。ブルーグリーンデプロイメントを使うと、デプロイのリスクを削減でき、問題に直面した場合に元に戻すこともできます。うまく使うと、このプロセス全体を完全に自動化し、人間が介在せずに完全に展開したり元に戻すことができます。

　本番環境のトラフィックを送る前の状況でサービスをテストできる利点に加え、リリース中に旧バージョンを稼働し続けることで、ソフトウェアのリリースに伴うダウンタイムを大幅に削減します。トラフィックのリダイレクトを実装するのに使うメカニズムによっては、バージョン間の切り替えが顧客から完全に見えなくなり、ダウンタイムゼロのデプロイが可能になります。

　ここでもう1つのテクニックも簡単に説明しておきましょう。それは**カナリアリリース**というテクニックであり、同じ技術的実装の一部を利用できるため、ブルーグリーンデプロイメントと混同されることがたまにあります。

7.10.2　カナリアリリース

　カナリアリリースでは、本番環境のトラフィックの一部をシステムに送り期待通りに機能するかどうかを確認することで、新たにデプロイしたソフトウェアを検証します。「期待通りに機能する」ことには、機能的および非機能的な多くのことが含まれます。例えば、新たにデプロイしたサービスがリクエストに500ミリ秒以内に応答しているかや、新サービスと旧サービスのエラー率が同じかどうかを検査できます。しかし、さらに深く切り込むこともできます。レコメンデーションサービスの新バージョンをリリースしたとしましょう。両方のバージョンを並行して実行しますが、サービスの新バージョンが作成するレコメンデーションが期待通りの売り上げにつながり、最適ではないアルゴリズムをリリースしていないことを確認するでしょう。

　新リリースが不適切なら、すぐに元に戻します。適切なら、新バージョンに送るトラフィック量を増やすことができます。カナリアリリースは、両バージョンが長期間共存することが予想され、トラフィック量を頻繁に変更する点が、ブルーグリーンとは異なります。

Netflix はこの手法を広範囲に使用しています。リリース前に、本番環境と同じバージョンを表すベースラインクラスタに、並列にサービスの新バージョンをデプロイします。そして、Netflix は新バージョンとベースラインの両方に対して数時間本番環境の負荷の一部を実行し、両方を採点します。カナリアリリースが合格したら、本番環境に完全に展開します。

カナリアリリースを検討する際には、本番環境リクエストの一部をカナリアリリースに送るのか、単に本番環境の負荷をコピーするのかを決める必要があります。本番環境のトラフィックをコピーしてカナリアリリースに送ることができるチームもあります。このようにすると、既存の本番環境とカナリアバージョンが全く同じリクエストを受けますが、外部からは本番環境へのリクエストの結果だけが見えます。これにより、顧客リクエストがカナリアリリースでの障害を目にする機会を排除しながら、両者を比較できます。しかし、本番環境のトラフィックをコピーする作業は、特に再現するイベントやリクエストが冪等ではない場合には複雑となります。

カナリアリリースは強力なテクニックであり、不適切なリリースを公開するリスクを管理するツールを提供しながら、実際のトラフィックでソフトウェアの新バージョンを検証できます。しかし、ブルーグリーンデプロイメントよりも複雑な準備が必要で、検討すべきことが少し増えます。ブルーグリーンよりも長期間サービスの異なるバージョンを共存させることになるので、ブルーグリーンよりも多くのハードウェアを長期間使うことになります。また、リリースが正しく機能する自信を高めるためにトラフィックの割合を増減したいので、高度なトラフィックルーティングも必要です。既にブルーグリーンデプロイメントに対応しているなら、既に構成要素の一部を手に入れています。

7.10.3　平均故障間隔（MTBF）よりも平均修復時間（MTTR）か

ブルーグリーンデプロイメントやカナリアリリースといったテクニックを検討することで、私たちは本番環境に近い（さらには本番環境内での）テスト手段を見つけ、障害が発生した場合にその障害を管理するのに便利なツールを構築しています。この手法を使うことで、実際にソフトウェアをリリースする前にすべての問題を探し出すことはできないと暗黙的に認めています。

リリースを改善するために労力を費やす方が、自動化された機能テストを増やすよりも大幅に有益な場合があります。Web 運用の世界では多くの場合、**平均故障間隔**（MTBF：Mean Time Between Failures）と**平均修復時間**（MTTR：Mean Time To

Repair）との間の最適化のトレードオフと呼ばれています。

　修復時間を短くするテクニックは、ブルーグリーンデプロイメントのような、非常に高速なロールバックと（8章で取り上げる）優れた監視の組み合わせのように簡単です。本番環境で問題を早期に検出してロールバックできれば、顧客への影響を減らせます。また、ブルーグリーンデプロイメントのようなテクニックも利用できます。ブルーグリーンデプロイメントでは、ソフトウェアの新バージョンをデプロイし、ユーザを新バージョンに送る前の状態でテストします。

　MTBFとMTTRとの間のトレードオフは組織ごとに異なり、その大部分は本番環境での障害の実際の影響を理解することにかかっています。しかし、機能テストスイートの作成に時間を費やすほとんどの組織は大抵、監視や障害からの復旧の改善に全くと言っていいほど労力を割きません。そのため、最初に発生する不具合の数は減るかもしれませんが、そのすべてを取り除くことはできず、本番環境で不具合が生じた場合に対処する準備ができているとは言えません。

　MTBFとMTTR以外のトレードオフも存在します。例えば、誰かが実際にソフトウェアを使うかどうかを分析したい場合、堅牢なソフトウェアを構築する前に考え方やビジネスモデルを証明するために、今すぐ何かをリリースする方がはるかに理にかなっている場合があります。このような環境では、自分の考え方が有効かどうかわからないことの影響は、本番環境で不具合があることよりもはるかに大きいので、テストは行き過ぎかもしれません。そのような状況では、本番環境以前のテストを完全に避けることがかなり理にかなっています。

7.11　機能横断テスト

　本章のほとんどは、特定の機能のテストと、マイクロサービスベースのシステムをテストするときの機能テスト方法の違いを重点的に取り上げてきました。しかし、別の種類のテストを議論することも重要です。**非機能要件**は、通常の機能のように実装できないシステムの特性を表すために使う汎用的用語です。非機能要件には、Webページの遅延の許容範囲、システムがサポートすべきユーザ数、障害を持つユーザにとってのユーザインタフェースのアクセシビリティ、顧客データのセキュリティといった面があります。

　私は、**非機能**という用語が好きではありません。この用語が示す一部の面は実際にはとても機能的に思えます。同僚の一人 Sarah Taraporewalla は、代わりに**機能横断要件**（CFR：Cross-Functional Requirements）という用語を作り出しました。私は

この表現の方がずっと好きです。こちらの方が、システムの振る舞いは実は多くの横断的な処理の結果として初めて現れるという事実をよく表しています。

　（ほとんどではありませんが）多くのCFRは、実は本番環境でしか満たされません。とはいえ、少なくともこの目標を達成する方向に向かっているかどうかを確認するテスト戦略を規定できます。このようなテストは、4象限の**性質テスト**に分類されます。この好例が性能テストであり、すぐ後で詳しく説明します。

　一部のCFRでは、個々のサービスのレベルで追跡するとよいでしょう。例えば、支払いサービスに必要なサービスの耐久性はかなり高いものの、Metallicaと類似したアーティストを10分間程度レコメンドできなくても中核的事業は存続できるため、音楽レコメンデーションサービスでは多少のダウンタイムがあっても問題ないかもしれません。このようなトレードオフはシステムの設計方法や進化方法に大きな影響を与えることになり、マイクロサービスベースのシステムの粒度の細かい性質によりこのようなトレードオフを行う機会がはるかに増えます。

　CFRに関するテストもピラミッドに従うべきです。負荷テストなどエンドツーエンドテストに属さなければならないテストもあれば、そうでないテストもあります。例えば、エンドツーエンド負荷テストで性能上のボトルネックを見つけたら、今後その問題を見つけるのを助けるために、よりスコープの小さいテストを記述して将来その問題を探せるようにします。高速なテストに簡単に適合するCFRもあります。障害を持った人々がWebサイトを使うのを助けるために、HTMLマークアップが適切なアクセシビリティ機能を使っているようにするプロジェクトを担当したことがあります。生成されたマークアップを調べて適切なコントロールの存在を確認するのは、ネットワーク上のラウンドトリップを必要とせずに迅速に実行できました。

　多くの場合、CFRに関する検討が行われるのが遅すぎます。CFRをできる限り早期に検討し、定期的に見直すことを強くお勧めします。

7.11.1　性能テスト

　性能テストは、機能横断要件の一部を満たしていることを確認する手段として、明示的に実施すべきです。システムを小さなマイクロサービスに分解すると、ネットワーク境界を超える呼び出しの数が増加します。以前はある操作に1つのデータベース呼び出しが伴っていましたが、現在はネットワーク境界を越えた他のサービスへの3つや4つの呼び出しが関わっており、データベース呼び出しも同じ数だけ生じるかもしれません。これらはすべて、システムの動作速度を低下させます。遅延の原因を

突き止めることが特に重要です。複数の同期呼び出しの呼び出しチェーンがあるときには、そのチェーンの一部が遅くなり始めると、すべてが影響を受け、大幅な影響をもたらす可能性もあります。そのため、アプリケーションの性能をテストする手段を持つことが、モノリシックシステムの場合よりもはるかに重要になります。多くの場合、このようなテストが遅れる理由は、当初はテストすべき十分なシステムが存在しないからです。この問題を理解していますが、大抵は問題を先送りすることになり、性能テストを行うとしても最初に本番環境でリリースする直前にしか実施しないことが少なくありません。この罠に陥らないようにしてください。

　機能テストと同様に、組み合わせが必要かもしれません。個々のサービスを分離した性能テストが必要ですが、システムの中核的なジャーニーを調べるテストから始めることもあります。エンドツーエンドジャーニーテストを選び、単にそれを大規模に実行できる場合もあります。

　価値のある結果にするには、大抵はシミュレートする顧客数が徐々に増える特定のシナリオを実行する必要があるでしょう。そうすると、負荷の増加に伴って呼び出しの遅延がどのように変わるかがわかります。これは、性能テストの実行にしばらく時間がかかることを意味しています。さらに、システムを本番環境にできる限り近づけ、結果が本番システムで期待できる性能の指標となるようにしたいでしょう。そのためには、本番環境に近いデータ量を用意する必要があり、そのインフラに合わせてマシンを増やさなければなりません。これは大変な作業です。たとえ性能テスト環境を本当に本番環境のようにするために苦労していたとしても、テストにはボトルネックを突き止めるという価値があります。偽陰性を得ることもあり、さらに悪いことに偽陽性を得る可能性もあることを覚えておいてください[†]。

　性能テストの実行に時間がかかるため、チェックインのたびに性能テストを実行するのは必ずしも現実的ではありません。その一部を毎日実行し、大部分を毎週実行するのが一般的なプラクティスです。どの手法を選んでも、できる限り定期的に実行するようにしてください。性能テストを行わない期間が長くなるほど、問題の原因を突き止めにくくなります。性能上の問題は特に解決が難しいので、新たに導入された問題を確認するために調べるコミット数を減らせれば、とても楽になります。

　また、結果についても必ず検討してください。テストの実装と実行に多くの作業を費やしているのに、結果の数値を決して調べないチームが多いことにとても驚いてい

[†]　監訳者注：ここでは、偽陰性は、性能テスト結果が悪いのに本番環境の性能がよいこと。偽陽性は、性能テスト結果がよいのに本番環境の性能が悪いこと。

ます。多くの場合、これは**よい**結果がどのようなものかを知らないからです。目標を持つことが本当に必要です。そうすると、結果に基づいてビルドを**レッド**か**グリーン**に振り分け、レッド（失敗）ビルドは対処の明らかなきっかけになります。

性能テストは（詳しくは8章で説明する）実際のシステム性能の監視と合わせて実施する必要があり、理想的には性能テスト環境でシステムの振る舞いを可視化する際に、本番環境で使うのと同じツールを使用すべきです。そうすると、類似したものを比べることがはるかに簡単になります。

7.12　まとめ

本章では、自分のシステムをテストするときの進め方についての一般的な指針となるテストの全体的な手法について述べました。おさらいしておきましょう。

- フィードバックが高速になるように最適化し、それに応じてテストの種類を区別します。

- コンシューマ駆動契約を使って、できる限りエンドツーエンドテストが必要ないようにします。

- コンシューマ駆動契約を使用し、チーム間の対話の焦点を提供します。

- テストへのさらなる労力の投入（MTBFの最適化）と本番環境での迅速な問題検出（MTTRの最適化）との間のトレードオフを理解しようとします。

テストに関するさらに詳しい書籍として、Lisa Crispin と Janet Gregory 共著の『Agile Testing』（Addison-Wesley、日本語版『実践アジャイルテスト』翔泳社）をお勧めします。この書籍は、特にテストの4象限の使い方を詳しく取り上げています。

本章では本番環境に展開する前にコードが正しく機能することの確認にもっぱら重点を置きましたが、デプロイ後にコードが正しく機能することを確認する方法も把握しておく必要があります。次章では、マイクロサービスベースのシステムを監視する方法を紹介します。

8章
監視

　ここまで示してきたように、システムを粒度の細かいマイクロサービスに分割するとさまざまな利点を得られます。しかし、本番環境のシステムの監視については複雑さも加わります。本章では、粒度の細かいシステムにおける監視と問題の特定に関連する課題を調べ、この2つを両立させるためにできることを概説します。

　次のような状況を想像してみてください。静かな金曜の午後、チームは仕事から解放された週末を過ごそうと早めにパブに繰り出すことを楽しみにしています。そこに突然メールが届きます。Webサイトに問題が発生しているのです。ツイッターでは会社の失敗に関して炎上しており、上司がくどくど言ってきて、静かな週末を過ごす見込みはなくなります。

　まず何を知る必要があるでしょうか。一体何が問題だったのでしょうか。

　モノリシックアプリケーションの世界では、少なくとも調査を開始すべき明らかな場所があります。Webサイトが遅いのでしょうか。原因はモノリスです。Webサイトが奇妙なエラーを発しているのでしょうか。これもモノリスです。CPUが100%になっているのでしょうか。モノリスです。焦げ臭いにおいがするのでしょうか。おわかりでしょう。単一障害点があると、障害調査が少し簡単にもなります。

　マイクロサービスベースのシステムを考えてみましょう。複数の小さなサービスがユーザに提供する機能を提供し、そのサービスの中にはタスクを完了するためにさらに多くのサービスと通信するものもあります。このような手法には多くの利点がありますが（これは素晴らしいことです。そうでないと、本書は時間の無駄になってしまいます）、監視の世界では複雑な問題が増えてしまいます。

　複数のサービスを監視して、複数のログファイルを調べる必要があり、ネットワーク遅延が原因で問題を引き起こす場所が複数あります。どのように解決するのでしょ

うか。雑然と絡み合った寄せ集めになってしまうかもしれないものを理解する必要があります。これは金曜の午後には（または、いつでも）最も扱いたくないものです。

その答えはとても単純です。小さなものを監視し、それを集約して全体像を見るのです。その方法を調べるために、最も簡単なシステムから始めます。それは1台のノードです。

8.1　単一サービス、単一サーバ

図 8-1 は非常に簡単な構成を表しています。1台のホストで1つのサービスが稼働しています。何か問題が生じたら、それを検出して修正できるようにするために、監視する必要があります。では、何を調べるべきでしょうか。

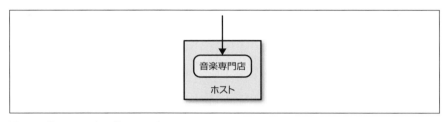

図 8-1　単一ホスト上の単一サービス

まず、ホスト自体を監視したいでしょう。CPU、メモリなどはすべて有益です。健全なときのあるべき状態を知り、境界線を越えたら警告できるようにしたいでしょう。独自の監視ソフトウェアを実行したければ、Nagios などを利用するか、New Relic のようなホスト型サービスを使えます。

次に、サーバ自体のログにアクセスする必要があります。ユーザがエラーを報告したら、ログでそのエラーを確認し、できればエラーの時間と場所がわかるべきです。この時点で、単一ホストではおそらく、ホストにログインしてコマンドラインツールでログを調べればわかるでしょう。さらに進めて `logrotate` で古いログを削除し、ディスク領域を使い切らないようにすることもできます。

最後に、アプリケーション自体を監視したい場合もあります。最低でも、サービスの応答時間を監視するのはよいアイデアです。おそらくサービスの手前に位置するWeb サーバかサービス自体からのログを調べることで実現できます。さらに進めたければ、報告されているエラー数を追跡するとよいでしょう。

そして時間とともに負荷が増え、スケーリングの必要性を認識するでしょう。

8.2　単一サービス、複数サーバ

次に、図 8-2 に示すように別個のホストでサービスの複数のコピーを実行し、ロードバランサでリクエストを異なるサービスインスタンスに分散します。すると、状況は少々扱いにくくなります。以前と全く同じものを監視したいのに、問題を分離できるような方法でそれを行う必要があります。CPU 使用率が高いときには、すべてのホストでの問題でサービス自体の問題を示しているのか、それとも 1 台のホストだけに分離されている問題でホスト自体に問題（おそらく不正な OS プロセス）があることを示しているのでしょうか。

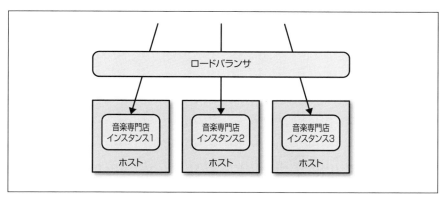

図 8-2　複数ホストに分散された単一サービス

この時点では、やはりホストレベルのメトリックを追跡して警告したいでしょう。しかし、すべてのホストにわたるメトリックと個々のホストでのメトリックを知る必要があります。言い換えると、メトリックを集約しつつ掘り下げられるようにもしたいのです。Nagois ではこのようなホストをグループ化できます。ここまでは問題ありません。このアプリケーションでは、おそらく同様の方法で十分でしょう。

それから、ログがあります。複数サーバで動作するサービスでは、それぞれのマシンにログインして調べるのは面倒です。ホスト数が少数の場合は、SSH マルチプレクサのようなツールを使用できます。SSH マルチプレクサでは、複数ホストで同じコマンドを実行できます。大きなモニタと grep "Error" app.log で、問題の原因を

特定できます。

応答時間の追跡のようなタスクでは、ロードバランサのレベルでそれを追跡することで無料で集約情報を入手できます。しかし、もちろんロードのバランサ自体も追跡する必要があります。ロードバランサが不正な振る舞いをすると、問題が生じます。この時点で、アプリケーションから不健全なノードを取り除くようにロードバランサを構成するので、おそらく健全なサービスがどのように見えるかも気になるでしょう。この段階に至るまでに、少なくともこれに関して何らかの考えを持っていることが望ましいでしょう。

8.3 複数サービス、複数サーバ

図 8-3 では、状況ははるかに興味深くなります。複数サービスが連携してユーザに機能を提供し、それらのサービスが（物理マシン、または仮想マシンの）複数ホストで動作しています。複数ホスト上の何千行ものログからどのようにして探しているエラーを特定するのでしょうか。あるサーバが不正な振る舞いをしているのか、またはシステム全体の問題なのかをどのように判断するのでしょうか。また、どのようにして複数ホスト間の呼び出しチェーンの奥深くで見つかったエラーをたどり、その原因を解明するのでしょうか。

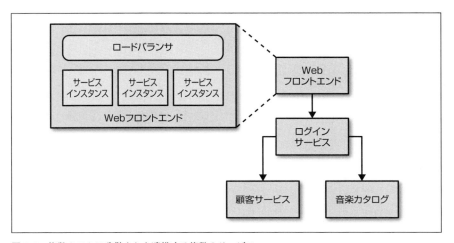

図 8-3 複数ホストに分散された連携する複数のサービス

その答えは、ログからアプリケーションメトリックにいたるできるだけ多くの情報を収集して、中央に集約することです。

8.4　ログ、ログ、さらにまたログ

ここでは稼働させているホスト数が課題になります。ログを取得するためにSSHマルチプレクサを使うことはうまくいかず、すべてのホストで端末を開けるほど十分に大きな画面はありません。代わりに、ログを取得して中央で利用できるようにする特殊なサブシステムの使用を試みます。その一例がLogstash（http://logstash.net）です。Logstashは、複数のログファイル形式を解析し、さらなる調査のために下流システムに送れます。

Kibana（http://bit.ly/1BrIp6a）は、図8-4に示すようなログを閲覧するためのElasticsearchに支えられたシステムです。クエリ構文でログを検索でき、日時の範囲を制限したり、正規表現で一致する文字列を探すことができます。さらに、Kibanaは送信したログからグラフを生成でき、例えば時間とともに生成されたエラー数が一目でわかります。

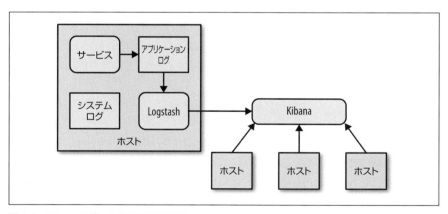

図8-4　Kibanaを使った集約ログの閲覧

8.5　複数サービスにわたるメトリックの追跡

さまざまなホストのログを調べる際の課題と同様に、メトリックを集めて閲覧する優れた方法を検討する必要があります。より複雑なシステムのメトリックを調べる際は、どのような状態が適切なのかを判断するのが困難な場合があります。Webサイ

トで毎秒約 50 の 4XX エラーコードがあるのは、不適切なのでしょうか。カタログサービスの CPU 負荷が昼食以降に 20% 上昇しています。何か問題があるのでしょうか。うろたえるときとリラックスするときを見分けるための秘訣は、明らかなパターンが現れるほど十分に長い期間にわたってシステムの振る舞いに関するメトリックを集めることです。

さらに複雑な環境では、サービスの新しいインスタンスを頻繁にプロビジョニングするので、システムで新しいホストからメトリックを簡単に収集できるようにしたいでしょう。システム全体で集約したメトリック（例えば平均 CPU 負荷）を調べられるようにしたいですが、ある特定のサービスのすべてのインスタンスやさらにはそのサービスの 1 つのインスタンスに対するメトリックも集約したいのです。つまり、メタデータとメトリックを関連付け、この構造を推測できるようにする必要があります。

Graphite はこれをとても簡単にするシステムの 1 つです。とても単純な API を公開しており、リアルタイムでメトリックを送信できます。そして、そのメトリックをクエリしてグラフや他の表示を作成し、何が起こっているかを確認できます。また、興味深い方法でデータ量に対処します。事実上、古いメトリックの精度を下げてデータ量が大きくなりすぎないように構成します。そのため、例えば、直近の 10 分間はホストの CPU を 10 秒ごとに記録し、直近の 1 日の集約データを毎分記録し、直近の数年間は 1 つのデータを 30 分ごとに記録するかもしれません。このようにすると、大量のストレージを必要とせずに、長期間にわたるシステムの振る舞いに関する情報を格納できます。

また、Graphite ではサンプルを集約したり 1 つの系列に掘り下げたりすることもできるので、システム全体、サービスのグループ、1 つのインスタンスの応答時間がわかります。どのような理由にせよ Graphite が役に立たない場合には、必ず他のツールで同様の機能を入手してください。また、生データにアクセスし、必要に応じて独自のレポートやダッシュボードを確実に提供できるようにしてください。

傾向を把握するもう 1 つの主な利点は、キャパシティプランニングに関連するものです。キャパシティは限界に達しているでしょうか。ホストを追加する必要があるまでどのくらいの期間があるでしょうか。物理ホストを購入していた過去の時代には、大抵これは年 1 回の仕事でした。IaaS（Infrastructure as a Service）ベンダが提供するオンデマンドコンピューティングの新しい時代では、秒単位ではないにしても分単位でスケールアップやスケールダウンを行えます。つまり、利用パターンを理解していれば、ニーズを満たすのに過不足のないインフラを用意できるのです。傾向の追

跡とその対処方法の理解が高まるほど、システムのコスト効率と応答性が向上します。

8.6　サービスのメトリック

Linux ボックスに collectd をインストールして Graphite で collectd を指定すると
わかるように、利用している OS は大量のメトリックを生成します。同様に、nginx
や Varnish といったサブシステムは、応答時間やキャッシュヒット率といった有益
な情報を公開します。しかし、自分のサービスに関してはどうでしょうか。

サービスの基本的なメトリックを自分で公開することを強くお勧めします。最低で
も、Web サービスでは応答時間やエラー率といったメトリックを公開すべきでしょ
う。サーバの手前にこのようなメトリックを公開するような Web サーバがない場合
には、これは不可欠です。しかし、もっと踏み込むべきです。例えば、アカウントサー
ビスが顧客が過去の注文を閲覧した回数を公開したり、Web ショップが直近の 1 日
の売り上げ金額を把握したりしたいかもしれません。

なぜこのようなことを気に掛けるのでしょうか。多くの理由があります。まず、「ソ
フトウェア機能の 80% は全く使われることがない」という古い格言があります。こ
の数値がどれほど正確であるかについてはコメントできませんが、約 20 年間ソフト
ウェアを開発してきた人間として、実際には全く使用されない機能に多くの時間を費
やしてきたことを**知っています**。その機能が何かがわかれば素晴らしいことではない
でしょうか。

次に、私たちは、ユーザのシステムの使い方に対応して改善方法を考え出すのが、
以前より得意になってきています。これには、システムの振る舞いを知らせるメトリッ
クだけが役立ちます。Web サイトの新バージョンを公開し、カタログサービスでの
ジャンル検索数が大幅に増加していることがわかったら、問題でしょうか、それとも
予想通りでしょうか。

最後に、どのデータが役に立つか全くわからないこともあります。何かを理解する
のに役立つデータを取得したいと思ったのに、そのデータを取得する機会を逸してし
まったことが幾度となくあります。すべてを公開し、メトリックシステムを頼りに後
で対処するという過ちを犯す傾向があります。

サービスがメトリックを標準システムに送信できるようにする、さまざまなプラッ
トフォーム用のライブラリが存在します。Dropwizard の Metrics ライブラリ（http://
metrics.dropwizard.io/）は、JVM 用のこのようなライブラリの一例です。このライ
ブラリでは、メトリックをカウンタ、タイマ、またはゲージとして格納でき、時間区

切りメトリックをサポートし（「直近の5分間の注文数」のようなメトリックを指定できます）、さらにデフォルトでデータをGraphiteや他の集約およびレポートシステムに送信することもサポートしています。

8.7　合成監視

　例えば、適切なCPUレベルや応答時間の許容範囲を決めることで、サービスが**健全**かどうかを判断しようとすることができます。実際の値がこの安全レベルに入らないことを監視システムが検出すれば、警告を発することができます。これは、Nagoisといったツールで十分に可能です。

　しかしさまざまな意味で、この値は実際に追跡したいもの（すなわち、「システムが正常に機能しているかどうか」）とは少し乖離しています。サービス間の対話が複雑になるほど、この質問の真の答えからさらに乖離したものとなります。監視システムを多少ユーザのように振る舞うようにプログラミングし、何か問題があれば報告するようにしたらどうなるでしょうか。

　私はこれを2005年に初めて実施しました。私は、投資銀行向けのシステムを構築する小規模なThoughtWorks社のチームの一員でした。取引日には、市場の変化を表す多くのイベントが発生しました。私たちの仕事はこの変化に対応し、銀行のポートフォリオへの影響を調べることでした。目標はイベント到着後10秒以内にすべての計算を完了させることだったので、厳しい制約と言えました。システムは約5つの別のサービスから構成され、少なくともその1つは、銀行の災害復旧センターの約250のデスクトップホストの未使用CPUサイクルを活用するコンピューティンググリッド上で動作していました。

　システムの可動部の数のため、収集していた多くの低水準メトリックから多数のノイズが生成されていました。個々のコンポーネントのCPU使用率や遅延といったメトリックの適切な値を理解するために、徐々にスケールさせたり数か月間システムを稼働させたりすることができませんでした。そこで、偽のイベントを生成して、下流システムの帳簿に記載されていないポートフォリオの一部を価格決定するという手法を取りました。ほぼ毎分、Nagoisに、キューの1つに偽のイベントを挿入するコマンドラインジョブを実行させました。システムがそのイベントを取得し、他のジョブと同様にさまざまな計算をすべて実行しました。ただし、その結果がテストのためだけに使われるジャンク帳簿に表示される点が、他のジョブと違いました。再価格決定が指定時間内に表示されなかったら、Nagoisがこれを問題として報告しました。

私たちが作成したこの偽のイベントは、**合成トランザクション**の一例です。この合成トランザクションを利用して、システムが意味（セマンティック）的に正しく振る舞うようにします。そのため、このテクニックはしばしば**セマンティック監視**と呼ばれます。

実際、合成トランザクションを使ってこのようなセマンティック監視を実行した方が、低水準メトリックに対して警告するよりも、システム内の問題に対するはるかに優れた指標となることがわかりました。しかし、低水準メトリックの必要性がなくなるわけではありません。セマンティック監視が問題を報告している**理由**を解明しなければならない場合は、やはり低水準メトリック詳細が必要です。

8.7.1 セマンティック監視の実装

以前は、セマンティック監視の実装はかなり骨の折れる仕事でした。しかし、世界は進歩し、セマンティック監視の実装手段が簡単に手に入ります。あなたはシステムのテストを実行していますか？まだ実行していないのなら、7章を読んでから戻ってきてください。読みましたか。いいでしょう。

特定のサービスやシステム全体をエンドツーエンドで検査するテストを調べると、セマンティック監視を実装するために必要なほとんどのものが手に入ります。システムは、テストを実施して結果を調べるのに必要なフックを既に公開しています。そこで、システムを監視する手段として継続的にこのテストの一部を実行しない手はありません。

もちろん、必要な作業があります。まず、テストのデータ要件に注意する必要があります。時間とともにデータが変わる場合は、テストを実際のさまざまなデータに適合させる方法を模索したり、異なるデータソースを設定したりする必要があるでしょう。例えば、本番環境で使う偽の一連のユーザと既知の一連のデータを用意します。

同様に、不注意で予期しない副作用を起こさないように気を付けます。本番環境の注文システムにうっかりテストを実行したEC会社の話を、友達がしてくれたことがあります。そのときは多数の洗濯機が本社に到着して初めて間違いに気が付いたそうです。

8.8 相関ID

多くのサービスが対話して特定のエンドユーザ機能を提供している場合、1つの呼び出しを行うと複数の下流サービス呼び出しが発生することがあります。例えば、顧

客登録の例を考えてください。顧客がフォームに詳細をすべて記入して、送信をクリックします。水面下では、支払いサービスでクレジットカードの有効性を調べ、郵送サービスにようこそパックの郵送を依頼し、メールサービスでようこそメールを送信します。ここで、支払いサービスの呼び出しで奇妙なエラーが生じたら、どうなるでしょうか。11章でエラー処理に関して詳細に説明しますが、何が起きたかを診断することの難しさを考えてみます。

ログを調べると、エラーを記録しているサービスは支払いサービスだけです。運がよければ問題を引き起こしたリクエストがわかり、その呼び出しのパラメータを調べられることもあります。これは簡単な例なので、最初のリクエストが下流呼び出しのチェーンを生成し、非同期で処理されるイベントが生成されることもある場合を考えてみましょう。この問題を再現して修正するために、どのようにすれば呼び出しのフローを再現できるでしょうか。多くの場合、最初の呼び出しをさらに広い視野で見てエラーを調べる必要があります。言い換えると、スタックトレースの場合と同様に、上流への呼び出しチェーンを追跡したいのです。

ここでは相関IDを利用する手法が役立ちます。最初の呼び出しを行うときには、その呼び出しのGUIDを生成します。そして、図8-5に示すようにこのIDは後続のすべての呼び出しに渡され、ログのレベルや日付といった要素と同様に構造化された方法でログに書き込まれます。すると、適切なログ集約ツールを使ってシステム内でそのイベントを追跡できるようになります。

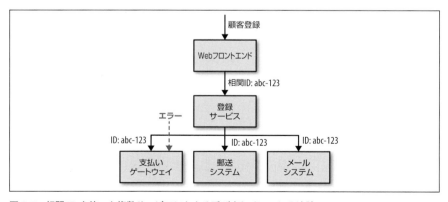

図8-5 相関IDを使った複数サービスにわたる呼び出しチェーンの追跡

```
15-02-2014 16:01:01 Web-Frontend INFO [abc-123] Register
15-02-2014 16:01:02 RegisterService INFO [abc-123] RegisterCustomer ...
15-02-2014 16:01:03 PostalSystem INFO [abc-123] SendWelcomePack ...
15-02-2014 16:01:03 EmailSystem INFO [abc-123] SendWelcomeEmail ...
15-02-2014 16:01:03 PaymentGateway ERROR [abc-123] ValidatePayment ...
```

もちろん、各サービスが相関 ID を渡すことをわかっていなければなりません。そのために標準化し、システム全体で確実に実施する必要があります。実はあらゆる種類の対話を追跡するツールを作成できます。そのようなツールは、一連の呼び出し把握できるので、イベントの嵐や例外的な状況の追跡や、さらには特にコストのかかるトランザクションの特定に便利です。

Zipkin（http://twitter.github.io/zipkin/）のようなソフトウェアも、複数のシステム境界をまたぐ呼び出しを追跡できます。Google の独自の追跡システム Dapper からアイデアを得た Zipkin は、サービス間呼び出しを詳細に追跡でき、データの表示に便利な UI も備えています。個人的には、Zipkin の要件は少し重いので、カスタムクライアントと支援する収集システムが必要です。

他の目的でログ集約が既に必要であった場合、データソースを追加するより既に収集しているデータを活用する方が、はるかに簡単だと感じるでしょう。このようなサービス間呼び出しを追跡するさらに高度なツールが必要だと気付いたら、検討してみるとよいでしょう。

相関 ID に関する現実の問題として、大抵は最初から ID がある場合にしか診断できない問題が生じて、初めて ID の必要性がわかることが挙げられます。相関 ID を組み込むのはとても難しいので、これは特に問題です。標準化された方法で ID に対処し、呼び出しチェーンを簡単に再構築できるようにする必要があります。これは事前に追加の作業が必要と思うでしょう。特にシステムがイベント駆動アーキテクチャパターンを活用する場合には奇妙な振る舞いが生じることがあるので、できる限り早く ID の設定を検討することを強くお勧めします。

絶えず相関 ID を渡すようなタスクを処理する必要があると、シン（thin）共有クライアントラッパーライブラリの利用を促す強い論拠となります。ある規模では、全員が下流サービスを適切な方法で呼び出し、適切な種類のデータを収集させるのが困難になります。1 つのサービスをチェーンの途中まで進めるだけでそのことを忘れ、重要な情報を失ってしまいます。そのままでこのような機能を動作させるために、社内クライアントライブラリを作成する場合には、そのライブラリを非常にシンにする

ようにし、特定のプロデューササービスに縛られないようにしてください。例えば、通信の基盤プロトコルとして HTTP を使っている場合には、標準 HTTP クライアントライブラリをラップし、コードを追加してヘッダで相関 ID を伝播するようにします。

8.9 連鎖

連鎖的障害は特に危険です。音楽専門店 Web サイトとカタログサービスとの間のネットワーク接続が切断した場合を想像してください。サービス自体は健全に見えますが、互いに対話できません。個々のサービスの健全性を調べるだけでは、問題に気付かないでしょう。合成監視を利用すると（例えば、楽曲を検索する顧客を模倣すると）、問題に気が付きます。しかし、問題の原因を特定するには、あるサービスが別のサービスを見えない事実を報告する必要もあります。

したがって、システム間の統合点を監視することが重要です。それぞれのサービスインスタンスは、データベースから他の連携サービスまでの下流の依存関係の健全性を追跡して公開すべきです。また、この情報を集約して概要を示すことができるようにすべきです。下流呼び出しの応答時間を知り、エラーが発生しているかどうかも検出したいでしょう。

11 章で詳しく説明するように、ライブラリを使用してネットワーク呼び出しの周囲にサーキットブレーカーを実装し、連鎖的障害にさらにうまく対処できます。すると、システムをよりグレースフルに機能低下させることができます。JVM 用の Hystrix などのこのようなライブラリの中には、優れた監視機能を提供するものもあります。

8.10 標準化

既に述べたように、1 つのサービスに対してだけで判断を下してよい部分と、システム全体で標準化する必要がある部分のバランスをうまく取る必要があります。私見では、監視は標準化が極めて重要な分野です。さまざまな方法で連携し、複数のインタフェースでユーザに機能を提供するサービスでは、システムを全体的に眺める必要があります。

標準形式でログを出力させるようにすべきです。すべてのメトリックを 1 箇所で保持したいので、メトリックの標準名のリストがあるとよいでしょう。あるサービスに ResponseTime というメトリックがあり別のサービスに RspTimeSecs というメトリックがあって、どちらも同じ意味だととても面倒なことになります。

標準化ではいつものことですが、ツールが役立ちます。以前に述べたように、適切な対処を容易にすることが大切です。そこで、Logstash と collectd がインストールされた事前構成済み仮想マシンイメージを提供し、Graphite との対話を簡単にするアプリケーションライブラリも提供するとよいでしょう。

8.11　利用者の考慮

収集しているすべてのデータには目的があります。具体的には、さまざまな人が仕事をするのに役立つようにデータを集めているのです。このデータは行動のきっかけになります。このデータには、サポートチームがすぐに行動を起こす必要があるものもあります。例えば、合成監視テストが失敗した場合です。他にも、CPU 負荷が先週に 2% 上昇したといったデータは、キャパシティプランニングを行っているときにだけ関心があるでしょう。同様に、上司はおそらく最新のリリース後に利益が 25% 減少したことをすぐに知りたいでしょうが、「Justin Bieber」の検索が直近の 1 時間に 5% 増えたからといって連絡は必要はないでしょう。

利用者が**すぐに**見たいものや対処したいものは、深く掘り下げるときに必要なものとは異なります。そこで、このデータを調べる人の種類によって、以下のことを検討してください。

- すぐに知る必要があること

- 後で必要となること

- どのようにデータを利用したいか

すぐに知る必要があることについて、警告を発します。この情報を示す目に見える大きなディスプレイを部屋の隅に置きます。そして、後に知る必要があるデータに簡単にアクセスできるようにします。また、メンバーと一緒に時間を過ごして彼らがどのようにデータを利用したいかを調べます。量的情報のグラフィカル表示の微妙な差異に関する議論は確かに本書の対象範囲外ですが、手始めとしては Stephen Few 著の優れた書籍『Information Dashboard Design: Displaying Data for At-a-Glance Monitoring』（Analytics Press）がよいでしょう。

8.12　将来

　メトリックがさまざまなシステムにサイロ化されている多くの組織を目にしてきました。発注数のようなアプリケーションレベルのメトリックは、結局は「ビジネス」側の一部のメンバーだけが利用できる Omniture のような独自の分析システムに投入されるか、または非常に恐ろしいデータウェアハウス（またの名をデータの死に場所）に送られることになります。このようなシステムからのレポートはリアルタイムには入手できないことが多いですが、これも変わり始めています。その一方で、応答時間、エラー率、CPU 負荷といった「システム」メトリックは、運用チームがアクセスできるシステムに格納されます。一般的にこのようなシステムは通常は即時対応を促すことが特徴なので、リアルタイムレポートが可能です。

　以前は、主要なビジネスメトリックを1日後や2日後に入手できるという考え方で問題ありませんでした。なぜなら、通常はどちらにしてもそのデータに対して何かを行う対応を十分早く行えなかったからです。しかし現在では、私たちの多くは1日に何度もリリースできるような世界で活動しています。チームはいくつの**点**を完了したかという観点ではなく、代わりにコードがノート PC から本番環境に進むまでにかかる時間を最適化するという観点で自己評価しています。このような環境では、適切に対処するためにすべてのメトリックが手元になければなりません。皮肉にも、ビジネスメトリックを格納するシステムは、データに即座にアクセスできるように調整されていないことが多いですが、運用システムではアクセスできます。

　なぜ運用メトリックとビジネスメトリックを同様に扱うのでしょうか。結局、両方とも「X で何かが発生した」ことを示すイベントに分解されます。そのため、このようなイベントの収集、集約、格納に使うシステムを統一してレポートに利用できるようにすれば、ずっと単純なアーキテクチャになります。

　Riemann（http://riemann.io/）は、イベントの高度な集約とルーティングを可能にし、このようなソリューションの一環となるイベントサーバです。Suro（https://github.com/Netflix/suro）は Netflix の**データパイプライン**であり、同様の領域で機能します。Suro は、ユーザの振る舞いに関連するメトリックとアプリケーションログのようなさらに運用的なデータの両方に対処するために使われます。このデータを、リアルタイム分析の Storm、オフラインバッチ処理の Hadoop、ログ分析の Kibana といったさまざまなシステムに送ることができます。

　多くの組織は根本的に異なる方法に向かっています。さまざまな種類のメトリック用の特殊なツールから離れ、大規模対応のより汎用的なイベントルーティングシステ

ムに向かっています。このようなシステムははるかに大きな柔軟性を提供し、同時に
アーキテクチャを簡素化します。

8.13 まとめ

本章では多くのことを取り上げてきました。本章をアドバイスとしてわかりやすく
まとめてみましょう。

サービスについてのアドバイスは次の通りです。

- 最低でもインバウンド応答時間を追跡します。これが終わったら、続いてエ
  ラー率、そしてアプリケーションレベルのメトリックに取り掛かります。

- すべての下流のレスポンスの健全性を追跡します。最低でも下流呼び出しの
  応答時間を追跡し、できればエラー率も追跡します。ここでは Hystrix のよ
  うなライブラリが役に立ちます。

- メトリックを収集する方法と場所を標準化します。

- 可能なら標準的な場所に標準形式でログを記録します。すべてのサービスが
  異なる形式を使ったら、集約が面倒になってしまいます。

- 基盤となる OS を監視し、不正なプロセスを探し出してキャパシティプラン
  ニングを実行できるようにします。

システムについてのアドバイスは次の通りです。

- CPU のようなホストレベルのメトリックを、アプリケーションレベルのメ
  トリックと一緒に集約します。

- メトリック格納ツールで、システムレベルまたはサービスレベルで集約でき、
  個々のホストに掘り下げられるようにします。

- メトリック格納ツールで、システムの傾向を把握するのに十分な期間のデー
  タを保持できるようにします。

- ログの集約と格納用にクエリ可能なツールを 1 つ入手します。

- 相関 ID 利用の標準化を積極的に検討します。

- 対処を促すのに必要なものを理解し、それに応じて警告やダッシュボードを構築します。

- Suro や Riemann といったツールが適しているかどうかを確認することで、さまざまなすべてのメトリックの集約方法の統一の可能性を探ります。

また、監視が向かいつつある方向についての概要の説明も試みました。1 つのことだけを行うことに特化したシステムから離れ、システムをより全体的に調べることができる汎用イベント処理システムに向かっています。これは刺激的な新興分野であり、詳細な調査は本書の対象範囲外ですが、手始めとして十分な情報を提供できていれば幸いです。さらに知りたければ、私の以前の著書『Lightweight Systems for Realtime Monitoring』（O'Reilly）で詳しく述べています。

次章では、システムの異なる全体的な見方を取り上げ、粒度の細かいアーキテクチャがセキュリティ領域で提供できる固有の利点（および課題）を考察します。

9章
セキュリティ

　大規模システムのセキュリティ侵害により、データがさまざまな危険人物にさらされる話に、私たちは慣れてしまっています。しかしつい最近、エドワード・スノーデンの暴露といった事件によって、企業が保持する私たちに関するデータや、私たちが構築したシステム内で保持する顧客のデータの価値をさらに意識するようになっています。本章では、システム設計時に考慮すべきセキュリティ面の簡単な概要を示します。十分な説明ではありませんが、利用できる主な選択肢と、自分でさらに調べるための出発点を示します。

　ある場所から別の場所にデータを送信する際に必要な保護と、データの格納時に必要な保護について考えなければなりません。基盤となるOSやネットワークのセキュリティも考える必要があります。考えるべきことが非常に多く、できることもたくさんあります。どの程度のセキュリティが必要でしょうか。何が「十分」なセキュリティであるかはどうすればわかるのでしょうか。

　人的要素も考えなければなりません。ある人が誰であり、その人が何を実行できるかをどのようにして知るのでしょうか。また、このことは、サーバが互いに対話する方法にどのように関連するのでしょうか。この点から始めてみましょう。

9.1　認証と認可

　認証と認可は、システムと対話する人や物に関する中核概念です。セキュリティにおいては、**認証**（authentication）はある関係者が確かに名乗っている本人であることを確認するプロセスです。人に対しては、通常はユーザ名とパスワードを入力させることで、ユーザを認証します。その人だけがこの情報にアクセスできるので、この情報を入力した人物は本人に違いないとみなします。もちろん、さらに複雑なシステ

200 | 9章　セキュリティ

ムもあります。私の携帯電話は、指紋で私が本人であることを確認します。一般に、抽象的に認証対象の人や物について話すときには、その関係者を**プリンシパル**（主体）と呼びます。

認可は、プリンシパルとプリンシパルに許されている動作をマッピングするメカニズムです。多くの場合、プリンシパルを認証するときに、私たちはプリンシパルに何を実行させるべきかを判断するための情報を与えられます。例えば、勤務先の部署や職場などが伝えられます。システムは、この情報を使って、プリンシパルが実行できることとできないことを決定できます。

1つのモノリシックアプリケーションでは、通常はアプリケーション自体が認証と認可に対処します。例えば、PythonのWebフレームワークDjangoには、すぐに使えるユーザ管理が付属しています。しかし、分散システムではさらに高度な仕組みを考えなければなりません。全員がシステムごとに異なるユーザ名とパスワードで、別々にログインしなければならないようにはしたくありません。一度で認証できる1つのアイデンティティ（ID）を持つことが目標です。

9.1.1　一般的なシングルサインオン（SSO）の実装

認証と認可には、ある種の**シングルサインオン**（SSO：Single Sign-On）ソリューションを使う方法が一般的です。エンタープライズの分野で支配的な実装のSAMLやOpenID Connectは、どちらもこの分野の機能を提供します。おおよそ同じ中核概念を使いますが、用語が少し異なります。ここではSAMLの用語を使います。

プリンシパルが（Webベースのインタフェースなどの）リソースにアクセスしようとすると、**アイデンティティプロバイダ**（IdP：Identity Provider）での認証に向けられます。アイデンティティプロバイダはユーザ名とパスワードを提供するようにプリンシパルに求めるか、2要素認証のようなより高度な仕組みを使います。アイデンティティプロバイダがプリンシパルを認証したら、情報を**サービスプロバイダ**（SP：Service Provider）に渡して、プリンシパルにリソースへのアクセスを与えるかどうかを判断できるようにします。

このアイデンティティプロバイダは外部ホスト型システムにすることも、組織内のシステムにすることもできます。例えば、GoogleはOpenID Connectアイデンティティプロバイダを提供しています。しかし、エンタープライズでは独自のアイデンティティプロバイダを持つことが一般的であり、そのアイデンティティプロバイダは自社の**ディレクトリサービス**にリンクされるでしょう。ディレクトリサービスは、LDAP

（Lightweight Directory Access Protocol）や Active Directory などにすることができます。このようなシステムでは、組織内で担うロール（役割）といったプリンシパルに関する情報を格納できます。ディレクトリサービスとアイデンティティプロバイダは全く同一であることが多いですが、別々でリンクされている場合もあります。例えば、Okta は 2 要素認証といったタスクに対処するホスト型 SAML アイデンティティプロバイダですが、信頼できる情報源として自社のディレクトリサービスにリンクできます。

SAML は SOAP ベースの標準であり、サポートするライブラリやツールがあるにもかかわらず、扱いがかなり複雑なことで知られています。OpenID Connect は、Google や他社が SSO に対処する方法に基づいた OAuth 2.0 の具体的な実装として登場した標準です。OpenID Connect は簡単な REST 呼び出しを使用しており、私見では、使いやすさを改善しているためにエンタープライズに浸透すると思っています。現在の最大の障害は、OpenID Connect をサポートするアイデンティティプロバイダの欠如です。一般公開されている Web サイトではプロバイダとして Google を使っても問題ないかもしれませんが、社内システムや、データの格納方法や格納場所に関するさらなる制御や可視性が必要なシステムでは、独自の社内アイデンティティプロバイダが欲しいでしょう。本書の執筆時点では、SAML の豊富な選択肢（どこにでもあるように見える Active Directory など）に比べ、この分野で利用できる選択肢は OpenAM と Gluu の 2 つを含めごくわずかです。既存のアイデンティティプロバイダが OpenID Connect をサポートし始めない限り、OpenID Connect の成長はパブリックアイデンティティプロバイダの使用で問題ない状況に限られるでしょう。

そのため、私は将来は OpenID Connect が主流になると思っていますが、広く採用されるようになるにはしばらく時間がかかることは間違いないでしょう。

9.1.2　シングルサインオン（SSO）ゲートウェイ

マイクロサービス環境では、各サービスがアイデンティティプロバイダへのリダイレクトやハンドシェイクの対処を決めることができます。当然ながら、多くの作業が重複することを意味します。共有ライブラリが役に立ちますが、共有コードで生じる結合を避けるように注意しなければなりません。また、複数の異なる技術スタックがあるときにはこれは役に立ちません。

各サービスがアイデンティティプロバイダとのハンドシェイクを管理するのではな

く、プロキシの機能を果たすゲートウェイをサービスと外界との間に配置できます(図9-1)。これは、ユーザをリダイレクトする振る舞いを集中させ、1箇所だけでハンドシェイクを実行できるという考え方です。

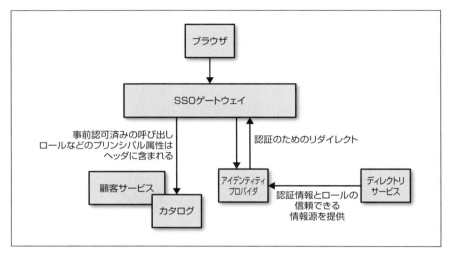

図 9-1　ゲートウェイを使った SSO の対処

　しかし、やはり下流サービスがユーザ名や担うロールといったプリンシパルに関する情報をどのように受け取るかという問題を、解決しなければなりません。HTTPを使用している場合には、ヘッダにこの情報を追加することができます。Shibbolethはこれを行うツールであり、Apache とともに使用して、SAML ベースのアイデンティティプロバイダを効率的に統合していたのを、私は見たことがあります。
　もう1つの問題は、認証の責務をゲートウェイに委譲することにすると、マイクロサービスを単独で調べたときにマイクロサービスの振る舞い方を検証するのが困難になるという問題です。7章で擬似本番環境を再現する際の課題を探ったことを思い出してください。ゲートウェイ手法を使う場合には、開発者があまり多くの作業をしなくても背後のサービスを起動できるようにしてください。
　この手法での最後の問題は、セキュリティに関する錯覚が起こることです。私は、ネットワーク境界からサブネット、ファイアウォール、マシン、OS、基盤となるハードウェアまでの徹底的な防御の考え方が気に入っています。このすべての点でセキュ

リティ対策を実施できます（その一部をすぐ後で取り上げます）。1つのことにすべての希望を託し、ゲートウェイを頼ってすべての段階に対処しているのを目にしたことがあります。また、誰もが単一障害点があるとどうなるかわかっています。

当然、このゲートウェイで他のことも実行できます。例えば、Shibboleth が動作する Apache インスタンスのレイヤを使うと、このレベルで HTTPS を終端し、侵入検知などを実行することもできます。しかし、注意してください。ゲートウェイレイヤはますます多くの機能を担う傾向があり、結局は巨大な結合点となる可能性があります。また、機能が増えると、攻撃される可能性も増えます。

9.1.3　粒度の細かい認可

ゲートウェイは効果的な粒度の粗い認証を提供できます。例えば、ログインしていないユーザによるヘルプデスクアプリケーションへのアクセスを阻止できます。ゲートウェイが認証の結果としてプリンシパルに関する属性を抽出できると仮定すれば、さらに微妙な判断を下すことができます。例えば、ユーザをグループに入れたり、ユーザにロールを割り当てたりするのは一般的です。この情報を利用してユーザができることを理解できます。ヘルプデスクアプリケーションでは、ある特定のロール（STAFF など）を持つプリンシパルだけにアクセスを許可できます。しかし、特定のリソースやエンドポイントへのアクセスを許可する（または禁止する）以外は、マイクロサービス自体に任せなければなりません。それには、許可する操作に関してさらに判断を下す必要があるからです。

ヘルプデスクアプリケーションに戻りましょう。スタッフメンバー全員があらゆる詳細を見られるようにするのでしょうか。そうではなく、さまざまなロールがあるでしょう。例えば、CALL_CENTER グループのプリンシパルは、支払い詳細を除く顧客に関するすべての情報を見ることができるでしょう。また、払い戻しもできますが、その金額には上限があるでしょう。しかし、CALL_CENTER_TEAM_LEADER のロールを持つ人はさらに多額の払い戻しができるでしょう。

このような判断は、対象のマイクロサービスにローカルの判断である必要があります。アイデンティティプロバイダが提供するさまざまな属性を、恐ろしい方法で利用している例を見たことがあります。CALL_CENTER_50_DOLLAR_REFUND のような非常に粒度の細かいロールを使い、システムの振る舞いの一部に固有の情報をディレクトリサービスに配置していました。保守管理にとってこれは悪夢で、サービスがそれぞれ独立したライフサイクルを持つための裁量をほとんど与えません。なぜなら、

204 | 9章　セキュリティ

サービスの振る舞い方に関する一連の情報が突然他の場所（おそらく組織の別の部署が管理するシステム内）に存在することになるからです。

代わりに、粒度の粗いロールを利用し、組織の働きに沿ってモデル化します。前半の章に戻って、組織の働きに合ったソフトウェアを構築していることを思い出してください。ロールも同様に使います。

9.2　サービス間の認証と認可

ここまでは、**プリンシパル**という用語を使って認証され（処理を実行する権限を）許可されるものを表してきましたが、例では実際にはコンピュータのユーザを対象にしていました。しかし、互いに認証するプログラムや他のサービスはどうでしょうか。

9.2.1　境界内のすべてを許可する

第1の選択肢では、境界内からのあらゆるサービス呼び出しを暗黙的に信頼できるとみなします。

これは、データの機密性によっては問題ないでしょう。ネットワーク境界でのセキュリティを保証しているので、2つのサービスが対話する際に何も実行する必要はないとみなす組織もあります。しかし、攻撃者がネットワークに侵入すると、典型的な**中間者**攻撃に対する防御がほとんどありません。攻撃者が送信されたデータを傍受して読み取り、知らないうちにデータを変更したり、さらには状況によっては対話している相手のふりをしたりしても、あまりわからないでしょう。

これは、私が組織内で見た圧倒的に一般的な境界内信頼の形式です。このトラフィックはHTTPS上で通信できますが、他にはあまりすることがありません。これがよいことだと言っているわけではありません。このモデルを利用しているほとんどの組織では、暗黙的な信頼モデルをわざと選択しているわけではないことが心配ですが、そもそもそのリスクに気付いていないことの方がさらに心配です。

9.2.2　HTTP（S）ベーシック認証

HTTPベーシック認証（基本認証、BASIC認証）では、クライアントはユーザ名とパスワードを標準HTTPヘッダで送信できます。そして、サーバはその詳細を調べ、クライアントがサービスへのアクセスを許可されているかを確認できます。この認証の利点は、とてもよく理解されサポートされているプロトコルである点です。しかし課題もあり、HTTP上で実行すると、ユーザ名とパスワードが安全に送信されないた

め、大きな問題になります。任意の中間者がヘッダ内の情報やデータを閲覧できてしまいます。したがって、HTTPベーシック認証は通常はHTTPS上で利用すべきです。

HTTPSを使うと、クライアントは、対話しているサーバがクライアントの思っている通りのサーバだという強い保証を得られます。また、クライアントとサーバとの間のトラフィックを盗聴したりペイロードを壊したりする人に対する保護も追加します。

サーバは独自のSSL証明書を管理する必要があり、複数マシンを管理する場合は問題になります。独自の証明書発行プロセスを採用している組織もあり、それが余計な管理上および運用上の負担になります。証明書発行を自動的に管理するツールは成熟には程遠く、対処が必要なのは発行プロセスだけではありません。自己署名証明書は簡単に取り消しできないので、大惨事の状況に関してはるかに多くの配慮が必要です。自己署名を完全に回避することで、このようなすべての作業が避けられるかどうかを確認してください。

また他にも、SSL経由で送信されるトラフィックを、VarnishやSquidといったリバースプロキシでキャッシュできないという欠点があります。つまり、トラフィックをキャッシュする必要がある場合、サーバ内かクライアント内でキャッシュしなければなりません。ロードバランサでSSLトラフィックを終端し、ロードバランサの背後にキャッシュを配置することで、これを解決できます。

また、SAMLのような既にユーザ名とパスワードにアクセスできる既存のSSOソリューションを使っている場合にどうなるかも、考えなければなりません。ベーシックサービス認証が同じ認証情報を使い、認証情報の発行と取り消しを1つのプロセスで行えるようにしたいでしょうか。サービスにSSOソリューションを支えているのと同じディレクトリサービスと対話させることで、これを行えます。あるいは、ユーザ名とパスワードをサービス内に格納することもできますが、振る舞いの重複というリスクを冒します。

注意点が1つあります。この手法では、クライアントがユーザ名とパスワードを持っているということしかサーバにはわかりません。この情報が期待通りのマシンからのものかどうかはわかりません。ネットワーク上の誰もが送信できます。

9.2.3 SAMLやOpenID Connectの使用

認証や認可の仕組みとしてSAMLやOpenID Connectを既に利用している場合には、それをサービス間の対話にも使えます。ゲートウェイを使っているなら、すべて

206 | 9章　セキュリティ

のネットワーク内トラフィックをゲートウェイ経由にする必要もありますが、各サービスが自分で統合に対処している場合には、この手法はそのままでうまくいくはずです。この手法の利点は、既存のインフラを活用してすべてのサービスのアクセス制御を中央のディレクトリサーバに集中させられることです。中間者攻撃を防ぎたい場合には、やはり HTTPS 上でルーティングする必要があります。

　クライアントはアイデンティティプロバイダでの認証に使う認証情報を持っており、サービスは粒度の細かい認証での判断に必要な情報を入手します。

　これは、(**サービスアカウント**と呼ばれることもある) クライアントのアカウントが必要なことを意味しています。多くの組織は、この手法を一般的に使用しています。しかし、注意があります。サービスアカウントを作成する場合には、狭い範囲で使うようにしてください。そのために、マイクロサービスごとに独自の認証情報を持つことを検討してください。すると、認証情報が侵害された場合に、影響を受ける認証情報を無効にする必要があるだけなので、アクセスの取り消しや変更が簡単になります。

　しかし、他にも欠点が2つあります。まず、ベーシック認証と同様に、認証情報を安全に格納する必要があります。ユーザ名とパスワードはどこにあるでしょうか。クライアントは、このデータを格納する安全な方法を探す必要があります。もう1つの問題は、この分野の技術では認証のコーディングが面倒であることです。特に、SAML ではクライアントの実装が大変な作業になります。OpenID Connect の方がワークフローは簡単ですが、既に述べたようにまだサポートが十分ではありません。

9.2.4　クライアント証明書

　クライアントのアイデンティティを確認するには、SSL の後継の TLS (Transport Layer Security) の機能をクライアント証明書の形式で活用するという手法もあります。その場合、各クライアントには、クライアントとサーバとの間のリンクを確立するために使われる X.509 証明書がインストールされます。サーバはクライアント証明書の信憑性を確認し、クライアントが有効であることを強く保証できます。

　証明書管理における運用上の課題は、単にサーバ側証明書を使用する場合よりもさらに面倒なことです。多数の証明書を作成して管理するという基本的な問題だけではありません。むしろ、証明書自体に関するあらゆる複雑さを伴うため、完全に有効なクライアント証明書だと思われる証明書をサーバが受け付けない理由を診断しようと、多くの時間を費やすことになります。そして、最悪の事態が発生したときの証明書の取り消しや再発行の難しさも考慮しなければなりません。ワイルドカード証明書

を使うと便利ですが、すべての問題が解決するわけではありません。このような追加の負担があるため、送信するデータの機密性が特に心配な場合や、完全には制御できないネットワーク経由でデータを送信している場合にだけ、このテクニックを利用します。そこで、例えばインターネット経由で送信される関係者間のとても重要なデータの通信を保護するために、この手法を使うことにするでしょう。

9.2.5　HTTP 上の HMAC

　既に述べたように、ユーザ名やパスワードが侵害されることを心配している場合に、単純な HTTP 上でベーシック認証を使うのはあまり賢明ではありません。従来の代替手段はトラフィックを HTTPS に向けることですが、これには欠点があります。証明書の管理に加え、HTTPS トラフィックのオーバーヘッドがサーバに負荷を追加し（しかし正直に言うと、これは数年前よりも影響が少なくなっています）、トラフィックを簡単にキャッシュできません。

　AWS の Amazon S3 API や OAuth 仕様の一部では、別の手法を広く使っています。それは、**HMAC（Hash-based Message Authentication Code）** を使ってリクエストを署名する方法です。

　HMAC では、リクエストボディと秘密鍵をハッシュ化し、その結果のハッシュをリクエストと一緒に送信します。そして、サーバは、秘密鍵の自らのコピーとリクエストボディを使ってハッシュを再作成します。ハッシュが一致したら、リクエストを許可します。この手法が優れているのは、中間者がリクエストに手を加えたら、ハッシュが一致せずサーバはリクエストが改ざんされていることがわかる点です。また、秘密鍵をリクエスト内で送信することは絶対にないので、送信中に秘密鍵を侵害できません。さらに、このトラフィックを簡単にキャッシュでき、ハッシュ生成のオーバーヘッドが HTTPS トラフィックの処理よりも少なくなるという利点があります（ただし、その有用性は状況によって異なります）。

　しかし、HMAC には欠点が 3 つあります。まず、クライアントとサーバの両方に共有秘密鍵が必要であり、その秘密鍵を何らかの形で伝える必要があります。どのようにして共有するのでしょうか。両側でハードコードすることもできますが、秘密鍵が侵害された場合のアクセス取り消しの問題があります。何らかの代替プロトコルでこのキーを伝える場合には、そのプロトコルが安全であることも確認しなければなりません。

　次に、HMAC は標準ではなくパターンなので、さまざまな実装方法があります。

208 | 9章 セキュリティ

その結果、この手法のオープンで有効な優れた実装が欠如しています。一般に、この手法に関心がある場合には、参考文献をよく読んでさまざまな実装方法を理解します。極言すれば、Amazon が S3 でどのように実現しているかを調べ、特に SHA-256 のような適切な長いキーを備えた適切なハッシュ関数を使って、その手法を真似てみるとよいでしょう。JSON Web Token（JWT、http://bit.ly/T7BMED）も調べてみる価値があります。これはよく似た手法を実装しており、勢いを増しているように見えます。しかし、適切に実装することの難しさも覚えておいてください。私の同僚は独自の JWT 実装を実装していたチームと一緒に仕事をしていますが、1 つのブール値検査を怠ったため、認証コード全体が無効になってしまいました。将来的に、より再利用可能なライブラリ実装が登場することを望んでいます。

最後に、この手法は第三者がリクエストを操作しておらず、秘密鍵が非公開なままであることを保証しているだけであることを理解しておいてください。リクエスト内の残りのデータは、やはりネットワークをスヌーピング（覗き見）する者には見えてしまいます。

9.2.6　API キー

Twitter、Google、Flicker、AWS といったサービスのすべての公開 API は、API キーを活用しています。API キーにより、サービスは呼び出し元を特定し、実行できることに制限を設けることができます。この制限は、単にリソースへのアクセスを与えるだけでなく、特定の呼び出し元の速度制限などの処理にも拡張して他のユーザのサービス品質を保護できます。

API キーを使って独自のマイクロサービス間手法に対処する際には、その正確な動作方法は使用する技術に左右されます。1 つの共有 API キーを使い、先ほどのHMAC と同様の手法を採用するシステムもあります。公開鍵と秘密鍵のペアを使う方法が、より一般的です。通常は、人のアイデンティティを中央で管理したのと同様に、鍵を中央で管理します。この分野では、ゲートウェイモデルがとても人気です。

その人気の一端は、API キーがプログラムにとっての使いやすさに重点を置いていることにあります。SAML ハンドシェイクを扱うのに比べ、API キーベースの認証ははるかに簡単で単純です。

システムの正確な機能は多様であり、商用とオープンソースの両方に複数の選択肢があります。API キー交換と基本的な鍵管理だけに対処する製品もあります。また、速度制限、収益化、API カタログ、検出システムまでのすべてを提供するツールもあ

ります。

　APIキーを既存のディレクトリサービスに橋渡しできるAPIシステムもあります。これにより、組織内の（人やシステムを表す）プリンシパルにAPIキーを発行し、通常の認証情報の管理と同じ方法でAPIキーのライフサイクルを制御できます。これは、さまざまな方法でのサービスへのアクセスを可能にしますが、同じ信頼できる情報源を維持できる可能性を開きます。例えば、図9-2に示すようにSSOでの人の認証にSAMLを使い、サービス間通信にはAPIキーを使います。

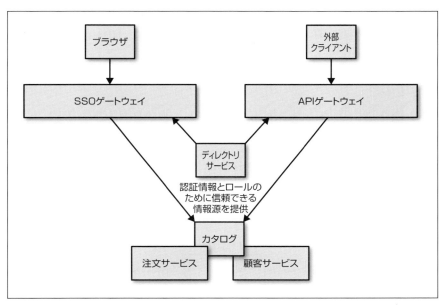

図9-2　ディレクトリサービスを使ったSSOゲートウェイとAPIゲートウェイとの間でのプリンシパル情報の同期

9.2.7　代理の問題

　プリンシパルをあるマイクロサービスで認証させるのは、ごく簡単です。しかし、そのサービスが操作を完了するために追加の呼び出しが必要な場合は、どうなるでしょうか。図9-3を見てください。この図はMusicCorpのオンラインショッピングサイトを表しています。このオンラインショップはブラウザベースのJavaScript UIです。これは、4章で説明したフロントエンド向けのバックエンド（BFF）パターン

を使ってサーバ側のショップアプリケーションを呼び出します。ブラウザとサーバとの間での呼び出しは、SAMLやOpenID Connectなどで認証できます。ここまでは問題ありません。

ログインすると、リンクをクリックして注文の詳細を見ることができます。この情報を表示するには注文サービスから元の注文を取得する必要がありますが、注文の出荷情報も調べたいでしょう。そこで、/orderStatus/12345へのリンクをクリックすると、オンラインショップはオンラインショップサービスから注文サービスと出荷サービスへの呼び出しを実行し、詳細を要求します。しかし、下流サービスはオンラインショップからの呼び出しを受け入れるべきでしょうか。暗黙的に信頼するという立場を取ることもできます。この呼び出しは境界内から発行されているため、問題ありません。また、証明書やAPIキーを使って、本当にオンラインショップがこの情報を要求していることを確認することもできます。しかし、これで十分でしょうか。

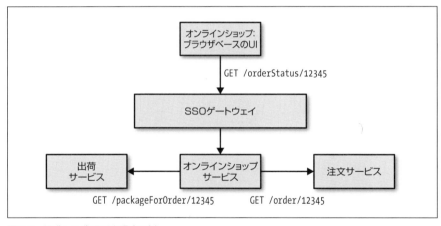

図9-3 混乱した代理が出現する例

混乱した代理の問題（confused deputy problem）と呼ばれる種類の脆弱性があります。この問題は、サービス間通信においては、悪意のある者が代理サービスをだまして、実行できるはずのない下流サービスへの呼び出しを行わせる状況を指します。例えば、顧客がオンラインショップシステムにログインすると、自分のアカウント詳細を見ることができます。自分のログイン認証情報で呼び出すことで、オンランショッピングUIをだまして、他の誰かのアカウント詳細をリクエストさせらどうなるで

しょうか。

　この例では、どうすれば顧客が自分のものではない注文を要求することを阻止できるでしょうか。顧客がログインしたら、自分のものではない注文に対するリクエストを送信して、有益な情報が得られるかを確認できます。注文の発注者を調べ、誰かが要求できるはずのないものを要求している場合に拒否することで、オンラインショップの中でこれを防ぐことができます。しかし、この情報にアクセスするさまざまなアプリケーションがあると、このロジックが多くの場所で重複する可能性があります。

　UI からのリクエストを注文サービスに直接送って、注文サービスにリクエストを検証させることもできますが、4 章で説明したさまざまな欠点が現れます。代わりに、オンラインショップが注文サービスにリクエストを送信する際、必要な注文だけでなく誰のために要求しているかを示してもよいでしょう。元のプリンシパルの認証情報を下流に渡すことができる認証スキームもありますが、SAML ではこれはちょっとした悪夢で、入れ子になった SAML アサーションを伴います。これは技術的には実現可能ですが、非常に難しいので誰も実行したことがありません。もちろん、この方法はさらに複雑になってしまうかもしれません。オンラインショップが対話するサービスがさらに下流呼び出しを行った場合を想像してください。このすべての代理が信頼できるかをどこまで検証すればよいのでしょうか。

　残念ながら、この問題は難しいので、簡単な答えはありません。しかし、このような問題があることを承知しておいてください。対象の操作の機密性によっては、暗黙的な信頼、呼び出し元のアイデンティティの検証、または呼び出し元への元のプリンシパルの認証情報提供の要求のいずれかを選択する必要があるかもしれません。

9.3　格納データの保護

　特に機密データの場合には、格納データには責任があります。攻撃者にネットワークを破られないようにするため、さらにはアプリケーションや OS を破って基盤となる詳細情報にアクセスできないようにするために、できることはすべて実行したいものです。しかし、万が一破られた場合に備える必要があります。徹底的な防御が重要です。

　目立ったセキュリティ侵害の多くでは、攻撃者が格納データを入手してそのデータを読み取られてしまいます。これは、データが暗号化されずに格納されているか、またはデータ保護に使うメカニズムに基本的な欠陥があるためです。

212 | 9章　セキュリティ

安全な情報を保護できるメカニズムにはさまざまなものがありますが、どの手法を
選んでも覚えておくべきことがあります。

9.3.1　よく知られた手法を選ぶ

データ暗号化で最も失敗しやすいのは、独自の暗号化アルゴリズムを実装しようと
するか、あるいは他者のアルゴリズムを実装しようとする場合です。どんなプログラ
ミング言語を使っていても、審査され定期的にパッチが当てられた評判のよい暗号化
アルゴリズムの実装を入手できます。それらを使ってください。選択した技術のメー
リングリストや勧告リストに登録して、脆弱性が見つかったときにわかるようにして
おき、パッチを適用して最新に保つようにしてください。

他の方法を選ぶよほどの理由がない限り、格納データの暗号化には使用しているプ
ラットフォームに適したAES-128やAES-256の実装を選んでください[†]。Javaと.NET
のランタイムには、十分にテストされ（そして十分にパッチが当てられ）ている可
能性が高いAESの実装が含まれていますが、ほとんどのプラットフォームには別の
ライブラリも存在します。例えば、JavaやC#に対するBouncy Castleライブラリ
（http://www.bouncycastle.org/）です。

パスワードに関しては、**ソルト付きのパスワードハッシュ**（salted password
hashing、http://bit.ly/1BrIKpi）と呼ばれるテクニックの使用を検討すべきです。

不適切に実装された暗号化は、セキュリティに対する誤った認識によって大事な
ことから目を離すことになるので、暗号化しないよりも悪くなってしまう場合があ
ります。

9.3.2　鍵がすべて

これまで説明してきたように、暗号化は、データを暗号化するアルゴリズムと鍵を
利用して暗号化データを作成します。それでは、鍵をどこに格納するのでしょうか。
誰かがデータベース全体を盗むことを心配してデータを暗号化しており、使用する鍵
を同じデータベースに格納していたら、目的を達成できたとは言えません。鍵は別の
場所に格納しなければなりません。しかし、どこに格納すればよいのでしょうか。

[†] 　一般に、鍵の長さによって、鍵を総当たりで破るのに必要な作業量が増えます。そのため、鍵が長いほ
　　どデータが安全だとみなせます。しかし、評判の高いセキュリティ専門家Bruce Schneier（http://bit.
　　ly/1tgAx7j）によると、ある種の鍵に対してAES-256の実装に小さな懸案事項が指摘されています。この
　　分野では、本書を読んでいる時点での最新のアドバイスをさらに詳しく調べる必要があります。

9.3 格納データの保護 | **213**

　1つの解決策は、別のセキュリティアプライアンスでデータの暗号化と復号を行うことです。もう1つの解決策は、鍵が必要なときにサービスがアクセスできる別の鍵管理システム（key vault）を使う方法があります。鍵のライフサイクル管理（および変更のためのアクセス）は不可欠な操作であり、このようなシステムはそれに対処できます。

　SQL Server の Transparent Data Encryption（TDE、透過的データ暗号化）など、暗号化を組み込みサポートしているデータベースもあり、暗号化に透過的に対処します。たとえ選択したデータベースが暗号化を組み込みサポートしていても、鍵への対処方法を調べ、防御したい脅威が実際に軽減されているかどうかを理解してください。

　これもやはり複雑です。独自の実装は避け、調査を十分に実施してください。

9.3.3　対象を選ぶ

　すべてが暗号化されているべきだと想定すると、事態が少し簡潔になります。保護すべきものとすべきでないものを推測する必要がなくなります。しかし、やはりどのデータをログファイルに格納すれば問題特定に役立つかを考えなければならず、すべてを暗号化するための計算上のオーバーヘッドが大きな負担になることがあるため、結果としてより強力なハードウェアが必要になります。スキーマのリファクタリングの一環としてデータベースマイグレーション（移行）を行うときには、さらに面倒です。変更によっては、データを復号して移行し、再び暗号化する必要があります。

　システムをより粒度の細かいサービスに分割すると、全体的に暗号化できるデータストアを特定できることもありますが、それでもその可能性は低いでしょう。この暗号化を既知の一連のテーブルに制限するのが賢明なやり方です。

9.3.4　必要に応じた復号

　データを初めて見た時点で、そのデータを暗号化します。必要に応じて復号を行い、その復号したデータを決してどこにも格納しないようにしてください。

9.3.5　バックアップの暗号化

　バックアップは素晴らしいものです。重要なデータをバックアップする必要があります。当然、暗号化したいと思うほどのデータは、バックアップする価値があるほど重要です。そのため、当然と思えるかもしれませんが、必ずバックアップも暗号化する必要があります。その結果、特に鍵が変わる場合には、データのどのバージョンに

どの鍵が必要かを知らなければならないことにもなります。明確な鍵管理が極めて重要になります。

9.4　徹底的な防御

　既に述べたように、1つのことにすべての希望を託すのは嫌です。要は、徹底的に防御することです。送信中のデータと格納データの保護については既に述べました。しかし、他に採用できそうな便利な保護手法はあるでしょうか。

9.4.1　ファイアウォール

　ファイアウォールを複数設置するのは、とても理にかなった予防策です。とても簡単で、特定のポートの特定の種類のトラフィックへのアクセスを制限できる限りのファイアウォールもあれば、より高度なものもあります。例えば、ModSecurity は、特定の IP 範囲からの切断をスロットルし、他の種類の悪意のある攻撃を検出できるアプリケーションファイアウォールの一種です。

　複数のファイアウォールを設定することには価値があります。例えば、ホスト上でローカルに iptables を使用してそのホストを保護し、許可する流入 / 流出トラフィックを設定できます。これらのルールはローカルで動作するサービスに合わせてカスタマイズでき、境界のファイアウォールは一般的なアクセスを制御します。

9.4.2　ロギング

　優れたロギング、特に複数のシステムからログを集約する能力は、予防だけではなく、好ましくないイベント発生の検知や復旧に役立ちます。例えば、セキュリティパッチの適用後に、大抵は誰かが特定の脆弱性を悪用していなかったかどうかをログで確認できます。パッチ適用は脆弱性が再び悪用されないようにしますが、既に悪用されていた場合は、復旧モードに移行する必要があります。ログを入手できると、何か悪いことが起きたどうかを事後に確認できます。

　しかし、ログに格納する情報に注意しなければなりません。機密情報は除外して、重要な情報がログに漏れないようにする必要があります。重要な情報が洩れると、攻撃者にとってこの上ない標的になります。

9.4.3 侵入検知（および侵入防止）システム

侵入検知システム（IDS：Intrusion Detection System）は、ネットワークやホストの疑わしい振る舞いを監視し、問題を検知したときには報告します。**侵入防止システム**（IPS：Intrusion Prevention System）は、疑わしい活動を監視するのに加え、そのような活動を防ぐことができます。主に外に目を向けて不適切なものが入り込まないようにするファイアウォールとは異なり、IDS や IPS は境界内の疑わしい振る舞いを積極的に調べます。ゼロから始めるときには、IDS が最適でしょう。このシステムは（多くのアプリケーションファイアウォールと同様に）ヒューリスティックベースであり、汎用的な初期の規則はサービスの振る舞いに寛大すぎるか、十分には寛大ではないかのどちらかになるでしょう。受動的な IDS で問題を警告してもらい規則を調整してから、より能動的に IDS を使用するのがよいでしょう。

9.4.4 ネットワーク分離

モノリシックシステムでは、防御を追加するネットワーク構成方法には限界があります。しかし、マイクロサービスでは、異なるネットワークセグメントにサービスを配置し、サービスが互いに対話する方法をさらに制御できます。例えば、AWS は VPC（Virtual Private Cloud）を自動的にプロビジョニングする機能を提供しており、ホストを別のサブネットに配置できます。そして、ピアリングルールを定義して互いにどの VPC が見えるかを指定でき、さらにはトラフィックをゲートウェイ経由にルーティングしてアクセスをプロキシさせることもでき、事実上追加のセキュリティ対策を導入できる複数の境界を得られます。

これによって、チームの所有権やリスク水準に基づいてネットワークをセグメント化できます。

9.4.5 OS

システムは自分が書いていない大量のソフトウェアに依存しており、アプリケーション（すなわち、OS や OS 上で動作する他の支援ツール）を危険にさらすセキュリティ上の脆弱性が存在する可能性があります。ここでは基本的な忠告がとても参考になります。まずは、アカウントが侵害された場合に最小限の損害に抑えるために、できる限りパーミッションの少ない OS ユーザとしてサービスを実行することから始めます。

次に、ソフトウェアに定期的にパッチを適用します。これは自動化する必要があ

216 | 9章　セキュリティ

り、マシンが最新のパッチレベルと同期していないかどうかを把握する必要があります。これには Microsoft 社の SCCM（System Center Configuration Manager）や Red Hat 社の Spacewalk といったツールが役立ちます。これらのツールでは、マシンが最新パッチで更新されているかを確認でき、必要ならアップデートを開始します。Ansible、Puppet、Chef といったツールを利用しているなら、おそらく既に変更の自動適用に満足しているでしょう。これらのツールも効果的ですが、すべてを行ってくれるわけではありません。

　とても基本的なことであるのに、パッチを適用していない古い OS で重要なソフトウェアを動作させているケースを、驚くほど頻繁に目にします。最も明確に定義され保護されたアプリケーションレベルセキュリティがあったとしても、パッチを適用していないバッファオーバーフロー脆弱性のある Web サーバの旧バージョンをマシン上で root として実行していると、システムは極めて脆弱になってしまいます。

　Linux を使用している場合は、OS 自体のセキュリティモジュールも調べなければなりません。例えば、AppArmor ではアプリケーションに期待する振る舞いを定義でき、カーネルが振る舞いを監視します。アプリケーションが行うべきでないことを始めたら、カーネルが介入します。AppArmor はしばらく前から存在しており、SELinux も同様です。技術的にはどちらも最近のあらゆる Linux システムで動作するはずですが、実際にはディストリビューションによってサポートに違いがあります。例えば、AppArmor は Ubuntu と SUSE でデフォルトで使われていますが、SELinux は伝統的に Red Hat でよくサポートされています。さらに新しい選択肢が grsecurity であり、AppArmor や SELinux より使いやすくなることを目指しています。また、機能の拡張も試みていますが、それにはカスタムカーネルを稼働させる必要があります。この3つをすべて調べて、どれが自分のユースケースに最適かを判断することをお勧めします。私は保護や防御用の別のレイヤを稼働させるという考え方が気に入っています。

9.5　実施例

　粒度の細かいシステムアーキテクチャがあると、セキュリティの実装に大幅な自由度が与えられます。最も機密性の高い情報を扱う部分や最も重要な機能を提供する部分には、最も厳格なセキュリティ対策を採用できます。しかし、システムの他の部分では、緩い対策でも構いません。

　再び MusicCorp を考えてみましょう。先ほど述べた概念をまとめ、これらのセキュ

リティテクニックをどこにどのように利用できるかを考えます。送信中と格納時のデータに関するセキュリティ上の問題を第一に検討します。図 9-4 は、分析対象のシステム全体の一部を示しています。現在はセキュリティ上の問題に対する注意が決定的に欠けています。すべては単純な旧来の HTTP 上で送信されます。

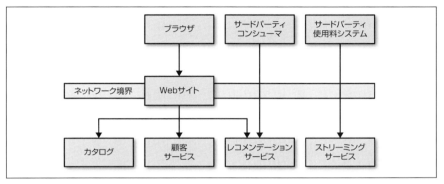

図 9-4　MusicCorp の残念ながら安全ではないアーキテクチャの一部

　ここでは、顧客がサイトでの買い物に使う標準的な Web ブラウザがあります。また、サードパーティの使用料ゲートウェイの概念も導入しています。新たなストリーミングサービスの使用料支払いに対処する、サードパーティ会社の連携を開始しました。このサードパーティ会社は、どの音楽がいつストリーミングされたかの記録をときどき取得します。競合他社との競争を気に掛けているので、この情報は用心深く保護する情報です。最後に、カタログデータを他のサードパーティに公開しています。例えば、アーティストや曲に関するメタデータを音楽レビューサイトに組み込めます。ネットワーク境界内には連携サービスがあり、内部でしか使われません。

　ブラウザでは、無保護のコンテンツに対し標準 HTTP トラフィックを使い、キャッシュできるようにします。安全なログインページでは、すべての安全なコンテンツを HTTPS で送信し、顧客がパブリックの無線 LAN ネットワークを使っている場合などに追加の保護を提供します。

　サードパーティの使用料支払いシステムに関しては、公開しているデータの性質だけでなく、受け取るリクエストの正当性の確認にも気を使います。ここでは、サードパーティがクライアント証明書を使うように要求します。すべてのデータを安全な暗号化チャネルで送信し、適切な人からこのデータを要求されていることを保証する能

218 | 9章　セキュリティ

力を改善します。もちろん、データが制御を離れたときにどうなるかについて考えなければなりません。パートナーは私たちと同じくらいデータを気に掛けるでしょうか。

　カタログデータの提供では、この情報をできる限り広範囲に共有し、人々が私たちから音楽を簡単に購入できるようにしたいでしょう。しかし、この情報を悪用されたくないので、誰がデータを使っているかを調べたいでしょう。これにはAPIキーが最適です。

　ネットワーク境界内では、事態はさらに微妙です。内部ネットワークを侵害する人について、どのくらい心配するでしょうか。理想的には、HTTPSの利用を最小限にしたいですが、管理に多少手間がかかります。代わりに、（少なくとも最初は）ネットワーク境界を堅牢にすることに労力を注ぎ、適切に構成したファイアウォールを設置し、適切なハードウェアまたはソフトウェアセキュリティアプライアンスを選んで悪意のあるトラフィック（ポートスキャンやDoS攻撃など）を調べることにします。

　とはいえ、データの**一部**やその存在場所も気になります。カタログサービスについては心配していません。最終的に、データ共有が目的なので、そのためのAPIを提供します。しかし、顧客のデータについてはとても心配しています。そこで、顧客サービスが保持するデータを暗号化し、読み取り時にデータを復号することにします。攻撃者がネットワークに侵入したら、やはり顧客サービスのAPIに対してリクエストを実行できますが、現在の実装は顧客データの一括取得を許可していません。許可していたら、この情報を保護するために、おそらくクライアント証明書の使用を検討するでしょう。たとえ攻撃者がデータベースが稼働しているマシンを侵害してコンテンツ全体をダウンロードしても、データを活用するにはデータの暗号化と復号に使う鍵を入手する必要があります。

　図9-5は最終的な状態を表しています。まず、どの技術を利用するかの選択は、保護する情報の性質の理解を基にしました。あなたのアーキテクチャのセキュリティの問題は大きく異なるので、最終的な解決策は異なるでしょう。

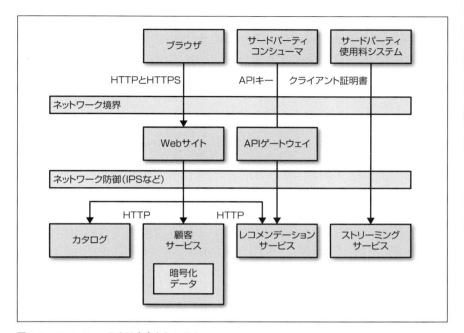

図 9-5　MusicCorp のより安全なシステム

9.6　節約する

　ディスク領域が安価になり、データベースの能力が向上しているので、大量の情報の捕捉と格納が急速にやりやすくなっています。データをますます価値のある資産とみなす企業にとってだけでなく、個人のプライバシーを尊重するユーザにとっても同様に、このデータは貴重なものです。個人に関連するデータや、個人についての情報を導き出すためのデータは、間違いなく最も注意するデータです。

　しかし、もう少し楽になったらどうでしょうか。個人を特定できる情報をできる限り多くできる限りすぐに取り除くと、よいのではないでしょうか。ユーザからのリクエストをロギングするときには、IP アドレス全体を永久に保存する必要はあるでしょうか。または、最後の数桁を x で置き換えることはできるでしょうか。製品提供のために人の名前、年齢、性別、生年月日を格納する必要があるでしょうか。または、年齢幅と郵便番号で十分でしょうか。

　この利点は多様です。まず、格納しなければ、誰も盗めません。次に、格納しなけ

220 | 9章　セキュリティ

れば、誰も（例えば、行政機関が）要求することもできません。

　ドイツ語の表現 Datensparsamkeit はこの概念を表しています†。この表現はドイツ
のプライバシー法に由来し、事業運営や現地法の順守に**絶対に必要な**情報だけを格納
するという概念を包含しています。

　これはより多くの情報を格納する方向へ向かう動きに明らかに反しますが、このよ
うな動向もあることに気付くきっかけとなります。

9.7　人的要素

　ここまでは、技術的予防対策を実施して、システムやデータを悪意のある外部攻撃
者から保護する方法の基礎を取り上げてきました。しかし、組織の人的要素に対処す
るプロセスや方針を用意する必要もあります。誰かが組織を辞めたときに、どのよう
にして認証情報へのアクセスを取り消すのでしょうか。どのようにすればソーシャル
エンジニアリングを防げるでしょうか。頭の体操として、不満を抱いている元従業員
がその気になれば、システムにどのような損害を与えられるかを考えてください。多
くの場合、悪意のある関係者の考え方に身を投じてみることが必要な保護を判断する
ための優れた手段となり、最近の従業員と同じくらい内部情報を知っている悪意のあ
る関係者はほとんどいません。

9.8　黄金律

　本章から得るものが他になければ、次の規則に従ってください。独自の暗号を記述
してはいけません。独自のセキュリティプロトコルを考案してはいけません。長年の
経験のある暗号の専門家でない限り、独自のエンコーディングを考案したり暗号保護
を作ったりすると、間違いを犯します。また、たとえ暗号の専門家でも、間違いを犯
す可能性があるのです。

　前に説明した AES のようなツールの多くは、業界で鍛えられた技術であり、その
基盤となるアルゴリズムは相互評価されており、そのソフトウェア実装は長年にわ
たって徹底的にテストされパッチが適用されてきました。これらのツールは十分に優
れています。多くの場合、車輪の再発明（既に存在しているものを独自に再開発する
こと）は単なる時間の無駄ですが、セキュリティに関しては完全に危険です。

---

†　　監訳者注：http://martinfowler.com/bliki/Datensparsamkeit.html、日本語訳 http://bliki-ja.github.io/Da
tensparsamkeit/ を参照。

9.9 セキュリティの組み込み

　自動機能テストの場合と同様に、セキュリティをさまざまなグループの担当者に任せたり、すべてを土壇場まで残したりしたくはありません。セキュリティ問題に対する全員の一般的な認識を高めると、そもそもセキュリティ問題を減らすことになるので、セキュリティ問題についての開発者教育を促進することが重要です。手始めとしては、OWASP トップ 10 リストや OWASP のセキュリティテストフレームワークに親しむのがよいでしょう。しかし、専門家には間違いなく存在意義があるので、専門家を利用できるなら手伝ってもらってください。

　クロスサイトスクリプティング攻撃を調べるなどして、システムの脆弱性を調査できる自動化ツールがあります。Zed Attack Proxy（ZAP）はその好例です。ZAP は OWASP の研究による情報に基づき、Web サイト上の悪意のある攻撃を再現します。他にも、Ruby 用の Brakeman（http://brakemanscanner.org/）のような、静的解析を使ってセキュリティホールとなり得る一般的なコーディングの誤りを探せるツールが存在します。このようなツールは通常の CI ビルドに簡単に統合できるので、標準的なチェックインに統合してください。他の種類の自動テストはさらに複雑です。例えば、Nessus などを使って脆弱性を検査するのはもう少し複雑で、人間が結果の解釈に介入する必要があります。いずれにせよ、このようなテストはやはり自動化でき、負荷テストと同じようなサイクルで実行するのが理にかなっているでしょう。

　Microsoft のセキュリティ開発ライフサイクル（SDL：Security Development Lifecycle、http://bit.ly/1nYsK6v）も、デリバリチームがセキュリティを組み込むための優れたモデルです。SDL にはウォーターフォール的すぎると感じる面もありますが、現在のワークフローに合う面を調べてみてください。

9.10 外部検証

　セキュリティに関しては、外部評価の実施に大きな価値があると思います。侵入テストなどは、外部の第三者が行うと実世界を模倣することになります。また、問題にあまりにも近すぎるために自ら犯した誤りをチーム内で見つけられない問題も、防ぐことができます。大企業では、サポートを行う情報セキュリティ専門チームがあるかもしれません。専門チームがなければ、サポートできる外部団体を探してください。早めにコンタクトして、どのように実施したいのかを理解し、テストの実施に必要な通告期間を調べて下さい。

　各リリース前にどの程度の検証が必要かを考える必要もあります。一般に、例えば、

222 | 9章　セキュリティ

小規模なインクリメンタルリリースでは完全な侵入テストを実施する必要はありませんが、大きな変更では必要かもしれません。何が必要かは、それぞれのリスク特性に依存します。

9.11　まとめ

再び、本書の中核となるテーマに戻ります。システムを粒度の細かいサービスに分解すると、問題解決方法の選択肢が増えます。マイクロサービスはあらゆる侵害の影響を減らす可能性があるだけでなく、機密データがある場合の複雑で安全な手法のオーバーヘッドと、リスクが低いときの軽量な手法とのトレードオフを行うさらなる能力も得られます。

システムのさまざまな部分の脅威レベルを理解すれば、送信時や格納時のセキュリティを検討すべきタイミングがわかってくるでしょう。

最後に、徹底的な防御の重要性を理解し、必ず OS にパッチを適用し、たとえ自分が優れていると思っていても独自の暗号を実装してはいけません。

ブラウザベースアプリケーションのセキュリティに関する汎用的な概要が知りたければ、手始めとしては素晴らしい非営利団体 OWASP（Open Web Application Security Project、https://www.owasp.org/、日本語ページ https://www.owasp.org/index.php/Japan）が絶好の場所です。定期的に更新されるトップ 10 セキュリティリスク文書は開発者には必読と考えるべきです[†]。最後に、暗号に関する一般的な説明が必要なら、Niels Ferguson、Bruce Schneier、Tadayoshi Kohno 共著の『Cryptography Engineering』（Wiley）を参照してください。

多くの場合、セキュリティの対応には、人についてと人がシステムをどのように扱うかを理解することが必要です。マイクロサービスに関してまだ議論していない人間関係の面は、組織構造とアーキテクチャ自体の相互関係です。しかし、セキュリティと同様に、人的要素を無視すると致命的な誤りにつながることがわかるでしょう。

[†]　監訳者注：OWASP トップ 10 の Web ページは https://www.owasp.org/index.php/Category:OWASP_Top_Ten_Project にあります。2010、2013 バージョンの日本語訳が公開されています。

10章
コンウェイの法則と
システム設計

ここまで本書の大部分では、粒度の細かいアーキテクチャへ移行する際の技術的課題を重点的に取り上げてきました。しかし、他にも検討すべき組織的問題があります。本章で学ぶように、あなたは危険を覚悟で会社の組織図を無視しています。

この業界は若く、常に自己改革しているように見えます。そして、少数の重要な**法則**が時の試練に耐えています。例えば、集積回路のトランジスタ密度が2年ごとに2倍になるというムーアの法則は、不思議なほど正確であることが証明されています(しかし、この傾向は既に減速していると予測する人もいます)。ある1つの法則はほぼ例外なく私にとって真実であり、毎日の仕事に極めて有益です。それはコンウェイの法則です。

1968年4月に雑誌Datamationで発表されたMelvin Conway(メルヴィン・コンウェイ)の論文「How Do Committees Invent?」では、以下のように述べられています[†]。

> システム(ここでは単なる情報システムよりも広く定義されたシステム)を設計するあらゆる組織は、必ずその組織のコミュニケーション構造に倣った構造を持つ設計を生み出す。

この記述は、「コンウェイの法則」としてさまざまな形で引用されています。Eric S. Raymondは、『The New Hacker's Dictionary』(MIT Press、日本語版『ハッカーズ大事典』アスキー)でこの現象を要約し、「コンパイラの開発を担当する4つのグルー

[†] 監訳者注:この論文の全文は、http://www.melconway.com/Home/Committees_Paper.html を参照。

プがあれば、4パスコンパイラが得られる」と述べています。

10.1 証拠

Melvin Conwayがこの話題に関する論文をハーバード・ビジネス・レビューに投稿したとき、この命題は証明されていないという理由で拒絶されたそうです。この理論がさまざまな状況で証明されているのを見てきたので、この理論を真実として受け入れています。しかし、私の言葉を信じる必要はありません。Conwayの最初の提唱以来、この分野では多くの検証がなされてきました。組織構造とその組織が作り出すシステムの相互関係を探るために、多数の研究が実施されてきました。

10.1.1 疎結合組織と密結合組織

『Exploring the Duality Between Product and Organizational Architectures』（Harvard Business School）の中でその著者Alan MacCormack、John Rusnak、Carliss Baldwinはさまざまなソフトウェアシステムを調べ、**疎結合組織**が作成したシステムと**密結合組織**が作成したシステムに大雑把に分類しています。密結合組織としては、通常はしっかりと足並みをそろえたビジョンと目標で結びつけられた商用製品の会社を考えてください。一方、疎結合組織の代表例は分散オープンソースコミュニティです。

彼らの研究では、それぞれの種類の組織から類似した製品のペアを対比し、疎結合組織ほど実際にモジュール性が高く結合度の低いシステムを作成したのに対し、密に集中した組織のソフトウェアほどモジュール性が低いことを発見しました。

10.1.2 Windows Vista

Microsoftは、自社の組織構造が特定の製品Windows Vistaのソフトウェア品質にどのように影響したかを調べる実証的研究（http://bit.ly/1Bfbdwb）を実施しました。具体的には、研究者が複数の要素を調べて、システムのコンポーネントがどのくらいエラーを起こしやすいのかを究明しました[†]。コードの複雑さのような一般的に使われるソフトウェア品質メトリックをはじめとした複数のメトリックを調べた後、組織構造に関連するメトリックが最も統計的に関連する評価基準であることが判明しました。

[†] Windows Vistaがエラーを起こしやすいことは、誰もが知っています！

そこで、ここでは組織が作成するシステムの性質に影響を与える組織構造の別の例を示します。

10.2　Netflix と Amazon

　組織とアーキテクチャが一致すべきだと考える2つの申し子は、おそらく Amazon と Netflix でしょう。Amazon は、そのチームが管理するシステムのライフサイクル全体の責任をチームが持つことの利点を、早い段階で理解していました。チームにそのチームが担当するシステムを所有、運用させ、ライフサイクル全体を管理させようとしました。しかし、Amazon は小規模なチームの方が大規模なチームより仕事が早いことも知っていました。その結果、有名な「2枚のピザチーム」（two-pizza teams）につながりました。2枚のピザで足りないほど大きなチームにすべきではないということです。このようなサービスのライフサイクル全体を所有する小規模チームを促進する考え方は、Amazon が Amazon Web Services を開発した大きな理由です。チームが自給自足できるツールを作成する必要があったのです。

　Netflix はこの例から学び、最初から小規模な独立したチームを中心とした構成にし、作成したサービスも互いに独立するようにしました。これにより、システムアーキテクチャが変化の速度に対して最適化されるようにしました。事実上、Netflix は必要なシステムアーキテクチャのために組織構造を設計したのです。

10.3　この法則で何ができるか

　このような事例による実証的な証拠は、組織構造が私たちが提供するシステムの性質（および品質）に強く影響することを示しています。それでは、このことを理解することがどのように役立つのでしょうか。いくつかの異なる組織状況を調べ、それぞれがシステム設計にどのような影響があるかを理解してみましょう。

10.4　コミュニケーション経路に適応する

　まずは簡単な単一チームを考えてみましょう。このチームは、システムの設計と実装のすべての面を担当します。このチームは粒度の細かいコミュニケーションを頻繁にとることができます。このチームが1つのサービス（例えば、音楽専門店のカタログサービス）を担当しているとしましょう。ここでサービスの内側を考えてください。多くの粒度の細かいメソッドや関数呼び出しがあります。既に述べたように、サービス内の変化のペースがサービス間の変化のペースよりも速くなるように、サー

ビスを分解することを目指しています。粒度の細かいコミュニケーション能力を備えたこの単一チームは、サービス内のコードのコミュニケーション経路にうまく適応しています。

この単一チームは提案された変更やリファクタリングに関するコミュニケーションが容易だと感じ、通常は強い当事者意識を持ちます。

次に、別の状況を考えてみましょう。同じ場所にいる単一チームがカタログサービスを所有するのではなく、英国とインドの両方にある2つのチームがサービスの変更に積極的に関与するとしましょう。事実上、サービスを共同所有しているのです。その場合、地理的なタイムゾーンの境界がチーム間の粒度の細かいコミュニケーションを困難にします。代わりに、ビデオ会議やメールを介した粒度の粗いコミュニケーションに頼ります。英国のチームメンバーが自信を持って簡単なリファクタリングを行うのは、どれほど簡単でしょうか。地理分散されたチームの方がコミュニケーションコストが高くなるので、変更の調整コストも高くなります。

変更の調整コストが増えると、調整やコミュニケーションのコストを減らす方法を探るか、変更を止めるかのどちらかが起こります。後者では、まさに大規模で保守が困難なコードベースに陥ります。

私が携わったある顧客のプロジェクトでは、1つのサービスの所有権を2つの場所で共有していました。最終的には、それぞれの場所で対処する作業を特化しました。そのため、各チームがコードベースの一部を所有することになり、その中では変更のコストを下げることができました。そして、両チームは2つの部分の相互関係について粒度の粗いコミュニケーションを取りました。事実上、組織構造内で可能なコミュニケーション経路は、2つのコードベース間の境界を形成する粒度の粗いAPIと一致しました。

それでは、独自のサービス設計の進化を検討するにはどうするのでしょうか。システム開発に携わる人々の間の地理的境界は、サービスを分解すべきタイミングを示す優れた指標であり、一般に変更のコストを低く抑えられる1つの場所にいる単一チームにサービスの所有権を割り当てるようにすべきです。

おそらく組織は、別の国に事務所を開設して、プロジェクトに携わる人数を増やそうとするでしょう。その時点で、システムのどの部分を委譲できるかを前向きに考えてください。これは、次にどの接合部を分割するかを判断する指針になるでしょう。

またこの時点で、少なくとも以前に言及した『Exploring the Duality Between Product and Organizational Architectures』レポートの著者の見解に基づくと、シス

テムを構築する組織が疎結合であれば（地理分散されたチームで構成されるなど）、構築されるシステムのモジュール性が高まる傾向があり、おそらく結合度が低くなることも注目に値します。多くのサービスを所有する単一チームが密接な統合に向かう傾向を、分散された組織で維持するのはとても困難です。

10.5　サービスの所有権

　サービスの所有権とは何を意味しているのでしょうか。一般に、サービスを所有するチームはそのサービスを変更する責任を負います。チームは、変更によってコンシューマサービスを壊さない限り、好きなように自由にコードを再構築すべきです。多くのチームでは、**所有権**は要件の特定からアプリケーションの構築、デプロイ、保守まで、サービスのあらゆる面に及びます。このモデルは特にマイクロサービスでは広く行き渡っており、小規模チームが小さなサービスを所有するのが簡単です。このように所有権のレベルが上がると、自律性とデリバリの速度が向上します。単一チームがアプリケーションのデプロイと保守の責任を負うと、デプロイしやすいサービスを作成しようと思います。つまり、投げ出す相手がいなければ、「何かを投げ出す」心配はなくなります。

　私は確かにこのモデルを気に入っています。このモデルでは最も適切に判断を下せる人に判断を任せ、チームの能力と自律性の両方を向上させますが、作業の責任も負わせます。あまりにも多くの開発者がシステムをテストやデプロイ段階に渡し、その時点で自分の仕事が終わったと思っているのです。

10.6　共有サービスに向かう要因

　多くのチームがサービスを共同所有するモデルを採用しています。既に説明した理由から、これは次善策であることがわかっています。しかし、特に基盤となる懸念に対処できる説得力のある代替モデルが見つかるかもしれないので、共有サービスを選んでしまう要因を理解することが重要です。

10.6.1　分割が難しすぎる

　言うまでもなく、1つのサービスを複数のチームが所有する状況になってしまう理由の1つは、サービスを分割するコストが高すぎるか、またはおそらく組織が分割の重要性をわかっていないからです。これは大きなモノリシックシステムではよくあることです。これが直面している主な課題であれば、5章で示したアドバイスが役に立

228 | 10章 コンウェイの法則とシステム設計

つでしょう。また、チームを統合し、アーキテクチャにより一致させることも検討できます。

10.6.2 フィーチャーチーム

フィーチャーチーム（フィーチャーベースのチーム）とは、小規模なチームが一連の機能開発を推進し、たとえコンポーネント（さらにはサービス）境界を超えても、必要なすべての機能を実装するという考え方です[†]。フィーチャーチームの目標は十分理にかなっています。この構造では、チームが最終結果に専念し続けることができ、作業がつながるようになり、複数の異なるチームにまたがる変更を調整するという課題を避けられます。

多くの状況では、フィーチャーチームは、チーム構造が技術境界に沿っている従来のIT組織に対する反応です。例えば、UIの責任を負うチーム、アプリケーションロジックの責任を負う別のチーム、そしてデータベースに対処する3つ目のチームがある場合があります。この環境では機能を提供するために、フィーチャーチームはこれらのすべてのレイヤをまたがって作業するので、これは大幅な進歩です。

フィーチャーチームを大規模に採用すると、すべてのサービスが共有されているとみなせます。誰もがすべてのサービス、すべてのコードを変更できます。すると、サービス管理者の役割は（もし存在するなら）ずっと複雑です。残念ながら、このパターンを採用している場面で管理者が機能しているのをほとんど見たことはありません。これによって、既に説明したような課題が引き起こされます。

マイクロサービスとは何かを再び考えてみましょう。これは、技術ドメインではなくビジネスドメインに倣ってモデル化されたサービスです。そして、あるサービスを所有するチームがビジネスドメインに合わせて構成されていると、チームは顧客中心の姿勢を維持でき、サービスに関連するすべての技術を全体的に理解して所有するので、より多くの機能開発をやり遂げられる可能性が高くなります。

もちろん、横断的な変更も発生しますが、技術指向チームを避けることでその可能性は大幅に減少します。

10.6.3 デリバリボトルネック

共有サービスに向かう主な理由として、デリバリのボトルネックを避けることが挙

[†] 監訳者注：http://www.featureteamprimer.com/ を参照。ページ右上に日本語ページへのリンクあり。

げられます。1つのサービスに行う必要のある変更の多数のバックログがあったら、どうなるでしょうか。顧客が商品の曲のジャンルを閲覧できる機能を提供し、さらに新たな種類の在庫（携帯電話用の着メロ）を追加しているとしましょう。Web サイトチームはジャンル情報を表示するように変更する必要があり、モバイルアプリチームはユーザが着メロの閲覧、試聴、購入をできるように変更します。どちらの変更もカタログサービスに対して行う必要がありますが、あいにくチームの半分がインフルエンザで休んでおり、残りの半分は本番環境での障害診断で身動きが取れません。

共有サービスを使わずにこの状況を回避するには2つの選択肢があります。1つはただ待つことです。Web サイトチームとモバイルアプリケーションチームは、別の問題に取り掛かります。機能の重要度や遅延の長さによって、これで問題ない場合もあれば大きな問題となる場合もあります。

代わりに、カタログチームにメンバーを追加して、作業を迅速に進められるようにすることができます。システム全体で技術スタックやプログラミングイディオムを標準化するほど、他のチームのメンバーがサービスを容易に変更できます。もちろん、既に述べたようにその反面、標準化によってチームが仕事に適切な解決策を適用する能力が落ち、別の種類の非効率性につながることがあります。しかし、チームが地球の反対側にいる場合には、これは不可能でしょう。

他に、カタログを一般的音楽カタログと着メロカタログに別々に分割するという選択肢もあります。着メロをサポートするための変更が比較的小さく、その変更がこの機能の主な開発部分である可能性も低い場合には、おそらく時期尚早でしょう。一方、着メロ関連の機能が 10 週間に達するなら、サービスを分割してモバイルチームに所有権を持たせることは、理にかなっています。

しかし、もう 1 つの効果的なモデルがあります。

10.7　社内オープンソース

最善を尽くしても共有サービス以上の方法が見つからなかったらどうなるのでしょうか。そのときには、社内オープンソースモデルを適切に採用することが、大いに理にかなっています。

通常のオープンソースでは、少人数の限られた人たちが中核のコミッタとみなされています。コミッタはコードの管理者です。オープンソースプロジェクトを変更したい場合には、コミッタの 1 人に変更してもらうように頼むか、または自分で変更してプルリクエストを送ります。やはり、コードベースを管理するのは中核のコミッタで

あり、彼らが所有者です。

　組織内でも、このパターンがうまく機能します。おそらく、最初にサービスを担当していた人は同じチームには残っておらず、組織のあちこちに散らばっているでしょう。彼らが引き続きコミット権を持っていたら、彼らを探してサポートを依頼してペアを組むか、適切なツールがあればプルリクエストを送ることができるでしょう。

10.7.1　管理者の役割

　私たちは、やはりサービスを理にかなったものにしたいでしょう。コードの品質を高め、サービスの組み立て方にある種の一貫性を持たせたいでしょう。また、現在の変更が将来予定されている変更を必要以上に難しくしないようにしたいでしょう。そのためには、通常のオープンソースと同じパターンを社内でも採用し、信頼できるコミッタのグループ（中核チーム）と信頼できないコミッタ（チーム外から変更を提案する人）に分けます。

　中核チームには、変更を審査し承認する何からの方法が必要です。変更が自然に一貫性を持つようにしなければなりません。つまり、コードベースの一般的なコーディング指針に従うようにしなければなりません。そのため、審査する側は提案者と協力して時間を割き、変更しても十分な品質を保つようにしなければなりません。

　優れた管理者はこれにとても力を入れ、提案者と明瞭にコミュニケーションを取って適切な振る舞いを促します。不適切な管理者は他者に対して権力をふるうためや、恣意的な技術的判断に関する宗教戦争の口実に、これを利用できてしまいます。私はこの両方を見たことがあり、はっきりと言えることが1つあります。どちらの方法も時間がかかります。信頼できないコミッタがコードベースに変更を提案できるようにすることを検討するときには、管理者のオーバーヘッドが苦難に見合うかどうかを判断しなければなりません。中核チームは、パッチの審査に費やす時間でさらに適切な作業が行えるでしょうか。

10.7.2　成熟度

　サービスの安定性や成熟度が低いほど、中核チーム以外の人によるパッチの提案が困難になります。サービスの支柱が定まる前には、チームは何が**適切**かがわからないことがあるため、適切な提案がどのようなものかを知るのに苦労するかもしれません。この段階では、サービスに多くの変更が加えられます。

　ほとんどのオープンソースプロジェクトは、最初のバージョンの中核が完成するま

で、広範囲の信頼できないコミッタグループからの提案を受けないものです。自分の組織でも似たようなモデルに従うのが適切です。サービスが成熟しており、めったに変更されないなら(例えば、カートサービスなど)、他の貢献者に開放するときでしょう。

10.7.3　ツール

　社内オープンソースモデルを最大限にサポートするには、ツールを準備する必要があります。プルリクエスト(または同様なもの)を送信できる分散バージョン管理ツールを利用することが、重要です。組織の規模によっては、パッチリクエストの議論や進化が可能なツールが必要な場合もあります。これは本格的なコードレビューシステムを意味する場合もあればそうでない場合もありますが、パッチにインラインでコメントできる機能はとても便利です。最後に、コミッタがソフトウェアを簡単にビルドしてデプロイできるようにし、それを他者が利用できるようにする必要があります。通常、これには、適切に定義されたビルドおよびデプロイのパイプラインと集中型成果物リポジトリが必要です。

10.8　境界づけられたコンテキストとチーム構造

　既に述べたように、境界づけられたコンテキストに沿ってサービス境界の線を引くようにします。それにより、チームも境界づけられたコンテキストに一致することになります。これにはいくつかの利点があります。まず、チームは、相互に関連しているため、境界づけられたコンテキスト内のドメイン概念を把握しやすいことに気付きます。次に、境界づけられたコンテキスト内のサービスが互いに対話するサービスになる可能性が高まり、システム設計とリリース調整が容易になります。最後に、デリバリチームとビジネス利害関係者との対話の仕方に関しては、チームがその分野の専門家とよい関係を築きやすくなります。

10.9　孤児サービス

　活発に保守されてなくなってしまったサービスについてはどうでしょうか。粒度の細かいアーキテクチャを目指しているので、サービスは小さくなります。既に述べたように、小さなサービスの目標の1つは簡潔性です。機能の少ない簡潔なサービスは、しばらく変更が必要ないかもしれません。簡単なカートサービスを考えてください。カートサービスは、カートへの追加やカートからの削除など、かなり簡単な機能を提供しています。このサービスは、活発な開発がまだ続いていても、最初に記述されて

から数カ月間変更する必要がないことも考えられます。その場合にはどうなるでしょうか。このサービスは誰が所有するのでしょうか。

チーム構造が組織の境界づけられたコンテキストと一致していれば、頻繁には変更されないサービスでも、事実上の所有者がいます。コンシューマ Web 販売と一致するチームがあるとしましょう。このチームは Web サイト、カート、レコメンデーションサービスに対処します。カートサービスが数カ月間変更されていなくても、当然ながら変更はこのチームの責任になります。もちろん、マイクロサービスの利点の 1 つは、チームがサービスを変更して新しい機能を追加する必要がある場合に、時間をかけずに書き直しできることです。

とはいえ、実際に多言語手法を採用して複数の技術スタックを活用していると、チームがもはや技術スタックを理解できなくなっている場合には、孤児サービスを変更するという課題が悪化することがあります。

10.10　ケーススタディ：RealEstate.com.au

REA（RealEstate.com.au）の基幹事業は不動産ですが、事業内容は多岐にわたり、それぞれが 1 つの事業部門（LOB：Line Of Business）として活動しています。例えば、ある事業部門はオーストラリア内の住居用物件を扱い、別の部門では法人物件、さらに別の部門は REA の海外事業に関連しています。このような事業部門には、関連する IT デリバリチームがあります。1 チームだけの部門もあれば、最大の部門は 4 チームがあります。住居用物件では、Web サイトとリスティングサービスの作成に関わる複数のチームがあり、物件を閲覧できるようにしています。メンバーはときどきこのようなチーム間を異動しますが、その事業部門に長期間留まる傾向があり、チームメンバーがそのドメインを熟知できるようにしています。このことは、さまざまなビジネス利害関係者と機能を提供するチームとの間のコミュニケーションに役立ちます。

事業部門内の各チームは、作成したサービスのライフサイクル全体（構築、テストとリリース、サポート、さらには廃止など）を所有することを期待されています。中核となるデリバリサービスチームはこれらのチームにアドバイスや指針を与え、さらには仕事をこなすのを助けるツールを提供します。強固な自動化の文化が重要であり、REA はチームの自律性を高めるための重要な要素として AWS を大いに活用しています。図 10-1 はこれらすべてがどのように機能しているかを示しています。

事業の運営方法と一致しているのは、デリバリ組織だけではありません。アーキテクチャにも及んでいます。その一例は統合方法です。LOB 内では管理者の役割を担

うチームが決めたそれぞれに見合った方法で、すべてのサービスが互いに自由に対話します。しかし、LOB間では、すべての対話は、とても小さなアーキテクチャチームの融通性のない規則の1つである非同期バッチでなければなりません。この粒度の粗い通信は、さまざまな事業部門間の粒度の粗いコミュニケーションとも一致しています。バッチにこだわることで、各LOBは自らの振る舞いや管理に関してとても自由になります。必要なときにいつでもサービスを停止でき、他の事業部門やビジネス利害関係者とのバッチ統合を満足させられる限り、誰も気にしないことを知っています。

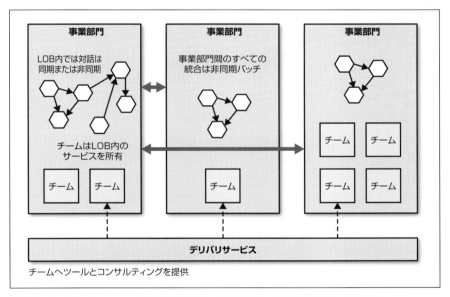

図10-1　RealEstate.com.auの組織およびチーム構造とアーキテクチャとの一致の概要

　この構造では、チームだけでなく事業部門の自律性も大幅に向上します。REAでは、数年前の少数のサービスから、現在はメンバー数よりも多い数百のサービスがあり、急速に増加しています。変化を遂げられる能力が、国内市場での大きな成功から海外への拡張までに一役買っています。また、最も心強いことに、REAのメンバーと話をした結果、現在のアーキテクチャ構造と組織構造の両方が最終目標というよりも最新の反復にすぎないという印象を得ています。これからの5年間で、REAは再び大

きく姿を変えると思います。

　システムアーキテクチャだけでなく組織構造も変えられるほど適応力のある組織は、チームの自律性の改善や新機能の市場投入時間の高速化に大きな成果をもたらします。REA は、システムアーキテクチャが孤立して存在しているわけではないことを理解している、数多くの組織の 1 つにすぎません。

10.11　逆向きのコンウェイの法則

　これまでは組織がシステム設計にどのような影響があるかについて述べてきました。しかし、逆はどうでしょうか。つまり、システム設計が組織を変えられるでしょうか。コンウェイの法則が逆向きでも成り立つことを裏付ける確かな証拠がないので、聞いた話を基にしています。

　おそらく絶好の例は、私が何年も前に担当した顧客です。Web が初期段階で、インターネットが AOL フロッピーディスクで届くものと考えられていた時代に、この会社は小規模で簡単な Web サイトを持つ大手印刷会社でした。Web サイトがあったのは流行だったからですが、大局的に見れば事業運営にとってはほとんど重要ではありませんでした。最初のシステムを作成したときには、システムの動作に関しては独断的な技術判断が下されました。

　このシステムのコンテンツはさまざまな方法で用意されましたが、その大部分は一般大衆向けの広告を掲載していた第三者によるものです。料金を支払った第三者がコンテンツを作成できる入力システム、そのデータをさまざまな方法で補強できる中央システム、一般大衆が閲覧できる最終的な Web サイトを作成する出力システムがありました。

　当時の最初の設計判断が適切であったかどうかは歴史家の話題ですが、この会社では長年の間に少し変化しており、私と同僚の多くはシステム設計がこの会社の現在の状態に合っているのかどうか疑問に思っていました。同社の物理的な印刷事業は大幅に縮小しており、利益と事業運営はオンラインが大半を占めていました。

　その当時、組織はこの 3 つのシステムと密接に連携していました。事業の IT 側の 3 つのチャネル（部門）は、それぞれ入力、中核、出力部分に一致していました。これらのチャネル内には、別々のデリバリチームがありました。この組織構造がシステム設計よりも前には存在しておらず、実際にはシステムを中心に形成されていったことに、私は当時気付いていませんでした。事業の印刷側が縮小しデジタル側が成長していたので、システム設計が気付かないうちに組織の成長の道を切り開いていました。

結局はシステム設計の欠点に気付き、移行するために組織構造を変更しなければなりませんでした。何年も経ちましたが、このプロセスは依然として進行中です。

10.12　人

> 最初はどのように見えようとも、必ず人の問題である。
> ——ジェリー・ワインバーグ
> コンサルティングの第2法則

　マイクロサービス環境では、開発者がコードの記述について自分だけの小さな世界で考えるのは難しいことを、理解しなければなりません。ネットワーク境界をまたいだ呼び出しや障害の意味合いをよく理解しなければなりません。また、データストアから言語まで、新技術を容易に試せるマイクロサービスの能力についても述べてきました。しかし、モノリシックシステムの世界から移行している場合、そこでは大多数の開発者が1つの言語だけを使い、運用上の懸念に全く無関心なままになってしまうので、彼らをマイクロサービスの世界に投げ込むと突然不快な現実を知ることになるかもしれません。

　同様に、開発チームに権限を与えて自律性を高めると、悲惨な結末となる場合があります。これまで仕事を他者に押し付けてきた人は、他者を非難するのが当たり前になっていて、仕事の全責任を負うことを心地よく感じないかもしれません。さらに、開発者にシステムをサポートするためにポケベルを持たせることに、契約上の障害があることもあります。

　本書は主に技術について書かれていますが、人は考慮すべき単なる副次的な問題ではありません。現在あるものを構築したのは人であり、次に来るものも人が構築します。現在のメンバーがどのように感じているかやメンバーが持つ能力について検討せずに物事の実現方法に関するビジョンを考え出すと、おそらく悪い結果へと導くでしょう。

　組織にはこの話題にまつわるそれぞれの力学があります。メンバーの変更への欲求を理解してください。あまり早く進めすぎてはいけません。おそらく、第一線のサポートや開発に短期間の間対処する別のチームがあり、開発者に他の新しいプラクティスに適応する時間を与えます。しかし、組織にはすべてを機能させる別の種類の人たちが必要なことも認めなければなりません。どのような手法を取ろうとも、マイクロサービスの世界でのメンバーの責任を明確に示し、その責任が重要である理由を明確にす

る必要があることを理解してください。これはスキル不足を知り、それを埋める方法について考える際に参考になります。多くの人にとっては、これはとても恐ろしい道のりです。助けてくれる人がいないと、実施したい変更は初めから成功の見込みはありません。

10.13　まとめ

コンウェイの法則は、組織と一致しないシステム設計を実施する危険を改めて認識させてくれます。結果としてサービスの所有権を同じ場所にいるチームに割り当てようとし、そのチーム自体は組織の同じ境界づけられたコンテキストと一致しています。この2つが一致していないと、本書を通じて説明したように緊張関係となります。この2つのつながりを理解することで、構築したいシステムが対象となる組織にとって意味のあるものになります。

ここでは、大規模組織が考慮する課題に触れました。しかし、システムが少数の個別のサービスを超えて成長したときに配慮すべき技術的検討事項が、他にもあります。次章ではこれについて取り上げます。

11章
大規模なマイクロサービス

　書籍で扱うような、問題のない小さな例を対象とする場合は、すべてが単純に見えます。しかし、実世界はもっと複雑です。マイクロサービスアーキテクチャが単純で質素な初期段階からもっと複雑な段階に拡張したら、どうなるでしょうか。独立した複数のサービスの障害に対処しなければならない場合や、何百ものサービスを管理しなければならない場合にはどうなるでしょうか。メンバー数以上のマイクロサービスがあるときの対処パターンはどのようなものでしょうか。調べてみましょう。

11.1　障害はどこにでもある

　私たちは、何事も失敗する可能性があることを理解しています。ハードディスクは故障する場合があります。ソフトウェアもクラッシュする場合があります。分散コンピューティングの誤謬（分散コンピューティングの落とし穴、fallacies of distributed computing、http://bit.ly/1En0t51、日本語ページ https://ja.wikipedia.org/wiki/分散コンピューティングの落とし穴）を読んだことのある人ならわかるように、私たちはネットワークが信頼できないことを知っています。障害の原因を抑えるように最善を尽くすことができますが、障害はある程度避けられません。例えば、現在のハードドライブはかつてないほど信頼できますが、結局は壊れます。ハードドライブの数が多いほど、個々のユニットが故障する可能性が高くなります。大規模システムでは、故障は統計的に必然です。

　超大規模を考えていなくても、障害の可能性を受け入れられれば楽になります。例えば、サービスの障害にグレースフルに対処できるなら、計画停止には計画外停止より簡単に対処できるので、結果としてサービスをインプレースアップグレードすることもできます。

また、防げないことを防ごうとするのに費やす時間を少し減らし、グレースフルに対処する時間を少し増やせます。多くの組織が障害を防ぐためのプロセスや制御を用意しているのに、そもそも障害から簡単に復旧できるようにすることをほとんど考えていないことに、私は驚いています。

何事も失敗する可能性があるという前提に立てば、問題の解決方法に対する考え方も変わります。

何年も前にGoogleのキャンパスで過ごしたときに、この考え方の一例に触れました。マウンテンビューにある建物の受付エリアには、展示の一種として古いマシンラックがありました。そこで2つのことに気付きました。まず、このサーバはサーバエンクロージャに収納されておらず、ラックに組み込まれた単なる裸のマザーボードでした。しかし、主に気になった点は、ハードドライブがマジックテープで取り付けられていたことでした。Googleの人にその理由を尋ねると、「ハードドライブがよく故障するので、ねじ留めしたくないんだ。故障したドライブをはぎ取ってごみ箱に投げ捨てたら、新しいドライブをマジックテープで取り付けるんだ」と答えました。

繰り返しますが、大規模の場合は、たとえ最高の最も高価なハードウェア一式を購入しても、必ず故障し得るという事実を避けることはできません。そのため、障害が発生することがあるとみなす必要があります。この考え方をすべてのことに適用して障害のために計画すれば、別のトレードオフが考えられます。サーバは故障することがあるという事実にシステムで対処できることがわかっていれば、そもそも障害の対処に悩まされる理由があるでしょうか。1台のノードの回復性を心配しすぎるよりも、Googleが行っていたように安価なコンポーネント（およびマジックテープ）を備えた裸のマザーボードを使えばよいのではないでしょうか。

11.2　どれくらいが多すぎるのか

7章で機能横断要件の話題を取り上げました。機能横断要件を理解することは、データの耐久性、サービスの可用性、スループット、サービスの許容遅延といった面を検討することです。本章や他の章で取り上げる多くのテクニックはこの要件を実装する手法について述べていますが、要件が正確に何であるかを知っているのはみなさんだけです。

負荷の増加や個々のノードの障害に対処できるオートスケーリングシステムがあれば素晴らしいですが、月に2回しか実行する必要がなく、1日や2日ダウンしても大したことではないレポートシステムにはこれはやりすぎでしょう。同様に、ブルーグ

リーンデプロイを行ってサービスの停止時間をなくす方法を解明するのはオンラインECシステムには適切ですが、企業のイントラネットにあるナレッジベースではおそらくやりすぎでしょう。

どれくらいの障害に耐えられるかやシステムに必要な速度は、システムのユーザによって決まります。そして、これはどのテクニックが最も適しているかを理解するのに役立ちます。とはいえ、ユーザは必ずしも正確な要件を述べられるわけではありません。そこで、適切な情報を抽出するための質問をし、ユーザがさまざまなレベルのサービスを提供する相対コストを理解するのを助ける必要があります。

既に述べたように、機能横断要件はサービスによって変わりますが、汎用的な機能横断要件を定義してから特定のユースケース用に修正することをお勧めします。負荷や障害によりよく対処するためにシステムをスケールアウトすべきかやその方法を考える際には、以下の要件を理解することから始めてください。

応答時間 / 遅延

操作はそれぞれどのくらいの時間がかかるべきでしょうか。ここでは、ユーザ数を変えて計測し、負荷の増加が応答時間にどのように影響するかを調べるのが有効です。ネットワークの性質を考えると、必ず外れ値があるので、監視対象の応答の特定のパーセンタイル値を設定すると便利です。この対象には、ソフトウェアで対処する見込みの同時接続 / ユーザ数も含まれます。そのため、「Webサイトが毎秒200同時接続に対処する場合、90パーセンタイル応答時間が2秒になる」などと言います。

可用性

サービスの停止は予想されるでしょうか。24時間365日無停止のサービスと考えますか。可用性を測定する際は許容可能な停止期間を検討したい場合もありますが、あなたのサービスを呼び出す側にとって、これはどれほど有益でしょうか。応答するサービスは頼りにでき、応答しないサービスは頼りにできないのです。停止期間の測定は、履歴レポートの観点からはとても有益です。

データの耐久性

どのくらいのデータ損失を許容できるでしょうか。データはどのくらいの期間保持すべきでしょうか。これは、おそらく状況によって変わることが多いでしょう。例えば、ユーザセッションログの保存を1年以下にしてディスク領域を節約する

240 | 11章　大規模なマイクロサービス

　一方で、金融取引記録を何年も保存する必要があるでしょう。

　このような要件を把握したら、継続的かつ系統的に計測する手段が必要です。例えば、性能テストを活用してシステムが許容できる性能目標を満たすようにし、かつ本番環境でもこの統計データを監視したいでしょう。

11.3　機能低下

　稼働している場合もあれば停止している場合もあるさまざまなマイクロサービスに機能を分散させている場合には特に、回復性のあるシステムの構築に不可欠なものは、安全に機能低下（デグレード）させる能力です。EC サイトの標準的な Web ページを考えてみましょう。Web サイトのさまざまな部分をまとめるには、複数のマイクロサービスが必要です。あるマイクロサービスは販売中のアルバムの詳細を表示し、別のマイクロサービスは価格と在庫水準を表示します。また、ショッピングカートの中身を表示するのは、別のマイクロサービスになるでしょう。ここで、いずれかのサービスが停止し、その結果 Web ページ全体が利用できなくなると、間違いなくこのシステムは 1 つのサービスだけが利用できればよいシステムよりも回復性が低くなってしまうでしょう。

　それぞれの機能停止の影響を理解し、適切に機能低下させる方法を考え出す必要があります。ショッピングカートサービスを利用できない場合、おそらく大きな問題ですが、それでも Web ページにリストを表示することができます。単にショッピングカートを隠すか、「すぐに復旧します」というアイコンに置き換えます。

　1 つのモノリシックアプリケーションでは、あまり多くの判断は下しません。システムの健全性は、健全かそうでないかの 2 つだけです。しかし、マイクロサービスアーキテクチャでは、はるかに多い微妙な状況を考慮しなければなりません。どのような状況でも、適切な対処法が技術的判断ではないことが多いものです。ショッピングカートが停止した場合に技術的に何をすればよいかはわかりますが、事業背景を理解していないと、どのような対策を取るべきかがわかりません。例えば、サイト全体を閉じても商品のカタログを閲覧できるようにするか、またはカート制御を含む UI 部分を注文用の電話番号に置き換えます。しかし、複数のサービスを使う顧客向けインタフェースや、複数の下流コラボレータに依存するサービスでは、「これが停止したらどうなるか」を自問し、対処の仕方を考えておきます。

　機能横断要件に対する各機能の重要度を考えると、何ができるかがはるかによくわ

かります。障害が発生したときにグレースフルに対処できるように、技術的観点からできることを考えてみましょう。

11.4 アーキテクチャ上の安全対策

何か問題が生じたときに扱いにくい波及効果を引き起こさないために活用できるいくつかのパターンがあり、それらをまとめて**アーキテクチャ上の安全対策**と呼びます。1人の悪い市民が世界全体を完全に破滅に導かないようにするため、理解しシステムの標準化の際に前向きに検討すべきポイントが、これらの安全対策です。検討すべきいくつかの重要な安全対策をすぐに見ていきますが、その前に問題を引き起こす要因の概要を示す簡単な話を紹介します。

私はオンライン案内広告Webサイトを構築するプロジェクトの技術リードでした。そのWebサイトは大量の処理を行い、ビジネス上でも多額の収入をもたらしていました。中核となるアプリケーションは、**図11-1** に示すように案内広告の表示とさまざまな種類の商品を提供する他のサービスへのプロキシ呼び出しを行っていました。これは実は**ストラングラー（締め殺し）アプリケーション**の一例です。ストラングラーアプリケーションでは、新しいシステムがレガシーアプリケーションへの呼び出しをインターセプトし、徐々に完全に置き換えます。このプロジェクトの一環として、古いアプリケーションを引退させている途中でした。最も大規模で収益が最大の商品を移動したところでしたが、残りの広告の多くではまだ古いアプリケーションが動作していました。検索数とこれらのアプリケーションから得られる収入の両方の観点から、非常にロングテールなものでした。

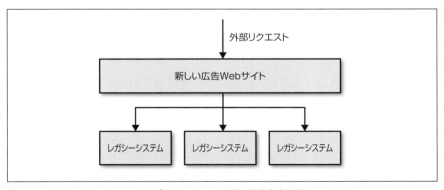

図11-1　古いレガシーシステムアプリケーションを絞め殺す案内広告Webサイト

このシステムはしばらく稼働してとても適切に動作し、それなりの負荷に対処していました。その当時、ピーク時には毎秒約 6,000 から 7,000 のリクエストに対処しなければなりませんでした。その大部分はアプリケーションサーバの手前にあるリバースプロキシで大量にキャッシュされていましたが、商品の検索（このサイトの最も重要な機能）はほとんどキャッシュされておらず、サーバとの完全なラウンドトリップが必要でした。

ある日の午前中のことでした。毎日昼食時にピークを迎えるのですが、その直前に、システムの動作が遅くなり始め、徐々に機能しなくなりました。新しい中核アプリケーションをある程度監視していたので、各アプリケーションノードの CPU 使用率が 100% に急増していることが判明し、これはピーク時の通常レベルを大きく超えていました。短時間でしたが、サイト全体がダウンしてしまいました。

私たちは何とか問題の原因を突き止め、サイトを復旧させました。最も古く最も保守が行われていなかった下流の広告システムの 1 つの応答が非常に遅くなっていました。応答が遅いことは、経験し得る最悪の故障モードの 1 つです。システムが単に停止しているなら、すぐにわかります。システムが遅くなっているだけだと、あきらめるまでしばらく待つことになります。しかし、障害の原因が何であれ、連鎖的障害に対して脆弱なシステムを作成していたのです。あまり制御できない下流サービスが、システム全体を停止させる可能性があったのです。

あるチームが下流システムの問題を調べている間、残りの開発者たちはアプリケーションで何が問題だったかを調べ始めました。そして、いくつかの問題を検出しました。HTTP 接続プールを使って下流接続に対処していました。このプールのスレッドには、下流 HTTP 呼び出しを行うときに待機する時間を示すタイムアウトが構成されており、これは問題ありません。問題は、下流システムが遅いために、すべてのワーカがタイムアウトになるのにしばらく時間がかかっていたことでした。ワーカが待っている間に、さらに多くのリクエストがプールにワーカスレッドを要求しました。利用可能なワーカがないので、これらのリクエストがハングしてしまいました。利用していた接続プールライブラリはワーカを待つタイムアウトを備えていましたが、これがデフォルトで**無効**になっていたことが判明しました。そのため、ブロックされたスレッドが大量に積み上がりました。このアプリケーションは、通常はいつでも 40 同時接続がありました。この状況が 5 分間で最高約 800 接続に達し、システムをダウンさせました。

さらに悪かったことは、対話していたその下流サービスの機能を使うのは顧客ベー

スの5%未満だけであり、そのサービスがもたらしている利益はさらに低い割合でした。突き詰めれば、私たちは苦い経験をして、動作が遅いだけのシステムの方がすぐに停止するシステムよりもはるかに扱いづらいことを知りました。分散システムでは、遅延は致命的です。

たとえプールのタイムアウトを適切に構成されていたとしても、私たちはすべてのアウトバウンドリクエストで1つのHTTP接続プールを共有していました。そのため、他のすべてが健全でも、1つの遅いサービスだけが利用可能なワーカをすべて使い果たす可能性がありました。最後に、問題の下流サービスが健全でなかったことは明らかでしたが、私たちはそのサービスにトラフィックをそのまま送り続けてしまいました。この状況では、下流サービスが復旧する機会を持てなかったので、状況を悪化させることになりました。結局、3つの修正を行ってこれが再発しないようにしました。**タイムアウト**を適切に構成し、異なる接続プールを分離するための**隔壁**（bulkhead）を実装し、そもそも不健全なシステムに呼び出しを送らないようにするために**サーキットブレーカー**を実装しました。

11.5　アンチフラジャイルな組織

Nassim Talebは、著書『Antifragile』（Random House）の中で障害や異常から実際に得られる利点について述べています[†]。Ariel Tseitlinはこの概念を利用し、Netflixの運営方法に関するアンチフラジャイルな組織（http://bit.ly/1e9i40t）の概念を考え出しました。

Netflixの運営規模はご存知の通り巨大で、Netflixが完全にAWSインフラに基づいていることも周知の事実です。この2つの要素は、障害を適切に受け入れなければならないことを示しています。Netflixは、システムが障害に耐えられるようにするために実際に障害を「わざと起こす」ことで、一歩先を行っています。

組織の中には「ゲームデイ」で満足するところもあるでしょう。ゲームデイでは、システムを停止してさまざまなチームに対応させるという障害のシミュレーションを行います。Googleにいたときは、多くのシステムでよく行われていました。確かに多くの組織がこのような訓練を定期的に行っていると、有益だと思います。Googleはサーバ障害を模倣する簡単なテストに留まらず、毎年のDiRT（Disaster Recovery Test、災害復旧テスト）訓練（http://bit.ly/15CnW3a）の一環として地震

[†]　アンチフラジャイルについては、1章の監訳者注を参照。

244 | 11章 大規模なマイクロサービス

などの大規模災害のシミュレーションも行っています。また、Netflix もより積極的な手法を採用しており、障害を引き起こすプログラムを記述して、それを日常的に本番環境で実行しています。

このようなプログラムで最も有名なのが Chaos Monkey です。Chaos Monkey は、1日のある時間帯に無作為にマシンを止めます。これが本番環境で起こり得ることをわかっているので、システムを作成する開発者は実際にそれに備えなければなりません。Chaos Monkey は、Netflix の障害ボットの Simian Army の一部にすぎません。Chaos Gorilla を使って（AWS のデータセンターにあたる）アベイラビリティゾーン（AZ）全体を除外し、Latency Monkey はマシン間の遅いネットワーク接続をシミュレートします。Netflix は、これらのツールをオープンソースライセンスで利用できるようにしています（http://bit.ly/1fsqzaH）。多くの人にとって、システムが本当に堅牢であるかどうかの究極のテストは、本番インフラで独自の Simian Army を実施することでしょう。

ソフトウェアを通じて障害を受け入れてわざと起こし、それに対処できるソフトウェアを構築することは、Netflix の障害対策の一部にすぎません。Netflix は、障害発生時にその障害から学び、間違いが起こったときに非難されることのない文化を採用することの重要性も理解しています。開発者は本番サービスを管理する責任も負うので、この学習と進化のプロセスの一環として、開発者はより多くの権限を与えられます。

障害を発生させ、障害に備えて構築することで、Netflix はスケーリングに優れ、顧客のニーズをより適切にサポートするシステムになるようにしています。

全員が Google や Netflix のように極端に走る必要はありませんが、分散システムに求められる考え方の転換を理解することは重要です。障害は発生するのです。システムが（信頼できない）ネットワークにわたって（故障する可能性のある）複数マシンに分散していると、システムの脆弱性は低くなるのではなく高くなります。そのため、Google や Netflix のような規模でサービスを提供したいか否かにかかわらず、分散アーキテクチャで生じる障害に備えることはとても重要です。それでは、システムで障害に対処するには何が必要でしょうか。

11.5.1　タイムアウト

タイムアウトは見落としやすいものですが、下流システムでは適切なタイムアウトが重要です。どのくらい待てば、下流システムが実際にダウンしているとみなせるで

しょうか。

呼び出しが失敗したと判断するまでに長く待ちすぎると、システム全体の遅延を引き起こします。あまりに早くタイムアウトしてしまうと、正しく機能する可能性のある呼び出しを失敗とみなしてしまいます。タイムアウトが全くないと、ダウンした下流システムがシステム全体をハングさせます。

すべてのプロセス外呼び出しにタイムアウトを設定し、すべてに対するデフォルトのタイムアウトを指定します。タイムアウトが発生したときをロギングし、何が起こったかを調べ、それに応じて変更します。

11.5.2　サーキットブレーカー

誰の自宅にも、電気機器で電流が急上昇するのを防ぐためにブレーカー（サーキットブレーカー）があるでしょう。電流が急上昇すると、ブレーカーが落ち、高価な家庭電気製品を守ってくれます。また、手動でブレーカーを無効化して自宅の一部への電気を遮断し、安全な状態で電気製品を修理することもできます。Michael Nygardの著書『Release It!』（Pragmatic Programmers、日本語版『Release It! 本番用ソフトウェア製品の設計とデプロイのために』オーム社）は、同じ考え方がソフトウェアの保護メカニズムとして驚くほど効果的であることを示しています。

先ほど紹介した話を考えてください。下流のレガシー広告アプリケーションのレスポンスが非常に遅くなってしまい、最終的にエラーが返ってきました。たとえタイムアウトを適切に設定していても、エラーになるまで長い時間待つことになります。そして、次にリクエストが来たときに再び試して待ちます。下流サービスが正常に動作しないだけでも十分に問題ですが、システムも遅くなります。

サーキットブレーカーがある場合、下流リソースへの特定の数のリクエストが失敗すると、サーキットブレーカーが落ちます。サーキットブレーカーが落ちている間は、すべてのリクエストがすぐに失敗します。特定の時間の経過後、クライアントはリクエストを送信して下流サービスが復旧しているかを確認し、十分に健全なレスポンスを得たら、サーキットブレーカーをリセットします。このプロセスの概要を**図 11-2**に示します。

サーキットブレーカーの実装方法は、**失敗**したリクエストが何を意味するかに依存します。HTTP 接続用に実装したときには、タイムアウトや 5XX HTTP リターンコードを失敗とみなしました。この場合、下流リソースがダウン、タイムアウト、またはエラーを返したときに、特定の閾値に達した後に自動的にトラフィックの送信を停止

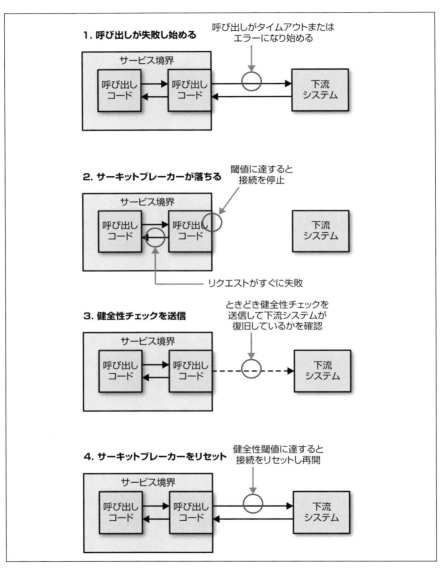

図11-2 サーキットブレーカーの概要

し、すぐに失敗するようにします。また、状態が健全になったら、再び自動的に送信を開始できます。

適切に設定するのは少し大変です。あまり簡単にサーキットブレーカーを落としたくないし、落ちるまでにあまり長い時間をかけたくもありません。下流サービスが再び正常になったことを確認してから、トラフィックを送信したいでしょう。タイムアウトと同様に、理にかなったデフォルトを選んで、どこでもそのデフォルトを使い、特定の状況でそれを変更します。

サーキットブレーカーが落ちている間には、いくつかの選択肢があります。その1つは、リクエストをキューイングして後でリトライすることです。ユースケースによっては、特に非同期ジョブの一環として処理を行っている場合には、これが適しているでしょう。しかし、この呼び出しを同期呼び出しチェーンの一部として行っている場合には、おそらくすぐに失敗する方がよいでしょう。これにより、エラーを呼び出しチェーンの上流へ伝播させるか、わずかに機能低下させることになります。

（自宅のブレーカーの場合と同様に）このメカニズムを用意したら、それを手動で利用して作業を安全に行うことができます。例えば、定期保守の一環でマイクロサービスを停止させたい場合には、従属システムのすべてのサーキットブレーカーを手動で落とし、マイクロサービスがオフラインの間はすぐに失敗させることができます。マイクロサービスが再開したら、サーキットブレーカーをリセットでき、これによってすべてが通常に戻るはずです。

11.5.3 隔壁

『Release It!』の別のパターンで、Nygard は、障害から隔離するための手段として**隔壁**の概念を紹介しています。船舶において、隔壁は船舶の残りの部分の保護用に封鎖するための船舶の一部です。船舶が浸水したら、隔壁のドアを閉じることができます。船舶の一部を失いますが、残りの部分は無傷のままです。

ソフトウェアアーキテクチャの観点では、さまざまな隔壁が考えられます。自分の経験を顧みると、実は隔壁を実装する機会を逃してしまいました。下流接続ごとに異なる接続プールを使うべきでした。そうすれば、**図 11-3** に示すように、ある接続プールを使い果たしても、他の接続は影響を受けません。すると、下流サービスの動作が遅くなり始めても、その接続プールだけが影響を受け、他の呼び出しを通常通り進められます。

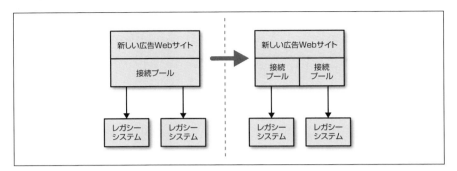

図11-3 下流サービスごとに1つの接続プールを使った隔壁の提供

　関心の分離も隔壁を実装する手段になります。機能を別のマイクロサービスに分離すると、ある部分での停止が別の部分に影響を与える可能性が減ります。

　マイクロサービス内とマイクロサービス間の両方で、システムで障害が発生する可能性のあるすべての面を調べてください。隔壁を設置していますか。まずは最低限でも下流接続ごとに接続プールを分離することをお勧めします。しかし、さらに進めて、サーキットブレーカーの利用を検討してもよいでしょう。

　サーキットブレーカーを、コンシューマを下流の問題から保護するためだけでなく、悪影響を及ぼしかねないさらなる呼び出しから下流サービスを守るために、隔壁を閉じる自動メカニズムだと考えることもできます。連鎖的障害の危険を考えると、すべての同期下流呼び出しにサーキットブレーカーを義務付けることをお勧めします。また、独自のサーキットブレーカーを記述する必要もありません。NetflixのHystrixライブラリ（http://bit.ly/1wxQtwW）は強力な監視機能を備えたJVM用のサーキットブレーカーであり、.NET用のPolly（http://bit.ly/1CIDFuT）やRuby用のcircuit_breakerミックスイン（http://bit.ly/1CIDFLp）など、さまざまな技術スタックごとに実装が存在します。

　特に隔壁はこの3つのパターンで最も重要です。タイムアウトとサーキットブレーカーは制約されたリソースを解放しますが、隔壁はそもそも制約されないようにすることができます。例えば、Hystrixでは特定の条件でリクエストを実際に拒否し、リソースがそれ以上飽和しないようにする隔壁を実装できます。これは**負荷遮断**（load shedding）として知られています。リクエストの拒否が、重要なシステムが過負荷になり複数の上流サービスのボトルネックになるのを防ぐ最善の方法になることもあ

ります。

11.5.4　分離

　あるサービスの別のサービスへの依存度が高いほど、あるサービスの健全性が他の
サービスの処理能力に与える影響が大きくなります。下流サーバがオフラインになる
ことを許す統合テクニックを採用できれば、上流サービスが計画停止や計画外停止の
影響を受けにくくなります。

　サービス間の分離を高めると他にも利点があります。サービスが互いに分離されて
いると、サービス所有者間に必要な調整が大幅に減ります。チーム間で必要な調整が
少ないほど、サービスをより自由に運用し進化させることができるので、チームの自
律性が高まります。

11.6　冪等性

　冪等（べき等、idempotent）な操作では、たとえその操作を続けて何度も適用し
ても、最初の適用後に結果は変わりません。操作が冪等なら、悪影響なしに呼び出し
を何度も繰り返せます。これは、処理済みかどうかはっきりしないメッセージを再処
理したいときに（エラーからの一般的な回復手段）、とても便利です。

　ある顧客の発注の結果としてポイントを追加する簡単な呼び出しを考えてみましょ
う。**例11-1** に示すようなペイロードを持つ呼び出しを実行します。

例11-1　アカウントへのポイントの付与

```
<credit>
  <amount>100</amount>
  <forAccount>1234</account>
</credit>
```

　この呼び出しを何度も受けると、100ポイントを何度も追加してしまいます。した
がって、現状ではこの呼び出しは冪等ではありません。しかし、もう少し情報がある
と、**例11-2** に示すようにポイントサービスにこの呼び出しを冪等にさせることがで
きます。

例 11-2　ポイント付与に情報を追加して冪等にする

```
<credit>
  <amount>100</amount>
  <forAccount>1234</account>
  <reason>
    <forPurchase>4567</forPurchase>
  </reason>
</credit>
```

このポイントは特定の注文 4567 に関連していることがわるようになりました。特定の注文に 1 回だけポイントを付与できると仮定すると、ポイント総数を増やさずにこのポイント付与を再適用できます。

このメカニズムはイベントベースの連携でも機能し、イベントをサブスクライブしている同種のサービスのインスタンスが複数存在するときに、特に便利です。たとえ何らかの非同期メッセージ配信を利用して、どのイベントが処理済みかを格納しても、2 つのワーカが同じメッセージを確認できる小さな時間枠があります。イベントを冪等な方法で処理することで、その処理で問題が生じないようにします。

この概念にとらわれ、同じパラメータを持つ後続の呼び出しが**全く**影響を与えないとみなす人もおり、そのために興味深い立場になります。例えば、実際にはやはり呼び出しを受けた事実をログに記録したいでしょう。呼び出しの応答時間を記録し、監視のためにこのデータを収集する必要があります。ここでは、冪等と考えているのは基盤となるビジネス操作であって、システムの全体状態ではないことが重要です。

GET や PUT といった一部の HTTP 動詞は HTTP 仕様で冪等だと定義されていますが、そのためにはサービスが呼び出しを冪等な方法で処理することを前提としています。これらの動詞が冪等でなくなり始めているのに、呼び出し元が繰り返し実行しても安全だと思っていると、大変なことになります。HTTP を基盤プロトコルとして使っているからと言って、すべてが無料で手に入るわけではないことを覚えておいてください。

11.7　スケーリング

一般に、2 つの理由のいずれかでシステムをスケールさせます。1 つの理由は、障害に対処するためです。何に障害が発生することを心配している場合、その何かがたくさんあれば助けになります。スケールさせるもう 1 つの理由は、高負荷への対処や遅延の削減の観点での性能のためです。利用できる一般的なスケーリングのテクニッ

クを調べ、マイクロサービスアーキテクチャへの適用方法を考えてみましょう。

11.7.1 より大きくする

　高い処理能力が有効な操作もあります。高速なCPUと優れたI/Oを備えた大規模ボックスにより遅延やスループットが改善されることが多く、短時間で多くの処理を実行できるようになります。しかし、**垂直スケーリング**と呼ばれるこのようなスケーリングは、コストが高くつきます。特に本当に大規模なマシンでは、1台の大規模サーバが、合計で同じ能力を持つ2台の小規模サーバよりもコストがかかることもあります。また、ソフトウェアが、利用可能になった追加リソースで多くのことを実行できない場合もあります。ほとんどの場合、大規模マシンは多くのCPUコアを持ちますが、それを活用するように記述されているソフトウェアは、多くはありません。他にも、このようなスケーリングは、サーバが1台しかない場合にはサーバの回復性をあまり改善しないという問題があります。とはいえ、特にマシンのサイズを簡単に変更できる仮想化プロバイダを利用している場合は、素晴らしい利点が短時間で得られます。

11.7.2 作業負荷の分割

　6章で概説したように、ホストごとに1つのマイクロサービスを持つ方が、ホストごとに複数サービスのモデルよりも確かに望ましいでしょう。しかし、多くの人が最初は、（議論の余地のある理由ですが）コストを削減しホスト管理を簡素化するために、1つのボックスに複数のマイクロサービスを共存させます。マイクロサービスはネットワーク経由で通信する独立したプロセスなので、後で独自のホストに移行してスループットやスケーリングを改善するのは容易な作業のはずです。1台のホストの停止で影響を受けるマイクロサービスの数が減るので、システムの回復性も改善します。

　もちろん、規模拡大のニーズを利用し、既存のマイクロサービスを分割して負荷への対処を改善することもできます。単純な例として、アカウントサービスが個々の顧客の金融アカウントの作成と管理を行う機能を提供し、レポートを生成するためのクエリを実行するAPIも公開しているとしましょう。このクエリ機能は、システムにとって大きな負荷となります。クエリ機能は、日中にはリクエストを受け入れ続ける必要がないので、クリティカル（必要不可欠）ではないとみなします。しかし、顧客の金融記録を管理する機能はクリティカルなので、ダウンさせることはできません。この2つの機能を別個のサービスに分離することで、クリティカルなアカウントサービス

の負荷を減らします。また、（おそらく4章で概説したテクニックを使った）クエリを備えるように設計されているだけでなく、中核のアカウントサービスほどの回復性を必要としないクリティカルでないシステムとしても設計されている新しいアカウント報告サービスを導入します。

11.7.3　リスクの分散

　回復性を高めるためのスケーリング方法としては、1つのことにすべての希望をかけないようにすることが挙げられます。この方法の単純な例は、（停止が複数のサービスに影響を与える）1台のホストに複数のサービスを配置しないようにすることです。しかし、**ホスト**が何を指すかを考えてみましょう。最近のほとんどの状況では、**ホスト**は実は仮想概念です。そのため、すべてのサービスが異なるホスト上にあっても、そのすべてのホストが実際には仮想ホストで、同じ物理ボックス上で動作していたらどうなるでしょうか。そのボックスがダウンしたら、複数のサービスを失います。ホストを複数の異なる物理ボックスに分散させ、複数のサービスを失う可能性を減らすことができる仮想プラットフォームもあります。

　オンプレミスの仮想プラットフォームでは、仮想マシンのルートパーティションを1つのSAN（Storage Area Network：ストレージエリアネットワーク）にマッピングするのが一般的です。そのSANがダウンしたら、接続されているすべてのVMがダウンします。SANは大規模かつ高価で、障害が発生しないように設計されています。とはいえ、私は過去10年間に少なくとも2回大規模で高価なSANに障害が発生した経験があり、どちらも重大な結果を招きました。

　障害を減らすための分離形態として他に一般的なのは、すべてのサービスをデータセンターの1つのラックで動作させないようにしたり、サービスを複数のデータセンターに分散させたりすることがあります。基盤となるサービスプロバイダを利用している場合には、サービス品質保証（SLA：Service-Level Agreement）が適切に用意されているかどうかを調べ、それに応じて計画することが重要です。自分のサービスのダウンタイムが四半期あたり4時間未満であることを保証する必要があるのに、ホスティングプロバイダが四半期あたり8時間のダウンタイムしか保証できない場合には、SLAを変更するか、別の解決策を考えなければなりません。

　例えば、AWSはリージョンに分かれており、リージョンを別のクラウドと考えられます。そして、リージョンは2つ以上のアベイラビリティゾーン（AZ：Availability Zone）に分割されています。AZはAWSのデータセンターに相当します。

AWSは単一ノードの可用性やアベイラビリティゾーン全体の可用性を保証しないので、サービスを複数のアベイラビリティゾーンに分散させることが不可欠です。コンピューティングサービスには、リージョン全体で月あたり99.95%のアップタイムしか提供しないので、1つのリージョン内の複数のアベイラビリティゾーンに作業負荷を分散したいでしょう。これでも十分ではない人は、代わりに複数のリージョンでサービスを実行します。

もちろん、プロバイダは **SLA** を**保証**するので、プロバイダは自社の法的責任を制限することが多いことに注意すべきです。プロバイダが目標を達成できなかったために、あなたが顧客や大金を失うことになったら、契約を調べて何か取り戻せないか確認するでしょう。したがって、サプライヤーの義務不履行の影響を理解し、（複数の）代替案を用意しておく必要があるかどうかを考えることを強くお勧めします。例えば、私が担当した何社かの顧客では、異なるサプライヤーの災害復旧ホスティングプラットフォームを用意し、1社の過失に脆弱になりすぎないようにしていました。

11.7.4　負荷分散

サービスに回復性を持たせる必要があるときには、単一障害点を避ける必要があります。同期HTTPエンドポイントを公開する典型的なマイクロサービスでは、これを実現するには、**図11-4**に示すように複数のホストでマイクロサービスのインスタンスを実行し、それらをロードバランサの背後に配置する方法が最も簡単です。マイクロサービスのコンシューマにとっては、対話しているマイクロサービスのインスタンス数が1か100かはわかりません。

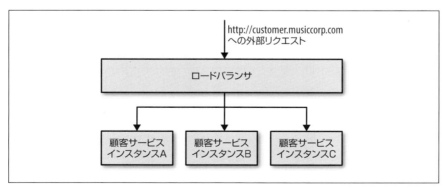

図11-4　複数の顧客サービスのインスタンスをスケールさせる負荷分散手法の例

ロードバランサには、大規模で高価なハードウェアアプライアンスから mod_proxy のようなソフトウェアベースのロードバランサまで、あらゆる形態やサイズがあります。これらはすべて主要な機能を共有しています。ロードバランサは、送信された呼び出しを何らかのアルゴリズムに従って1つ以上のインスタンスに分散します。また、健全ではなくなったらインスタンスをルーティング先から削除し、インスタンスが健全になったらルーティング先に再度追加します。

便利な機能を提供するロードバランサもあります。一般的な機能は **SSL ターミネーション**です。SSL ターミネーションでは、ロードバランサへの受信 HTTPS 接続を HTTP 接続に変換します。以前は SSL 管理のオーバーヘッドは非常に大きかったので、ロードバランサにこのプロセスを対処させるのはとても有益でした。最近では、インスタンスを実行する個々のホストの設定を簡素化するためにも、これを使います。しかし、9 章で述べたように HTTPS を利用する主な目的はリクエストが中間者攻撃に対して脆弱でないようにすることなので、SSL ターミネーションを使うと、多少危険にさらすことになります。対策の1つは、**図 11-5** に示すようにすべてのマイクロサービスのインスタンスを1つの VLAN 内に配置することです。VLAN は仮想ローカルネットワークであり、外部からのリクエストがルータ経由でしか届かないように分離されています。この例では、ルータは SSL ターミネーションを行っているロードバランサです。VLAN 外からのマイクロサービスへの通信だけは HTTPS 経由ですが、内部的にはすべて HTTP になります。

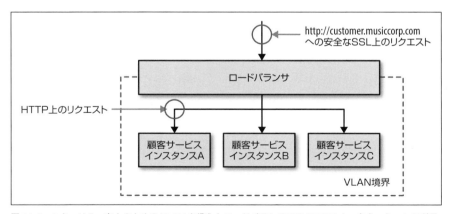

図 11-5　セキュリティ向上のための VLAN を備えたロードバランサでの HTTPS ターミネーションの利用

AWS は HTTPS ターミネーションを行うロードバランサを ELB（Elastic Load Balancing）として提供しており、セキュリティグループや VPC（Virtual Private Cloud）を使って VLAN を実装できます。または、mod_proxy のようなソフトウェアがソフトウェアロードバランサの役割を担います。多くの組織はハードウェアロードバランサを持っていますが、その自動化は困難な場合があります。そのような状況では、ハードウェアロードバランサの**背後**にソフトウェアロードバランサを配置し、チームが必要に応じて自由に再構成できるようにすることを推奨します。大抵は、ハードウェアロードバランサが単一障害点になることに注意すべきです。どのような方法を採用しても、ロードバランサの構成を検討する際は、サービスの構成と同様に扱ってください。必ずバージョン管理に格納し、自動的に適用できるようにします。

ロードバランサでは、サービスコンシューマにとって透過的な形でマイクロサービスのインスタンスを追加できます。そのため、負荷に対処する能力が高まり、1 台のホストの障害の影響も減らせます。しかし、（ほとんどではないにしても）多くのマイクロサービスは、何らかの永続データストア（おそらく、異なるマシンにあるデータベース）を持っています。異なるマシンに複数のマイクロサービスのインスタンスがあるものの、データベースインスタンスが 1 台のホストだけで動作している場合、やはりデータベースが単一障害点になります。これに対処するためのパターンはすぐ後で説明します。

11.7.5　ワーカベースのシステム

サービスの複数のインスタンスで負荷を共有して脆弱性を減らす方法は、負荷分散だけではありません。操作の性質によっては、ワーカベースのシステムも同様に効果的です。このシステムでは、一連のインスタンスのすべてが、共有された作業のバックログを処理します。これは多数の Hadoop プロセスや、共有された作業キューに対する多数のリスナの場合もあります。この種の操作は、バッチ作業や非同期ジョブに最適です。画像サムネール処理、メール送信、レポート生成といったタスクを考えてください。

このモデルは**急増**する負荷にも威力を発揮し、負荷に合わせて必要に応じて追加インスタンスを起動できます。作業キューに回復性がある限り、このモデルは作業のスループット改善と回復性改善の両方のためのスケーリングに利用できます。ワーカ障害（またはワーカ不在）の影響にも容易に対処できます。処理に時間がかかりますが、失われるものはありません。

256 | 11 章　大規模なマイクロサービス

　これは、1 日のある時間帯に未使用の多くのコンピューティングキャパシティがある組織で効果的です。例えば、夜間は EC システムを実行するマシンはそれほどたくさん必要ない場合があるので、代わりに一時的にレポートジョブ用のワーカの実行に使うことができます。

　ワーカベースのシステムでは、ワーカの信頼性はあまり高くなくても構いませんが、実行する処理を含むシステムは信頼性がなければなりません。これには、例えば永続メッセージブローカーや ZooKeeper のようなシステムを使います。この目的のために既存ソフトウェアを使うと、誰かが私たちに代わって大変な処理の多くを行ってくれるという利点があります。しかし、やはりこういったシステムを回復性があるように設定し保守する方法を身に付けておく必要があります。

11.7.6　再出発

　最初に始めたアーキテクチャは、システムが全く異なる規模の負荷に対処する必要に迫られた際に、そのまま使い続けるアーキテクチャとしては適切ではないことがあります。Jeff Dean が「Challenges in Building Large-Scale Information Retrieval Systems（大規模情報検索システムの構築における課題）」（WSDM 2009 カンファレンス）というプレゼンテーションで述べていたように、「10 倍の成長を見込んで設計するが、100 倍になる前に書き直しを計画すべき」なのです[†]。ある時点で、次の段階の成長を支える抜本的な措置を講じる必要があります。

　6 章で触れた Gilt の話を思い出してください。Gilt では、簡単なモノリシック Rails アプリケーションが 2 年間はうまくいっていました。事業がさらに成功し、顧客や負荷が増えました。ある転換点で Gilt は、負荷に対応するようにアプリケーションを再設計しなければなりませんでした。

　再設計では、Gilt のように既存のモノリスを分割することもあります。または、負荷により適切に対処できる新しいデータストアを選ぶ場合もあり、詳しくはすぐ後で説明します。また、同期リクエスト / レスポンスからイベントベースのシステムに移行するといった新しいテクニックの採用や、新しいデプロイプラットフォームの採用、技術スタック全体の変更などもあります。

　規模に関してある閾値に達したら再設計する必要性が出てくるからといって、最初から大規模向けに構築するのは危険です。これは悲惨な結果になる恐れがあります。

[†]　監訳者注：http://research.google.com/people/jeff/WSDM2009-keynote.html で、この講演のスライドと動画を入手可能。

新しいプロジェクトの開始時には、構築したいものが漠然としている場合や、うまくいくかどうかがわからない場合も多いものです。迅速に実験し、構築する必要がある機能を理解しなければなりません。前もって大規模向けに構築しようとすると、決して発生しないかもしれない負荷に備えて大量の作業をフロントローディングすることになり、ユーザが実際に製品を使いたいかを把握するといった、より重要な作業がおろそかになってしまうことになります。Eric Ries は、誰もダウンロードしない製品の構築に 6 カ月を費やした話をしてくれました。彼は、もしユーザがクリックしたら404 エラーになるリンクをページに設置して需要があるのかを確認していたら、ビーチで6 カ月間過ごしても同じくらい多くのことを学べたのにと当時を振り返りました。

大規模に対応するためのシステム変更のニーズは、障害の兆候ではありません。成功の兆しなのです。

11.8　データベースのスケーリング

ステートレスなマイクロサービスのスケーリングはかなり簡単です。しかし、データベースにデータを格納していたらどうなるでしょうか。データベースのスケーリング方法も知る必要があります。データベースの種類が異なるとスケーリング方法も異なり、自分のユースケースに最適な方法を理解すると、最初から適切なデータベース技術を選べます。

11.8.1　サービスの可用性とデータの耐久性

まず、サービスの可用性の概念をデータ自体の耐久性と区別することが重要です。この 2 つは異なる概念なので、解決策も異なることを理解しなければなりません。

例えば、データベースに書き込まれた全データのコピーを、回復性のあるファイルシステムに格納します。データベースがダウンしても、コピーがあるのでデータは失われませんが、データベースは利用できないので、マイクロサービスも利用できなくなります。さらに一般的なモデルは、スタンバイを利用することでしょう。プライマリデータベースに書き込まれた全データが、スタンバイレプリカデータベースにコピーされます。プライマリデータベースがダウンしてもデータは安全ですが、プライマリを元に戻すかレプリカをプライマリにするメカニズムがないと、データが安全でも利用できるデータベースがないことになります。

11.8.2　読み取りのためのスケーリング

多くのサービスではほとんどが読み取りです。販売する商品の情報を格納するカタログサービスを考えてください。新商品のレコードを不定期に追加しており、カタログのデータの書き込みに対して 100 倍以上の読み取りがあっても、全く意外ではありません。幸い、読み取りのためのスケーリングは、書き込みのためのスケーリングよりはるかに簡単です。ここではデータのキャッシングが大きな役割を果たしており、詳しくはすぐ後で取り上げます。もう 1 つのモデルは**リードレプリカ**（読み取りレプリカ）の活用です。

MySQL や PostgreSQL といったリレーショナルデータベース管理システム（RDBMS：Relational Database Management System）では、プライマリノードから 1 つ以上のレプリカにデータをコピーできます。ほとんどの場合、これはデータのコピーを安全に保持するために行いますが、これを利用して読み取りを分散することもできます。図 11-6 に示すように、サービスでは書き込みをすべて 1 つのプライマリノードに向けても、読み取りを 1 つ以上のリードレプリカに分散できます。プライマリデータベースからレプリカへのレプリケーションは、書き込み後のある時点で行われます。つまり、このテクニックでは、レプリケーションが完了するまでは読み取りで**陳腐化した**データが見えてしまう場合があります。最終的には、読み取りで整合性のあるデータが見えるようになります。このような設定を**結果整合性**があると言い、一時的な不整合に対処できれば、これはシステムのスケーリングを助けるとても簡単で一般的な方法です。詳しくは、すぐ後で CAP 定理を調べるときに説明します。

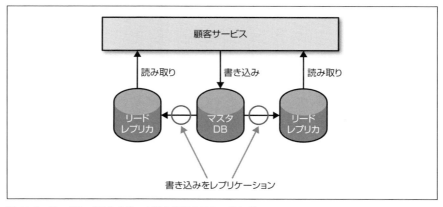

図 11-6　リードレプリカを使った読み取りのスケーリング

11.8　データベースのスケーリング | **259**

　何年も前にはリードレプリカを使ったスケーリングが大流行していましたが、現在
ではまずキャッシングを目指すことをお勧めします。キャッシングの方が性能をもっ
と大幅に改善でき、大抵は労力も少なくて済みます。

11.8.3　書き込みのためのスケーリング

　読み取りは比較的スケーリングが簡単です。書き込みはどうでしょうか。これには
シャーディングを使う手法があります。シャーディングでは、複数のデータベース
ノードがあります。書き込むデータのキーに何らかのハッシュ関数を適用し、その
結果に基づいてデータを送信する場所を決めます。単純な（実際のところ悪い）例と
して、AからMで始まる顧客レコードをあるデータベースインスタンスに格納し、
NからZを別のデータベースインスタンスに格納するとしましょう。アプリケーショ
ンで自ら管理することもできますが、あなたに代わってそのほとんどに対処する、
MongoDBのようなデータベースもあります。

　書き込みのシャーディングの複雑さは、クエリへの対処で生じます。個々のレコー
ドの検索は簡単です。ハッシュ関数を適用するだけでデータのあるインスタンスがわ
かるので、正しいシャードからデータを取得できます。しかし、複数ノードにわたる
データのクエリは、例えば18歳以上の全顧客を探す場合はどうなるでしょうか。す
べてのシャードをクエリしたい場合には、各シャードにクエリをしてメモリ内で結合
するか、全データセットを入手できる代替リードストア（読み取りストア）が必要で
す。多くの場合、シャードをまたがるクエリは、キャッシュされた結果を使って非同
期メカニズムで処理されます。例えば、MongoDBは、MapReduceジョブを利用し
てこのようなクエリを実行します。

　シャーディングされたシステムでデータベースノードを追加したい場合は、どうす
るのでしょうか。従来は、データベース全体を停止しデータをリバランスする必要
があったので、特に大規模クラスタでは、大幅なダウンタイムが必要なことが多く
ありました。最近では、稼働中のシステムへのシャードの追加をサポートするシステ
ムが増えており、データのリバランスはバックグラウンドで行われます。例えば、
Cassandraはシャードの追加に適切に対処します。しかし、既存のクラスタへのシャー
ドの追加は気弱な人には向いていないので、徹底的にテストするようにしてください。

　書き込みのためのシャーディングは書き込み量に対してスケールできますが、回復
性は改善しないかもしれません。AからMで始まる顧客レコードを常にインスタン
スXに格納する場合、インスタンスXが利用できないと、AからMで始まるレコー

ドへアクセスできなくなります。Cassandra はそのための追加機能を提供しており、データをリング（Cassandra ノードの集合を示す Cassandra 用語）内の複数のノードにレプリケーションできます。

簡単な概要から推測できたと思いますが、書き込み用のデータベースのスケーリングはとても面倒で、さまざまなデータベースの機能に違いが出てきます。既存の書き込み量に対して簡単にスケールできる限界に達した際に、データベース技術を変更する例をよく目にします。そのような場合には、さらに大規模なボックスの購入が問題解決の一番手軽な方法であることが多いですが、その裏で Cassandra、MongoDB、Riak といったシステムを調べて、これらの代替スケーリングモデルがより優れた長期的な解決策となるかどうかを確認するとよいでしょう。

11.8.4　共有データベースインフラ

従来の RDBMS のような一部のデータベースは、データベース自体とスキーマの概念を区別しています。これは、1 つの稼働データベースが、マイクロサービスごとに 1 つの複数の独立したスキーマを持てることを意味しています。これはシステムの実行に必要なマシン数を減らすという観点でとても便利ですが、重大な単一障害点を導入してしまいます。このデータベースインフラがダウンしたら、一度に複数のマイクロサービスに影響を与え、壊滅的な停止を引き起こす可能性があります。このような構成で実行している場合には、必ずリスクを考えてください。また、データベースができる限り回復性を備えるようにしてください。

11.8.5　CQRS

CQRS（Command-Query Responsibility Segregation：コマンドクエリ責務分離）パターンは、情報の格納とクエリのための別のモデルを表します。通常のデータベースでは、データの変更とクエリの実行に 1 つのシステムを使用します。CQRS では、システムのある部分が状態を変更するリクエストを取得するコマンドに対処し、別の部分がクエリに対処します。

状態変更のリクエストにはコマンドを使います。そのコマンドが検証され、正しく機能する場合は、モデルに適用されます。コマンドにはその意図に関する情報を含めるべきです。コマンドは同期または非同期で処理できるので、スケーリングに対処するさまざまなモデルが可能です。例えば、受信リクエストを単にキューイングして後で処理することができます。

ここでは、コマンドとクエリに対処する内部モデルが完全に分離されることが重要です。例えば、コマンドをイベントとして対処して処理し、コマンドのリストをデータストアに格納します（**イベントソーシング**として知られるプロセスです）。私のクエリモデルではイベントストアをクエリし、格納されたイベントから射影を作成してドメインオブジェクトの状態を作り上げるか、システムのコマンド部分からフィードを選んで別の種類のストアを更新します。さまざまな意味で、先ほど述べたリードレプリカと同じ利点が得られ、さらにレプリカ用のバッキングストアをデータ変更に対処するデータストアと同じにする必要がありません。

このような分離は、さまざまな種類のスケーリングを可能にします。システムのコマンドとクエリの部分を異なるサービスや異なるハードウェアに配置でき、根本的に異なる種類のデータストアを活用できます。そのため、多数のスケーリング対処法を解き放てます。複数のクエリ実装を持つことでさまざまな種類の読み取り形式をサポートすることもできます。データのグラフベースの表現やキー / バリューベースの形式をサポートできるでしょう。

しかし、注意してください。このようなパターンは、1つのデータストアがすべての CRUD 操作に対処するモデルとは乖離しています。複数の経験豊富な開発チームがこのパターンを適切に機能させるのに苦労しているのを、私は見たことがあります。

11.9　キャッシング

キャッシングは、一般的に使われる性能最適化手法です。操作の以前の結果を格納するので、後続のリクエストは値の再計算に時間とリソースを費やすことなく、格納された値を使用できます。大抵は、キャッシングはデータベースや他のサービスへの不要なラウンドトリップを解消し、結果を高速に返します。適切に利用すれば、大きな性能上の利点が得られます。HTTP が大量のリクエストの処理でうまくスケールする理由は、キャッシングの概念が組み込まれているからです。

簡単なモノリシック Web アプリケーションでも、キャッシュの場所と方法に関して多くの選択肢があります。マイクロサービスアーキテクチャでは、それぞれのサービスがデータと振る舞いの源になるため、キャッシュの場所と方法に関してさらに多くの選択肢があります。分散システムでは、通常はクライアント側とサーバ側のどちらかでキャッシュを考えます。しかし、どちらが最適でしょうか。

11.9.1　クライアント側、プロキシ、サーバ側のキャッシング

　クライアント側のキャッシングでは、クライアントがキャッシュされた結果を格納します。クライアントが新鮮なコピーを取得しにいくタイミング（および取得するかどうか）を決めます。理想的には、クライアントがレスポンスで何をすべきかを理解するためのヒントを下流サービスが提供するので、クライアントは新しいリクエストを行うタイミングや行うかどうかがわかります。プロキシキャッシングでは、プロキシはクライアントとサーバとの間に配置されます。この好例は、リバースプロキシやコンテンツデリバリネットワーク（CDN）の利用です。サーバ側のキャッシングではサーバがキャッシングの責任を果たし、おそらく Redis や Memcached といったシステムや簡単なインメモリキャッシュも活用します。

　どの方法が最も理にかなっているかは、最適化したい対象に依存します。クライアント側のキャッシングはネットワーク呼び出しを大幅に減らすことができるので、下流サービスの負荷を減らす一番の近道の１つです。この場合、クライアントがキャッシングの振る舞いを管理しており、キャッシング方法を変更したい場合に、その変更を多数のコンシューマに展開するのが困難なことがあります。陳腐化したデータの無効化も面倒です。それに対処するメカニズムについてはすぐ後で説明します。

　プロキシキャッシングでは、クライアントとサーバの両方にとってすべてが不透明です。多くの場合、これは既存システムにキャッシングを追加するとても簡単な方法です。一般的なトラフィックをキャッシュするようにプロキシを設計すると、複数のサービスをキャッシュすることもできます。一般的な例は、任意の HTTP トラフィックをキャッシュできる Squid や Varnish といったリバースプロキシです。クライアントとサーバとの間にプロキシを配置するとネットワークホップを追加することになりますが、私の経験からこれが問題を引き起こすことはほとんどありません。なぜなら、キャッシング自体による性能の最適化はネットワークコストの増加をしのぐからです。

　サーバ側のキャッシングでは、クライアントにとってすべてが不透明です。クライアントは何も心配する必要がありません。サービス境界内やサービス境界近くでのキャッシュでは、データ無効化のような検証やキャッシュヒットの追跡や最適化が容易になります。複数の種類のクライアントがある場合には、サーバ側のキャッシュが性能を改善するための一番の近道になるでしょう。

　私が担当したすべての一般公開 Web サイトでは、結局はこの３つの手法を組み合わせました。しかし、複数の分散システムでは、完全にキャッシュなしで乗り切りま

11.9 キャッシング | **263**

した。しかし、結局は対処しなければならない負荷、データに必要な鮮度、現在システムが何を実行できるかを知ることに尽きます。さまざまなツールを自由に使えることを知ることは、第一歩にすぎません。

11.9.2 HTTP でのキャッシング

HTTP はクライアント側かサーバ側のどちらかでキャッシュするためにとても便利な制御を提供しており、たとえ HTTP 自体を使っていなくても理解する価値があります。

まず、HTTP ではクライアントへのレスポンスに cache-control ディレクティブを使います。これは、そもそもリソースをキャッシュすべきかどうかや、キャッシュすべき場合には何秒間キャッシュすべきかをクライアントに通知します。また、Expires ヘッダを設定することもでき、これはコンテンツをキャッシュできる期間を示すのではなく、リソースが陳腐化しているとみなして再取得すべき日時を指定します。共有しているリソースの性質でどちらが最適かが決まります。CSS や画像といった標準的な静的 Web コンテンツは、簡単な cache-control TTL（Time To Live、有効期間）が適していることが少なくありません。一方、リソースが新バージョンに更新されるタイミングが事前にわかっている場合には、Expires を設定する方が理にかなっています。これらはすべて、クライアントがそもそもサーバにリクエストせずに済むようにしてくれます。

cache-control と Expires 以外にも、HTTP の優れた機能の宝庫には別の選択があります。それはエンティティタグ（ETag）です。ETag を使って、リソースの値が変更されたかどうかを判断します。顧客レコードを更新した場合、リソースの URI は同じですがその値は異なるので、ETag が変わることが予想されます。これは、いわゆる**条件付き GET** を使用する際に効果を発揮します。GET リクエストを行うときには、追加ヘッダを指定して、ある基準を満たした場合のみリソースを送るようにサービスに指示します。

例えば、顧客レコードを取得し、その ETag が o5t6fkd2sa として返されたとしましょう。後で、cache-control ディレクティブによってリソースを陳腐化しているとみなすべきであることがわかったため、最新バージョンを取得していることを確認したいでしょう。後続の GET リクエストを発行するときには、If-None-Match:o5t6fkd2sa を渡せます。これは、この ETag 値に一致していない場合に指定の URI のリソースが欲しいことを、サーバに通知します。既に最新バージョンを持っている場合、サー

ビスは304 Not Modified レスポンスを送り、最新バージョンであることを示します。新バージョンがある場合は、変更後のリソースを含む200 OK とリソースの新しい ETag を得られます。

これほど広く利用されている仕様がこのような制御を組み込んでいるため、キャッシングに対処する多くの既存ソフトウェアを活用できます。Squid や Varnish といったリバースプロキシはクライアントとサーバとの間のネットワークに透過的に配置でき、必要に応じてキャッシュされたコンテンツを格納したり失効させたりすることができます。このようなシステムは大量の同時リクエストへの高速対応を目的としており、一般公開 Web サイトをスケーリングする標準的な方法です。AWS の CloudFront や Akamai といった CDN は、呼び出したクライアントの近くのキャッシュにリクエストをルーティングし、地球の反対側まで行く必要のあったトラフィックをそこまで行かなくていいようにします。また、HTTP クライアントライブラリとクライアントキャッシュは、私たちに代わって多くの処理に対処します。

ETag、Expires、cache-control は一部が重複しており、すべてを使う場合には注意しないと相反する情報を提供することになりかねません。さまざまな利点についての詳しい議論は、『REST In Practice』（O'Reilly、http://bit.ly/rest-practice）を参照するか、HTTP 1.1 仕様のセクション 13（http://bit.ly/1JOSoVh）を読んでください。HTTP 1.1 仕様のセクション 13 は、クライアントとサーバの両方がこのようなさまざまな制御をどのように実装しなければならないかを説明しています。

サービス間プロトコルとして HTTP を使用するかどうかにかかわらず、クライアントでキャッシングしてクライアントとのラウンドトリップを減らすのは、十分に価値があります。異なるプロトコルを選ぶ場合には、キャッシュできる期間が理解できるようなヒントをクライアントにいつどのようにして与えられるかを理解してください。

11.9.3　書き込みのキャッシング

キャッシングは読み取りに使っていることの方が多いでしょうが、書き込みのキャッシングが適している場合もあります。例えば、ライトビハインドキャッシュを活用すると、ローカルキャッシュに書き込み、後のある時点でデータを下流ソース（おそらく正規のデータソース）に流すことができます。これは、集中的に大量の書き込みがある場合や同じデータを複数回書き込む可能性が高い場合に便利です。ライトビハインドキャッシュは、書き込みをバッファリングしてバッチ処理するために使うと、

さらに有効な性能の最適化になります。

　ライトビハインドキャッシュでは、バッファリングされた書き込みが適切に永続化されていれば、たとえ下流サービスが利用できなくても、書き込みをキューイングして、再び利用できるようになったときに書き込みを送れます。

11.9.4　回復性のためのキャッシング

　キャッシングを、障害に備えた回復性を実装するために利用できます。クライアント側のキャッシングでは、下流サービスが利用できない場合、クライアントは陳腐化している可能性のあるキャッシュされたデータを使えます。また、リバースプロキシなどを使って陳腐化したデータを提供することもできます。システムによっては、陳腐化したデータでも利用できる方が全く結果を返さないよりはいいので、その判断をしなければなりません。当然ながら、要求されたデータがキャッシュにない場合にはできることはあまりありませんが、そのような状況を少なくする方法はあります。

　Guardian（およびその後に他社）で使われていたテクニックは、既存の**稼働**サイトを定期的にクローリングして、停止時に提供できる Web サイトの静的バージョンを生成することでした。このクローリングされたバージョンは稼働システムが提供するキャッシュコンテンツほど新鮮ではありませんでしたが、問題が発生したときでもサイトのあるバージョンが表示されることを保証できました。

11.9.5　オリジンサーバの隠蔽

　通常のキャッシュでは、リクエストがキャッシュミスになると、そのリクエストはオリジンサーバに送られ新鮮なデータを取得しますが、呼び出し元はブロックされ、結果を待ちます。通常、これは当然です。しかし、キャッシュを提供するマシン全体（またはマシンのグループ）に障害が発生したために大量のキャッシュミスが発生すると、多数のリクエストがオリジンサーバに送られます。

　キャッシュされる可能性の高いデータを提供するサービスでは、ほとんどのリクエストがオリジンサーバの手前にあるキャッシュによって提供されるので、総トラフィックのごく一部だけに対処するようにオリジンサーバ自体をスケールさせるのが一般的です。キャッシュ領域全体がなくなったために大量のリクエストを受信すると、オリジンサーバが停滞し存続できなくなる可能性があります。

　このような状況でオリジンサーバを保護するためには、そもそもリクエストをオリジンサーバに決して送らないようにする方法があります。代わりに、**図 11-7** に示す

ようにオリジンサーバ自体が必要に応じてキャッシュに投入します。キャッシュミスが起こったら、オリジンサーバが取得できるイベントを発行し、キャッシュを再投入する必要があることを警告します。シャード全体がなくなったら、バックグラウンドでキャッシュを再構築できます。キャッシュ領域が再投入されるのを待って、元のリクエストをブロックすることもできますが、これはキャッシュに競合を引き起こし、さらなる問題をもたらしかねません。システムの安定性の維持を優先している場合には、元のリクエストをすぐに失敗させます。

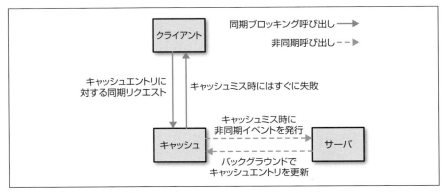

図 11-7 クライアントからオリジンサーバを隠し、キャッシュに非同期に投入する

このような手法は状況によっては理にかなっていないこともありますが、システムの一部に障害が発生したときにシステムが稼働を続けるための手段になります。リクエストがすぐに失敗し、リソースの消費や遅延の増加が起こらないようにすると、キャッシュの障害が下流に連鎖するのを防ぎ、復旧の機会を得られます。

11.9.6　簡潔に保つ

あまりに多くの場所でのキャッシングには注意してください。新鮮なデータソースとの間にキャッシュが多いほど、データがますます陳腐化し、クライアントが最終的に目にするデータの鮮度がわかりにくくなってしまいます。これは、呼び出しチェーンに複数のサービスが関与するマイクロサービスアーキテクチャでは、特に問題です。やはり、キャッシングが多いほど、新鮮なデータを入手するのが難しくなります。そこで、キャッシュが得策と考えている場合には、簡潔に保って1つだけにすることを

堅持し、追加する前には慎重に検討してください。

11.9.7　キャッシュポイズニング：訓話

　大抵は、キャッシングを間違えた場合に起こる最悪な事態は、しばらくの間陳腐化したデータを提供することだと考えます。しかし、永久に陳腐化したデータを提供することになったらどうなるでしょうか。以前に、ストラングラーアプリケーションを使って複数のレガシーシステムへの呼び出しをインターセプトし、徐々にレガシーシステムを引退させることを図っていたプロジェクトについて触れました。このアプリケーションは、事実上プロキシとして動作していました。このアプリケーションへのトラフィックはレガシーアプリケーションにルーティングされていて、応答を戻す途中で多少の調整を行っていました。例えば、レガシーアプリケーションからの結果に適切な HTTP キャッシュヘッダが適用されるようにしていました。

　ある日、通常の定期リリースの直後に、奇妙なことが起こり始めました。バグが発生し、一部のページがキャッシュヘッダ挿入コードのロジック条件を通過し、ヘッダが全く変更されなくなってしまったのです。残念ながら、この下流アプリケーションもそれ以前のある段階で変更されていて、Expires: Never という HTTP ヘッダを含めるようになっていました。以前はこのヘッダをオーバーライドしていたので、全く影響がありませんでした。しかし、今はそうではありません。

　このアプリケーションは Squid を多用して HTTP トラフィックをキャッシュしており、Squid を迂回してアプリケーションサーバに届くリクエストが増えているのがわかっていたので、この問題にすぐに気付きました。キャッシュヘッダコードを修正してリリースし、Squid キャッシュの関連領域も手動で削除しました。しかし、まだ十分ではありませんでした。

　先ほど述べたように、キャッシュは複数の場所で行えます。一般公開 Web アプリケーションのユーザにコンテンツを提供するときには、顧客との間に複数のキャッシュを置くことができます。Web サイトの手前に CDN などを配置できる限りでなく、キャッシングを活用する ISP もあります。このようなキャッシュを制御できるでしょうか。また、たとえ制御できたとしても、ほとんど制御できないキャッシュが 1 つあります。それはユーザのブラウザのキャッシュです。

　Expires: Never が設定されたページは多くのユーザのキャッシュから消えず、キャッシュが一杯になるかユーザがキャッシュを手動で削除するまで決して無効になることはありません。当然ながら、キャッシュを一杯にすることも手動で削除させる

こともできませんでした。唯一の選択肢は、ページの URL を変更して再取得させることでした。

キャッシングは確かにとても強力ですが、キャッシュされたデータの出所から行き先までの経路全体を理解し、その複雑さと間違いを起こす原因を認識する必要があります。

11.10　オートスケーリング

仮想ホストを完全に自動的にプロビジョニングでき、マイクロサービスのインスタンスのデプロイも完全に自動化できるなら、マイクロサービスをオートスケールできる基本要素は整っていることになります。

例えば、既にわかっている傾向からスケーリングを開始することもできます。システムの負荷のピークが午前 9 時と午後 5 時の間であることがわかっていたら、午前 8:45 にインスタンスを追加し、午後 5:15 に停止します。（優れた組み込みのオートスケーリングをサポートしている）AWS などを利用している場合には、必要なくなったインスタンスを停止すると料金の節約になります。日ごとや週ごとなど、時間とともに負荷がどのように変わるかを把握するためのデータが必要になります。明確な季節サイクルがあるビジネスもあるので、適切な判断を下すにはかなりさかのぼったデータが必要なこともあります。

一方、受動的な形で、負荷の増加やインスタンスの障害を検出したらインスタンスを追加し、必要なくなったらインスタンスを削除することもできます。上昇傾向に気付いたらどれくらい迅速にスケールアップできるかを知ることが重要です。負荷の上昇に関して数分前にしかわからず、スケールアップに少なくとも 10 分はかかることがわかっている場合には、追加キャパシティを用意してその不足を補わなければなりません。ここでは、適切な負荷テストがほぼ不可欠です。そのテストでオートスケーリング規則を検査できます。スケーリングを引き起こすさまざまな負荷を再現できるテストがなければ、規則が間違っているかどうかは本番環境に行かなければわかりません。すると、障害の結果、大変な事態を招きます。

ニュースサイトは、予測型スケーリングと反応型スケーリングを組み合わせたい事業形態の好例です。最近担当したニュースサイトでは、非常にはっきりした毎日の傾向があり、午前から昼食時にかけて閲覧が増え、その後減り始めます。このパターンは毎日繰り返され、週末のトラフィックにははっきりしたパターンはありませんでした。このようにリソースの事前スケールアップ（およびスケールダウン）を促すかな

りはっきりした傾向がわかりました。一方、大ニュースは予期せぬ急増を引き起こし、多くの場合突然キャパシティ追加が必要になります。

実際には、オートスケーリングは、負荷状態への対応よりもインスタンス障害への対処によく使われると考えています。AWSでは「このグループには少なくとも5つのインスタンスが存在すべきだ」といった規則を指定できるので、1つのインスタンスがダウンしたら、新しいインスタンスが自動的に起動します。この手法が楽しいもぐらたたきゲームにつながったことがあります。誰かがこの規則を停止するのを忘れ、保守のためにインスタンスを停止したくてもインスタンスが起動し続けてしまったのです。

反応型と予測型のスケーリングはどちらもとても有益で、使用したコンピューティングリソースに従って使用料金が発生するプラットフォームを使用している場合には、コスト効率が大幅に向上します。しかし、利用できるデータを注意深く監視する必要もあります。まずは障害状態のためにオートスケーリングを使い、データを収集することをお勧めします。負荷のためのスケーリングを開始する際は、時期尚早のスケールダウンには十分注意してください。ほとんどの状況では、手元に必要以上の計算能力がある方が十分ではない状態よりはるかに優れています。

11.11 CAP定理

すべてを手に入れたいですが、残念ながらそれは不可能であることはわかっています。また、マイクロサービスを使用して構築しているような分散システムに関しては、それが不可能であることを示す数学的証明もあります。特にさまざまな種類のデータストアの利点に関する議論で、CAP定理について聞いたことがあるでしょう。本質的には、CAP定理は、分散システムに互いにトレードオフとなる3つの事項があることを示しています。それは、**整合性**（一貫性、consistency）、**可用性**（availability）、**分断耐性**（partition tolerance）です。具体的に言うと、この定理は故障モードではこの中の2つを得ることを示しています。

整合性は、複数のノードで同じ答えが得られるというシステム特性です。可用性は、すべてのリクエストがレスポンスを受け取るという意味です。分断耐性は、システムの部分間の通信ができないことに対処できるシステムの能力です。

Eric Brewerが最初の推測を発表して以来、この考え方は数学的証明がなされています。数学的証明には深入りしません。本書はそのような書籍ではないだけでなく、私が間違えることが請け合いだからです。代わりに、CAP定理は元来とても論理的

な根拠を抽出したものであることを理解できる例を使ってみましょう。

簡単なデータベーススケーリングのテクニックについては既に説明しました。その1つを使って、CAP定理の背後にある考え方を調べてみましょう。図 11-8 に示すように、在庫サービスが2つの別々のデータセンターにデプロイされているとしましょう。各データセンターのサービスインスタンスを支えるのはデータベースです。両データベースは相互に通信してデータを同期します。読み取りと書き込みはローカルデータベースノードを介して行い、レプリケーションを使ってノード間のデータを同期します。

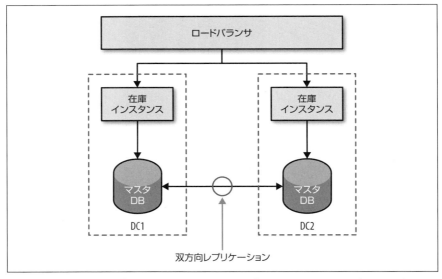

図 11-8　マルチマスタレプリケーションを使った2つのデータベースノード間のデータの共有

ここで何か障害が発生したらどうなるかを考えてみましょう。2つのデータセンター間のネットワークリンクのような簡単なものの動作が停止したとしましょう。この時点で、同期は失敗します。DC1のプライマリデータベースへの書き込みはDC2に伝搬されず、その逆も同様です。このような構成をサポートするほとんどのデータベースは、ある種のキューイングのテクニックもサポートして後で復旧できるようにしますが、その間は何が起こるでしょうか。

11.11.1　整合性を犠牲にする

　在庫サービスを全く停止させないと仮定しましょう。DC1 のデータに変更を行うと、DC2 のデータベースではその変更は見えません。つまり、DC2 の在庫ノードへのリクエストでは陳腐化したデータを取得する可能性があります。言い換えると、システムは両方のノードがリクエストに対処できるという点で引き続き**利用可能**です。このような**分断**にもかかわらずシステムは動作を続けていますが、**整合性**が失われてしまいます。多くの場合、これは AP システムと呼ばれます。3 つのすべてを維持することはできません。

　この分断中に書き込みを受け付け続けると、将来のある時点で再同期しなければならないことを受け入れることになります。分断が長く続くほど、この再同期が難しくなります。

　現実には、たとえデータベースノード間のネットワーク障害がなくても、データのレプリケーションは瞬間的にはできません。既に述べたように、整合性を譲って分断耐性と可用性を維持するシステムは**結果整合性**があると言います。つまり、将来のある時点ですべてのノードが更新されたデータを入手しますが、それは瞬時に起こるわけではないので、ユーザが古いデータを見る可能性を受け入れなければなりません。

11.11.2　可用性を犠牲にする

　整合性を維持する必要があり、代わりに他の何かを失ってもよい場合はどうなるでしょうか。整合性を保つには、データベースノードは、所有するデータのコピーが他のデータベースのノードと同じであることがわかっていなければなりません。分断時にデータベースノードが互いに対話できないと、整合性を保証するための調整ができません。整合性を保証できないので、リクエストへのレスポンスを拒否するしかありません。つまり、可用性を犠牲にするのです。システムに整合性と分断耐性があり、CP となります。このモードでは、サービスは、分断が修復されデータベースノードを再同期できるまで機能低下する方法を導き出さなければなりません。

　複数ノードにわたる整合性はとても困難です。分散システムではこれ以上に困難なことはほとんど（おそらく全く）ありません。少し詳しく考えてみましょう。ローカルのデータベースノードからレコードを読み取りたいとします。どのようにしてそれが最新であるとわかるのでしょうか。他のノードに訊くしかありません。しかし、そのデータベースにも読み取りが完了するまで更新しないように要求しなければなりません。つまり、複数のデータベースノードにトランザクション読み取りを開始して整

合性を保証する必要があります。しかし、一般にはトランザクション読み取りは行い
ません。トランザクション読み取りは遅く、ロックが必要になります。読み取りがシ
ステム全体をブロックすることもあります。整合性のあるシステムはすべて、処理の
実行にある程度のロッキングが必要です。

既に述べたように、分散システムでは障害を予期しなければなりません。整合性の
ある一連のノードに対するトランザクション読み取りを考えてください。読み取りを
開始するときにリモートノードに特定のレコードのロックを依頼します。読み取りが
完了したらロックを開放するようにリモートノードに依頼しますが、現在はリモート
ノードと対話できません。すると、どうなるでしょうか。単一プロセスシステムでも
適切にロックを行うのは非常に困難であり、分散システムで適切に実装するのはさら
に困難です。

5章で分散トランザクションについて説明したことを覚えているでしょうか。分散
トランザクションが困難な主な理由は、複数ノードにわたる整合性を保証する際のこ
の問題のためです。

複数ノードの整合性を適切に実現するのはとても困難なので、複数ノードの整合性
が必要な場合には、自分で考案しないことを強く強くお勧めします。代わりに、その
機能を提供するデータストアやロックサービスを選ぶようにします。例えば、すぐ後
で説明する Consul は、複数ノード間で構成を共有するように設計された強い整合性
のあるキー / バリューストアを実装しています。「友人に独自の暗号を記述させては
ならない」のと同様に、「友人に独自の整合性のある分散データストアを記述させて
はならない」のです。独自の CP データストアを記述する必要がある考えたら、まず
このテーマに関するすべての論文を読んで博士号を取得し、それでも数年を費やして
間違いを犯すようなものと思ってください。その間に、私は私に代わって同じ機能を
提供する商用製品を使っているか、結果整合性のある AP システムを**一生懸命**構築し
ている可能性のほうが高いでしょう。

11.11.3　分断耐性を犠牲にするか

ここでは 2 つを選ぼうとしているので、結果整合性のある AP システムが考えられ
ます。また、整合性はあるけれども構築やスケーリングが困難な CP システムもあり
ます。CA システムはどうでしょうか。どのようにすれば分断耐性を犠牲にできるで
しょうか。システムに分断耐性がなければ、ネットワーク上で動作できません。つま
り、ローカルで動作する単一プロセスにならざるを得ません。CA システムは分散シ

ステムでは存在しません。

11.11.4　APかCPか

　APとCPはどちらが適切でしょうか。実は**状況次第**です。システムを構築する者として、トレードオフが存在することはわかっています。APシステムはスケーリングと構築が簡単であり、CPシステムは分散整合性のサポートが難しいため多くの労力が必要なことがわかっています。しかし、このトレードオフのビジネス上の影響を理解していないかもしれません。在庫システムでは、レコードが5分間古くなっていても問題ありませんか。問題なければ、APシステムが適しているでしょう。しかし、銀行の顧客が保有する残高についてはどうでしょうか。残高が最新でなくてもよいでしょうか。その操作を使用する状況がわからなければ、正しい動作はわかりません。CAP定理を理解することは、このトレードオフの存在と尋ねるべき質問を理解する上で役立ちます。

11.11.5　オールオアナッシングではない

　システム全体としてAPかCPのどちらかである必要はありません。カタログでは陳腐化したレコードをあまり気にしないので、APにすることができます。しかし、在庫のない商品を顧客に販売して後で謝罪したくはないので、在庫サービスはCPにする必要があるでしょう。

　しかし、個々のサービスはCPやAPである必要さえありません。

　ポイント残高サービスについて考えてみましょう。ポイント残高サービスでは、顧客が貯めたポイント数のレコードを格納しています。顧客へ表示されている残高が陳腐化しているかどうかを気に掛けないようにすることもできますが、残高の更新に関しては整合性を保ち、顧客が残高以上のポイントを使わないようにする必要があります。このマイクロサービスはCPかAPのどちらでしょうか。それとも両方でしょうか。実際には、CAP定理にまつわるトレードオフを個々のサービス機能に落とし込んでいます。

　他に複雑な点として、整合性がないか可用性がないかはオールオアナッシングではない、ということがあります。多くのシステムではさらに細かいトレードオフが可能です。例えば、Cassandraでは呼び出しごとに異なるトレードオフを選ぶことができます。そのため、厳密な整合性が必要な場合には、すべてのレプリカが値に整合性があることを確認する応答を返すまでブロックする読み取りを実行できます。また、特

定のレプリカのクォーラムが応答を返すまでや、単一ノードが応答を返すまでにすることもできます。当然ながら、すべてのレプリカが応答するのを待ってブロックされており、あるレプリカが利用できない場合には、長時間ブロックされることになります。しかし、ノードの単純なクォーラムが応答するだけで満足な場合には、整合性がある程度欠如していても、1つのレプリカが利用できないことによる脆弱性よりはいいと私は考えます。

CAP定理を克服している投稿を頻繁に目にすることもあるでしょうが、実際は克服してはいません。ある機能がCPで別の機能がAPであるシステムを作成しているだけです。CAP定理を裏付ける数学的証明は有効です。私は学校で何度も試みたにもかかわらず、数学には勝てないことを学びました。

11.11.6　そして現実の世界

これまで話してきたことの多くは電子的な世界です。メモリに格納されたビットとバイトです。ほとんど子供じみた方法で整合性について話しています。作成したシステムの範囲内で世界を止めてすべてを納得できるとしましょう。それでも、構築したものの多くは実世界の反映にすぎず、制御できません。

在庫システムを再び考えてみましょう。在庫システムは実世界の物理的品目にマッピングされます。所有するアルバム数をシステムに保存します。ある日の初めにThe Brakesの「Give Blood」が100枚あり、1枚売れました。現在は99枚あります。これは簡単です。注文が送られたときに、誰かがこのアルバムを床に落とし、踏みつけて壊したらどうなるでしょうか。現在はどうなっているでしょうか。システムは99と表示しますが、棚には98枚しかありません。

代わりに在庫システムをAPにし、ときどき後でユーザに連絡して商品の1つが実際には在庫切れであることを伝えなければならない場合は、どうなるでしょうか。これは最悪の事態でしょうか。この方がきっと構築、スケーリング、そして正確性の保証がずっと簡単でしょう。

システム自体をどれほど整合性のあるものにしても、特に実世界のレコードを保有する場合には、発生するすべてを把握することはできません。これは、多くの状況で結局はAPシステムが適切になる主な理由の1つです。CPシステムは構築が複雑なことに加え、どちらにしてもすべての問題を修正することはできないのです。

11.12　サービス検出

多数のマイクロサービスがあると、自然にすべてが一体どこにあるかを知ることに注意を向けます。おそらく、ある環境で何が動作しているかを調べ、何を監視すべきかを知りたいでしょう。例えば、アカウントサービスを使うマイクロサービスがアカウントサービスの場所がわかるように、アカウントサービスの場所を知りたいでしょう。または、組織の開発者が車輪の再発明をしないように、利用可能な API を簡単に検視できるようにしたいかもしれません。大まかに言って、このようなすべてのユースケースは**サービス検出**の範疇に入ります。また、マイクロサービスの常であるように、これに対処するために自由に使える多くの選択肢があります。

ここで調べるすべての解決策には 2 つの段階があります。まず、インスタンスを登録して「私はここにいます」と言うメカニズムを提供します。次に、サービスが登録されたら、そのサービスを探す方法を提供します。しかし、常にサービスインスタンスの破棄とデプロイを行っている環境を考えているときには、サービス検出はより複雑になります。理想的には、これに対処できる解決策を選びたいでしょう。

サービス検出の最も一般的な解決策を調べ、ここでの選択肢を考えてみましょう。

11.12.1　DNS

簡単なものから始めるのがよいでしょう。DNS は、名前を 1 つ以上のマシンの IP アドレスと関連付けます。例えば、アカウントサービスは常に accounts.musiccorp. com で見つかるようにします。それから、このエントリがこのサービスが動作しているホストの IP アドレスか、複数のインスタンスに負荷分散するロードバランサを指すようにします。これは、サービスのデプロイの一環としてこのようなエントリを更新しなければならないことを意味します。

さまざまな環境でサービスのインスタンスを扱うときには、規約ベースのドメインテンプレートが効果的です。例えば、<servicename>-<environment>.musiccorp. com として定義されたテンプレートがあると、accounts-uat.musiccorp.com や accounts-dev.musiccorp.com といったエントリになります。

異なる環境にもっと高度に対処するには、環境ごとに異なるドメインネームサーバを持ちます。すると、accounts.musiccorp.com で常にアカウントサービスが見つかると考えられますが、どこで検索しているかによって別のホストに解決できます。既にさまざまなネットワークセグメントに環境を配信していて、独自の DNS サーバとエントリの管理に満足していれば、この方法がとても優れた解決策になります。しか

し、この構成から他の恩恵を得ていない場合は、これは大きな負担になります。

DNSには多くの利点があります。十分に理解されよく利用されている標準であり、ほとんどすべての技術スタックでサポートされています。残念ながら、組織内でDNSを管理するための多くのサービスが存在しますが、自由に使えるホストに対処する環境用に設計されているものはほとんどないので、DNSエントリの更新に多少手間がかかります。AmazonのRoute 53サービスはDNSエントリの更新に優れていますが、まだ本当に優れた自己ホスト型オプションは登場していません。しかし、(すぐに説明するように)Consulが役立つでしょう。DNSエントリの更新の問題に加え、DNS仕様自体が問題を引き起こすこともあります。

ドメイン名に対するDNSエントリにはTTL(Time To Live：有効期間)があります。これは、クライアントがエントリを新しいと判断できる期間です。ドメイン名が参照するホストを変更したいときには、そのエントリを更新しますが、クライアントが**少なくともTTL**が示す期間は古いIPを持ち続けると考えなければなりません。DNSエントリは複数の場所でキャッシュでき（JVMでさえキャッシュしないように指示しない限りDNSエントリをキャッシュします）、キャッシュする場所が増えるほど、エントリが陳腐化してしまいます。

図11-9に示すように、サービス用のドメイン名エントリがロードバランサを指し、ロードバランサがサービスのインスタンスを指すようにしても、この問題を回避できます。新しいインスタンスをデプロイするときには、ロードバランサエントリから古いインスタンスを外し新しいインスタンスを追加できます。他にDNSラウンドロビンを使う人もいます。DNSラウンドロビンでは、DNSエントリがマシンのグループを指します。このテクニックではクライアントが基盤となるホストから隠され、あるホストに問題が生じた場合にトラフィックをそのホストへ送らないようすることが簡単にはできないので、極めて問題です。

先ほど述べたように、DNSは十分理解され広くサポートされています。しかし、いくつかの欠点があります。より複雑な方法を選ぶ前に、それが最適かどうかを調べることをお勧めします。ノードが1つしかない状況では、DNSで直接ホストを参照するのがよいでしょう。しかし、ホストの複数のインスタンスが必要な状況では、DNSエントリがロードバランサに解決されるようにしてください。ロードバランサは、サービスへの個々のホストの追加や削除に適切に対処できます。

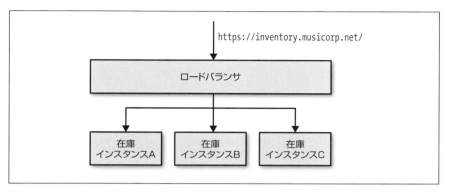

図 11-9 DNS でロードバランサに解決して陳腐化した DNS エントリを避ける

11.13 動的サービスレジストリ

高度に動的な環境でノードを検出する手段としては DNS には欠点があるため、代替システムが多数存在します。その代替システムのほとんどが中央レジストリにサービスを登録し、後でそのサービスを検索する機能を提供します。多くの場合、このようなシステムはサービスの登録と検出を提供するだけではありません。これはよい面もあれば悪い面もあります。この分野には多数の選択肢があるので、その中のいくつかだけを調べてどのようなものを利用できるかがわかるようにします。

11.13.1 ZooKeeper

ZooKeeper（http://zookeeper.apache.org/）は、当初は Hadoop プロジェクトの一環として開発されました。ZooKeeper は、構成管理、サービス間のデータ同期、リーダー選出、メッセージキュー、（私たちに便利な）ネーミングサービスといった驚くほど多くのユースケースに使われています。

同類の多くのシステムと同様に、ZooKeeper はクラスタで複数のノードを実行してさまざまな保証を提供しています。そのため、少なくとも 3 つの ZooKeeper ノードが動作させるべきです。ZooKeeper が優れている点のほとんどは、ノード間でのデータの安全なレプリケーションと、ノードに障害が発生したときの整合性の保証に関連しています。

本質的には、ZooKeeper は情報を格納するための階層的名前空間を提供します。クライアントはこの階層への新ノードの追加、ノードの変更、またはノードのクエリ

を実行できます。さらに、ノードにウオッチを追加して変更時に通知を受けることもできます。つまり、この構造内でのサービスの位置に関する情報を格納でき、変更時にクライアントに通知されるのです。ZooKeeper は一般的な構成ストアとして使用することが多いので、サービス固有の構成も格納でき、ログレベルの動的変更や稼働システムの機能無効化といったタスクも可能です。個人的には、設定ソースとしてZooKeeper のようなシステムを利用するのは避けています。特定のサービスの振る舞いを検証するのが困難だと思うからです。

ZooKeeper の提供する機能は汎用的なので、非常に多くのユースケースに使われています。ZooKeeper をレプリケーションされた情報ツリーと考えることができ、情報の変更時に通知を受けることができます。したがって、通常は ZooKeeper 上に特定のユースケースに適合するように構築できます。幸運にも、ほとんどの言語用のクライアントライブラリが存在します。

大局的に見れば、ZooKeeper は今では古いと考えられ、新たな代替手段と比べてサービス検出に役立つ革新的な機能をほとんど提供していません。とはいえ、確かにテストの試練に耐え、広く使われています。ZooKeeper が実装する基盤アルゴリズムは、正しく理解するのが極めて困難です。例えば、プライマリノードが障害中に適切に昇格されることを保証するリーダー選出のためだけに ZooKeeper を使っていたデータベースベンダを知っています。このベンダは ZooKeeper が重すぎると感じており、Paxos アルゴリズムの独自実装内のバグを解決するのに長い時間を費やし、ZooKeeper が行っていた作業を置き換えました。大抵は、独自の暗号化ライブラリを記述すべきではないと言われます。さらに拡張すれば、独自の分散調整システムも記述すべきではありません。正しく機能している既存実装を利用することには多くの利点があります。

11.13.2　Consul

ZooKeeper と同様に、Consul（http://www.consul.io/）は構成管理とサービス検出の両方をサポートします。しかし、ZooKeeper よりも踏み込んでおり、主なユースケースを高度にサポートしています。例えば、サービス検出のための HTTP インタフェースを公開しており、Consul の目玉機能の 1 つは実際に DNS サーバをデフォルトで提供することです。具体的には SRV レコードを提供し、このレコードは特定の名前の IP とポートの両方を示します。つまり、システムの一部が既に DNS を使っていて SRV レコードをサポートできれば、Consul を追加するだけで、既存システム

を何も変更せずに使い始めることができます。

　また、Consul は、ノードの健全性確認を実行するような他の便利な機能も組み込んでいます。そのため、Consul は他の専用監視ツールが提供する機能と多くの部分で重複しますが、情報源として Consul を使い、より汎用的なダッシュボードや警告システムにその情報を投入する可能性が高いでしょう。しかし、ユースケースによっては Consul が Nagios や Sensu といったシステムに取って代わることがあるにしても、Consul の高い耐障害性設計と一時的なノードを大いに活用するシステムへの重点的な対処には驚かされます。

　Consul は、サービスの登録、キー / バリューストアのクエリ、健全性確認の挿入といったすべてに RESTful な HTTP インタフェースを使用します。そのため、さまざまな技術スタックとの統合が非常に簡単です。他に Consul で気に入っている点は、Consul を提供するチームが基盤となるクラスタ管理を分割していることです。Consul の基礎となる Serf は、クラスタ内のノードの検出、障害管理、警告に対処します。そして、Consul はサービス検出と構成管理を追加します。この関心の分離は私にとって魅力的です。本書を通じたテーマを考えると当然でしょう。

　Consul はとても新しく、Consul が使用するアルゴリズムの複雑さを考えると、通常なら重要な仕事に推薦するのはためらわれるでしょう。とはいえ、HashiCorp（Consul を提供するチーム）は（Packer と Vagrant の両方で）とても便利なオープンソース技術の開発で優れた実績を上げているのは事実であり、プロジェクトは積極的に開発されており、本番環境で使って満足している人も実際にいます。それを考えると、Consul を検討する価値はあります。

11.13.3　Eureka

　Netflix のオープンソースの Eureka システム（http://bit.ly/15Co2I7）は、汎用的な構成ストアを目指してはいない点で Consul や ZooKeeper といったシステムとは方向性が異なります。Eureka は実際に、ユースケースの対象を限定しています。

　また、Eureka はサービスインスタンスの基本的なラウンドロビン検索をサポートできる点で、基本的な負荷分散機能も提供します。REST ベースのエンドポイントを提供するので、独自のクライアントを記述するか、または Eureka の Java クライアントを使います。Java クライアントは、インスタンスの健全性確認のような追加機能を提供します。当然ながら、Eureka 独自のクライアントを使わずに直接 REST エンドポイントを使えば、思い通りにすることができます。

クライアントに直接サービスを検出させると、別のプロセスが必要ありません。しかし、すべてのクライアントがサービス検出を実装しなければなりません。JVM を標準とする Netflix は、すべてのクライアントで Eureka を使用することでこれを実現しています。もっと多言語な環境なら、さらに難しくなるでしょう。

11.13.4 自作

私自身も利用したことがあり、他でも利用されている手法の 1 つに、独自のシステムの作成があります。あるプロジェクトで AWS を大いに活用していました。AWS はインスタンスにタグを追加する機能を提供していて、サービスインスタンスの起動時には、そのインスタンスが何であるかとその使用目的を決めるためのタグを適用しました。これにより、以下のように特定のホストに関連付けられた豊富なメタデータが可能になりました。

- service = accounts

- environment = production

- version = 154

そして、AWS API で特定の AWS アカウントに関連したすべてのインスタンスをクエリし、関心のあるマシンを探すことができました。ここでは、AWS は各インスタンスに関連付けられたメタデータを格納し、それをクエリする機能を提供しています。そして、私はこれらのインスタンスと対話するコマンドラインツールを構築し、特にサービスインスタンスが健全性確認の詳細を公開するという考え方を採用すると、状態監視用のダッシュボードの作成がとても簡単になります。

前回これを行ったときには、サービスで AWS API を使ってサービス依存関係を探すまでは行いませんでしたが、これが不可能な理由はありません。当然、下流サービスの位置が変わったら上流サービスに警告したい場合にも、自力で実現できます。

11.13.5 人間を忘れない

これまで登場したシステムでは、サービスインスタンスを登録し、対話する必要のある他のサービスを検索することが簡単になりました。しかし、人間もこの情報を欲しいと思うことがあります。どのようなシステムを選んでも、このようなレジストリ

の上にレポートやダッシュボードを構築し、コンピュータだけでなく人に表示できる
ツールを利用できるようにしてください。

11.14　サービスの文書化

　私たちは、システムを粒度の細かいマイクロサービスに分解することによって、で
きれば素晴らしい多くの処理を実行できる API という形式で、多くの接合部を公開
することを望んでいます。適切に検出できれば、何がどこにあるかがわかります。し
かし、それが何を行うかやどのように使うかはどうやって知るのでしょうか。当然な
がら、API に関するドキュメントを作成するという方法があります。もちろん、ドキュ
メントは時間の経過とともに古くなってしまいます。理想的には、ドキュメントが
常に最新のマイクロサービス API を反映し、サービスエンドポイントの場所がわかっ
たときにこのドキュメントを簡単に閲覧できるようにします。Swagger と HAL とい
う 2 つの異なる技術がこの実現をサポートしており、どちらも検討する価値はあり
ます。

11.14.1　Swagger

　Swagger では、Web ブラウザ経由でドキュメントの閲覧や API との対話を可能に
するとても素晴らしい Web UI を生成するために、API を記述できます。リクエスト
を実行する機能が非常に優れています。例えば、POST テンプレートを指定し、サー
バが期待するコンテンツの種類を明確にすることができます。

　これらすべてを実行するには、Swagger ではサービスが Swagger 形式でサイドカー
ファイルを公開しなければなりません。Swagger には、これを行ってくれるさまざ
まな言語用の多数のライブラリがあります。例えば、Java では API 呼び出しに対応
するメソッドにアノテーションを付けることができ、このファイルが生成されます。

　私は Swagger が提供するエンドユーザエクスペリエンスが好きですが、ハイパー
メディアの中核をなす漸進的探索概念にはほとんど役に立ちません。それでも、
Swagger はサービスに関するドキュメントを公開する優れた方法です。

11.14.2　HAL と HAL ブラウザ

　HAL（Hypertext Application Language、http://bit.ly/hal-spec）は、公開するハ
イパーメディアコントロールの規格を記述する標準です。4 章で説明したように、ハ
イパーメディアコントロールは、クライアントが API を漸進的に探索し、他の統合

282 | 11章 大規模なマイクロサービス

手法よりも疎結合な方法でサービスの機能を利用できるようにする手段です。HAL
のハイパーメディア標準を採用することにすると、APIを利用するための多数のクラ
イアントライブラリを活用できる限りでなく（本書の執筆時点で、HALのWikiに
はさまざまな言語用の50のサポートライブラリが列挙されていました）、HALブラ
ウザも利用できます。HALブラウザは、Webブラウザ経由でAPIを調べる手段を提
供します。

　Swaggerと同様に、このUIは生きたドキュメントとして働くだけでなく、サービ
スに対する呼び出しも実行できます。しかし、呼び出しの実行はそれほど洗練されて
はいません。Swaggerではテンプレートを指定してPOSTリクエストを発行するこ
となどができますが、HALではもっと自力で行います。その反面、ハイパーメディ
アコントロールの固有の能力のおかげでとても簡単にリンクをたどれるので、サービ
スが公開するAPIを効率的に探索できます。Webブラウザはこのようなことがとて
も得意であることがわかります。

　Swaggerの場合とは異なり、このドキュメントに盛り込むすべての情報とサンド
ボックスを、ハイパーメディアコントロールに埋め込みます。これは諸刃の剣です。
既にハイパーメディアコントロールを使っている場合には、HALブラウザを公開し
てクライアントにAPIを探索させるのにほとんど労力は要りません。しかし、ハイ
パーメディアを使用していない場合には、HALを使えないか、またはハイパーメディ
アを使うようにAPIを変更しなければならないので、既存のコンシューマを壊すで
しょう。

　さらに、HALにはサポートするクライアントライブラリでハイパーメディア標準
も記述するという利点もあり、これが既にハイパーメディアコントロールを使ってい
る人がSwaggerよりもHALを採用している大きな理由ではないかと思っています。
ハイパーメディアを使用している場合には、SwaggerよりもHALを使うことをお勧
めします。しかし、ハイパーメディアを使っておらず切り替えの必要がないのであれ
ば、Swaggerを強くお勧めします。

11.15　自己記述型システム

　SOAの初期の進化中にはUDDI（Universal Description, Discovery, and Integration）
といった標準が登場し、どのサービスが動作しているかを理解できました。この手法
は重かったので、システムを理解するための代替手法がもたらされました。Martin
Fowlerはヒューメインレジストリ（Humane Registry、人間味のあるレジストリ、

http://bit.ly/1CIDHTn）の概念を考察しました。この概念でのはるかに軽量な手法では、人間が組織内のサービスに関する情報を Wiki のように基本的なものに記録できるようにします。

特に大規模な場合には、システムの実態と振る舞いを知ることが重要です。システムを直接理解する上で役立つさまざまなテクニックを説明してきました。相関 ID で下流サービスの健全性を追跡して呼び出しチェーンを確認しやすくすると、サービスの相関の仕方に関する本物のデータが得られます。Consul のようなサービス検出システムを使用すると、マイクロサービスが動作している場所を特定できます。HAL では任意のエンドポイントにホストされている機能がわかり、健全性確認ページと監視システムではシステム全体と個々のサービスの両方の健全性がわかります。

これらのすべての情報はプログラムで入手できます。このすべてのデータにより、すぐに古くなる簡単な Wiki ページよりも強力なヒューメインレジストリを作成できます。代わりに、ヒューメインレジストリを使ってシステムが発するすべての情報を生かして表示すべきです。カスタムダッシュボードを作成すると、エコシステムの理解に利用できる膨大な情報を収集できます。

ぜひとも、稼働システムからデータを取得する静的な Web ページや Wiki のように簡単なものから始めてください。しかし、徐々により多くの情報を集めるようにしてください。この情報をすぐに利用できるようにすることは、このようなシステムを大規模に稼働させることから生じる複雑さを管理するための重要な手段となります。

11.16　まとめ

マイクロサービスは設計手法としてはまだ新しいので、利用できる優れた経験があるとはいえ、今後数年間で大規模なマイクロサービスに対処するさらに便利なパターンが生み出されると確信しています。とはいえ、本章では、利益を生み出す大規模なマイクロサービスへ向かうための手順の概要を示すことができたと思います。

ここで説明したことに加え、Michael Nygard の優れた書籍『Release It!』（日本語版『Release It! 本番用ソフトウェア製品の設計とデプロイのために』オーム社）をお勧めします。この書籍の中で、彼はシステム障害に関する話や障害に適切に対処するためのパターンについての話を伝えています。この書籍は一読に値します（実のところ、大規模システムを構築するすべての人にとっての必読書だとまで言い切れます）。

ここまでで多くの領域を網羅し、終わりに近づいています。次の最終章では、全体を振り返り、本書全体で学んだことをまとめます。

12章
まとめ

　前章までに、マイクロサービスとは何かから、境界の決め方、統合技術、セキュリティと監視に関する懸案事項まで、かなりの分量を取り上げてきました。そして、アーキテクトの役割がどのように適応するのかを理解する時間も見つけました。マイクロサービス自体は小さいですが、アーキテクチャの幅と影響は大きいので、取り入れるものが多くあります。本章では、本書で取り上げた重要点をまとめてみます。

12.1　マイクロサービスの原則

　2章で、原則が果たす役割について説明しました。原則は、物事を行うべき方法と、なぜそのようにすべきと考えているかを示したものです。原則は、システムの構築時に下さなければならないさまざまな判断の助けになります。もちろん独自の原則を決めるべきですが、私がマイクロサービスアーキテクチャの主要原則と考えているものを詳しく説明することには価値があると思ったので、それを**図12-1**にまとめます。これらは、適切に連携する小規模で自律的なサービスを作成する際に便利な原則です。これまでに既にすべての項目を少なくとも一度は説明しているので、新しいことはないはずですが、核心に絞り込むことには価値があります。

　このような原則を大規模に採用することもできますし、または組織に合うように微調整することもできます。しかし、原則を組み合わせて使うことによる価値に注目してください。全体は部分の和よりも大きいはずです。そのため、どれかを外す場合には、何を失うことになるのかを必ず理解してください。

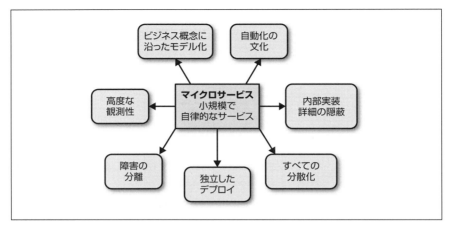

図12-1　マイクロサービスの原則

　それぞれの原則には、本書で取り上げた対応するプラクティスを示すようにしています。諺にもあるように、方法は1つだけではありません。原則を実現するのに役立つ独自のプラクティスが見つかるかもしれませんが、これが端緒になるはずです。

12.1.1　ビジネス概念に沿ったモデル化

　経験上、ビジネスで境界づけられたコンテキストに基づいて構築されたインタフェースの方が、技術的概念に基づいたインタフェースよりも安定性があります。システムが稼働するドメインをモデル化することで、より安定したインタフェースの構築を図れるだけでなく、ビジネスプロセスの変化を簡単かつ適切に反映できるようにもなります。

12.1.2　自動化の文化の採用

　マイクロサービスでは多くの複雑さが加わりますが、その主な要因は非常に多くの可動部を扱う必要があることです。自動化の文化を受け入れることが対処法の1つであり、フロントローディングでマイクロサービスをサポートするツールを作成させるとより効果的です。サービスが常に正常に動作するように保証するのは、モノリシックシステムよりも複雑なので、**自動テスト**が不可欠です。統一されたコマンドライン呼び出しでどこでも同じようにデプロイするのが効果的であり、これは**継続的デリバ

リを採用して本番品質のチェックインごとにフィードバックを迅速に得るために重要です。

統一されたデプロイ方法を使用する能力を犠牲にせずにある環境と別の環境との違いを特定するのに便利な、**環境定義**の利用を検討してください。デプロイを高速化する**カスタムイメージ**の作成を検討し、完全に自動化した**イミュータブルサーバ**を作成してシステムの検証を簡単にしてください。

12.1.3　内部実装詳細の隠蔽

サービスが他のサービスとは独立して進化する能力を最大化するには、実装詳細を隠すことが不可欠です。**境界づけられたコンテキスト**をモデル化すると、共有すべきモデルと隠すべきモデルを調べる上で有効です。また、サービスは**データベースを隠して**、従来のサービス指向アーキテクチャ（SOA）で生じる最も一般的な結合の1つに陥らないようにし、**データポンプやイベントデータポンプ**を使ってレポートのために複数のサービスからのデータを集約すべきです。

可能であれば、**技術非依存の API** を選んで、さまざまな技術スタックを自由に利用できるようにしてください。そして **REST** の使用を検討してください。REST は内部実装詳細と外部を正式に分離しますが、たとえリモートプロシージャコール（RPC）を使っていても、この考え方を取り入れることができます。

12.1.4　すべての分散化

マイクロサービスが可能にする自律性を最大化するには、サービスを所有するチームに意思決定と制御を委譲する機会を常に追い求める必要があります。これには、まず可能な限り**セルフサービス**を採用し、必要に応じてソフトウェアをデプロイできるようにし、開発とテストをできる限り容易にし、これらの作業を行うために別々のチームが必要ないようにします。

「チームにサービスを所有させる」ことが重要であり、チームに変更の責任を負わせ、理想的にはその変更をリリースするタイミングもチームに決めさせます。**社内オープンソース**を活用すると、他のチームが所有するサービスを変更できることを保証しますが、これには実装作業が必要です。**チームを組織に一致させ**コンウェイの法則に従うようにし、チームがビジネスに重点を置いて作成したサービスにおけるそのドメインの専門家になることを目指します。汎用的な指針が必要な場合は、各チームの担当者がシステムの技術ビジョン発展の責任を共同で負う**共同統治**モデルを取り入れるよ

うにしてください。

　この原則はアーキテクチャにも適用できます。エンタープライズサービスバス（ESB）やオーケストレーションシステムといった手法は避けてください。これは、ビジネスロジックの集中化とダム（dumb）サービスを招きます。代わりに、**オーケストレーションではなくコレオグラフィとダムミドルウェア**を選び、**高度なエンドポイント**を持たせて関連するロジックとデータをサービス境界内に保持して凝集性を保つようにしてください。

12.1.5　独立したデプロイ

　常にマイクロサービスを単独でデプロイできるように努めるべきです。破壊的変更が必要なときでも、**バージョン付けされたエンドポイントを共存**させてコンシューマが徐々に変更できるように努めるべきです。これにより新機能のリリース速度を最適化でき、マイクロサービスを所有するチームが絶えずデプロイを調整しなくてもよいのでチームの自律性も高めることができます。RPC ベースの統合を使用するときには、Java RMI で奨励されているような**密結合クライアントやサーバスタブ生成を避け**てください。

　ホストごとに1つのサービスというモデルを採用すると、あるサービスのデプロイが別の無関係なサービスに影響を与える副作用が減ります。デプロイとリリースを分離する**ブルーグリーン**や**カナリア**といったリリーステクニックの使用を検討し、リリースが失敗するリスクを減らしてください。**コンシューマ駆動契約**を使って、破壊的変更が起こる前に把握してください。

　他のサービスを同時にデプロイする必要なしに1つのサービスを変更して本番環境にリリースできることは、例外ではなく標準であるべきです。**コンシューマが自ら更新のタイミングを決めるべき**で、それを受け入れなければなりません。

12.1.6　障害の分離

　マイクロサービスアーキテクチャはモノリシックシステムよりも回復性を備えますが、それはシステムの部分障害を把握して考慮した場合に限られます。下流呼び出しが失敗し得るという事実を理解していなければ、システムは壊滅的な連鎖障害に見舞われ、以前よりもはるかに脆弱となります。

　ネットワーク呼び出しを使うときには、**リモート呼び出しをローカル呼び出しのように扱ってはいけません**。なぜなら、別の種類の故障モードを隠してしまうからです。

そのため、クライアントライブラリを使用している場合には、リモート呼び出しを抽象化しすぎないようにしてください。

アンチフラジャイルの概念を念頭に置き、障害がどこでも起こり得ることを見込んでいれば、正しい道を歩んでいます。**タイムアウト**が適切に設定されていることを確認してください。**隔壁**と**サーキットブレーカー**を使って、問題のあるコンポーネントの副次的影響を制限すべきタイミングとその方法を理解してください。また、システムのある部分だけが不正な動作をしている場合に顧客が直面する影響を把握してください。ネットワーク分断の意味合いと、特定の状況で**可用性**と**整合性**のどちらを犠牲にするのが適切であるかを理解してください。

12.1.7 高度な観測性

システムが正しく機能しているかどうかを確認するには、1つのサービスインスタンスの振る舞いや1台のマシンの状態の観察では不十分です。代わりに、何が起こっているかを統合的に見通す必要があります。**セマンティック監視**を利用してシステムが正しく動作しているかどうかを確認し、システムに**合成トランザクション**を投入して実際のユーザ動作をシミュレートします。**ログと統計データを集約**し、問題が起こったときに原因を突き止められるようにします。また、面倒な問題の再現や本番環境でのシステムの対話の確認に関しては、**相関ID**を使ってシステムへの呼び出しを追跡できるようにします。

12.2 マイクロサービスを使用すべきでない場合

私はこの質問を何度も尋ねられています。私の第一のアドバイスとしては、ドメインの理解度が低いほど、サービスにとって適切な境界づけられたコンテキストを見つけにくくなります。既に述べたように、サービス境界を間違えると、サービス間連携で多くの変更をしなければならなくなります。これはコストのかかる作業です。ドメインを理解していないモノリシックシステムを開発する際は、まずはシステムが担当することの把握に時間をかけ、そしてサービスを分割する前に明確なモジュール境界を特定するようにしてください。

新規開発も困難です。これは、ドメインに対する知識が不足しているだけではありません。存在しないものを分割するよりも、存在するものを分割する方がはるかに簡単です。そこで、やはりまずモノリシックから始め、安定したら分割を検討してください。

マイクロサービスで直面する多くの課題は、大規模になると悪化します。ほとんどを手動で行っている場合、1つや2つのサービスでは問題ないかもしれませんが、5個や10個ではどうでしょうか。同様に、少数のサービスなら、CPUやメモリのような統計データだけを調べる旧来の監視のプラクティスを続けても問題ないかもしれませんが、サービス間連携が増えるにつれ、監視が苦痛となります。サービスを追加するにつれてこのような痛みが伴うことに気付くので、本書のアドバイスがこのような問題の発生を見つけやすくし、対処法の具体的なヒントとなればと願っています。REAやGiltがしばらく時間を費やしてマイクロサービスを適切に管理するためのツールやプラクティスを構築した後、マイクロサービスを大量に使えるようになった話をしました。これらの話は徐々に始めて変更に対する組織の欲求や能力を理解することの重要性を植え付け、マイクロサービスを適切に採用することができます。

12.3　最後に

マイクロサービスアーキテクチャは多くの選択肢を提供しますが、下すべき判断も増えます。この世界では、意思決定は単純なモノリシックシステムよりもずっと一般的です。もちろん、すべて適切に意思決定することはできません。そこで、間違いが起こりそうな場合は、どのような選択肢があるでしょうか。判断の範囲を狭める方法を模索することをお勧めします。そうすれば、たとえ間違ったとしても、システムの小さな一部にしか影響を与えません。進化的アーキテクチャの概念を採用する方法を身に付けましょう。進化的アーキテクチャでは、あなたが新しいことを学ぶにつれシステムは徐々に柔軟になり変化します。ビッグバン型の書き直しではなく、システムを徐々に変更していって柔軟性を保つようにしてください。

ここまでで、マイクロサービスがあなたに適しているかを判断するために役立つ十分な情報と経験を共有できていることでしょう。マイクロサービスが適していれば、マイクロサービスを目標ではなく旅だと考えてください。徐々に進んでいくのです。システムを1つ1つ分割し、進みながら学んでください。そして、それに慣れていってください。いろいろな意味で、システムを継続的に変更し進化させるための規律は、本書を通じて共有してきた他のどんなことよりもはるかに重要な学ぶべき教訓です。変化は避けられません。変化を抱擁してください。

付録
実際のマイクロサービス：
Azure Service Fabric

佐藤 直生

　本書では、パブリッククラウドとして主に Amazon Web Services（AWS）が例
として挙げられています。本付録では、別のパブリッククラウドである Microsoft
Azure が提供している、マイクロサービス向けのサービス Azure Service Fabric を
取り上げ、マイクロサービスを実現する 1 つの手法を説明します。

A.1　概要

　Microsoft Azure（http://azure.com/）は、IaaS と PaaS をカバーする 50 以上の
クラウドサービスを提供している、Microsoft のパブリッククラウドサービスです。
Microsoft Azure は、東日本リージョン、西日本リージョンをはじめとして、世界中
の 20 以上のリージョンで、サービスを提供しています。

　Microsoft Azure の 1 サービスである「Azure Service Fabric」は、マイクロサー
ビスに適した分散アプリケーションプラットフォームサービスです。2015 年 4 月
に（開発マシンで動作する実行環境を提供する）Azure Service Fabric の開発者プレ
ビューがリリースされました。そして、2015 年 11 月には Azure Service Fabric のパ
ブリックプレビューがリリースされ、Azure 上に Azure Service Fabric のクラスタを
作成できるようになりました。ここでは、本稿執筆時点の最新リリースであるパブリッ
クプレビューの Azure Service Fabric を紹介します。パブリックプレビュー以降も
大幅な機能拡張が計画されているので、最新情報については Azure Service Fabric
の Web ページ（https://azure.microsoft.com/ja-jp/services/service-fabric/）を確
認してください。

　Azure Service Fabric は、スケーラブルで信頼性が高く管理しやすいクラウド
アプリケーション構築向けの分散アプリケーションプラットフォームです。Azure

292 | 付録　実際のマイクロサービス：Azure Service Fabric

Service Fabric は、クラウドアプリケーションの開発や管理における重要な課題に対処します。Azure Service Fabric を使うことで、管理者は複雑なインフラの問題に対処する必要がなくなり、アプリケーションはスケーラブルで信頼性が高く管理しやすくなり、開発者はミッションクリティカルで要求の厳しいアプリケーションの実装に集中できます。Azure Service Fabric は、大規模サービスを構築、管理するための次世代のミドルウェアプラットフォームです。

　Azure Service Fabric を使うと、（Azure Service Fabric クラスタと呼ばれる）共有マシンプール上で超高密度で実行されるマイクロサービスで構成された、スケーラブルで信頼性の高いアプリケーションを構築、管理できます。Azure Service Fabric は、ステートレス、またはステートフルな分散型でスケーラブルなマイクロサービスを構築するための高度なランタイムを提供しています。また、アプリケーションのプロビジョニング、デプロイ、監視、アップグレード、削除のための包括的なアプリケーション管理機能も提供しています。

　Azure Service Fabric は、Microsoft がソフトウェア製品の提供からサービスの提供に移行する過程で生まれたものであり、Azure などの大規模なサービスの構築、運用経験が主な原動力でした。Azure Service Fabric は、スケーリング、アジャイル、独立したチームのビジネスニーズへの取り組みであり、Azure Service Fabric を採用するサービスが増えるにつれ、時間とともに進化してきています。Azure Service Fabric は、Azure のコアサービス、Azure SQL Database（リレーショナルデータベースサービス）、Azure DocumentDB（ドキュメント指向 DB サービス）、Azure Event Hubs（イベント受信サービス）、Cortana（パーソナルデジタルアシスタント）、Power BI（BI サービス）、Skype for Business（オンライン会議 / インスタントメッセージング）、Microsoft Intune（モバイルデバイス /PC 管理サービス）など、多数の Microsoft サービスの内部で使われている、実績のあるサービスです。

　Azure Service Fabric の目的は、障害やアップグレードなど、サービスの構築と実行に伴う課題を解決することであり、チームがマイクロサービス手法でビジネス上の問題を解決できるようにインフラリソースを効率的に活用します。Azure Service Fabric は、2 つの点でマイクロサービス手法によるアプリケーション構築を支援します。

- デプロイ、アップグレード、障害が発生したサービスの検出と再起動、サービスが現在実行されている場所の検出、状態（ステート）管理、健全性監視などを行う、一連のシステムサービスからなるプラットフォーム。こういっ

たシステムサービスによって、本書で取り上げてきたマイクロサービスの特性の多くが可能になります。

- マイクロサービスとしてのアプリケーションの構築を支援するプログラミング API やフレームワーク。Reliable Actors、Reliable Services というプログラミング API を提供しています。これらの API を使わない任意のコードを使ってマイクロサービスを構築することもできます。ですが、これらの API を利用すれば、作業が単純になり、より深いレベルで Azure Service Fabric と統合できます。

Azure Service Fabric は、クラウドネイティブのサービス向けに設計されています。最初はリージョン（データセンター）内で小規模に始め、時間とともに複数のリージョンにわたる数千台のクラスタの規模にまでスケールできます。本書で見てきたように、現在のインターネット規模のサービスはマイクロサービスを使って構築されています。マイクロサービスの例としては、プロトコルゲートウェイ、ユーザプロファイル、ショッピングカート、在庫管理などが挙げられます。Azure Service Fabric は、こういったすべてのマイクロサービスのためのプラットフォームです。

Azure Service Fabric は、マイクロサービスで構成されたアプリケーションに対して、包括的なランタイムとライフサイクル管理機能を提供します。Azure Service Fabric は、Azure Service Fabric クラスタにデプロイされているコンテナ内で、マイクロサービスをホストします。コンテナの活用によって高密度化が可能になります。なお、本稿執筆時点では、Azure Service Fabric クラスタが Windows Server 上で動作し、独自のコンテナ技術を使っています。Azure Service Fabric の今後のリリースでは、Linux のサポートや、Docker、Linux Containers、Windows Server Containers（Windows Server 2016 の新機能）といった一般的なコンテナ技術のサポートが計画されています。

Azure Service Fabric のマイクロサービスには、ステートレス、ステートフルという 2 つの種類があります。ステートレスマイクロサービスの例としては、プロトコルゲートウェイや Web プロキシがあります。ステートレスマイクロサービスは、サービスへの特定のリクエストとそれに対するサービスからのレスポンス以外では、状態（ステート）が維持されません。一方、ステートフルマイクロサービスの例としては、ユーザアカウント、データベース、ショッピングカートがあります。ステートフルマイクロサービスでは、特定のリクエスト / レスポンス以外でも状態が維持されます。

単にステートレスマイクロサービスだけを使うのではなく、ステートフルマイクロサービスも使いたい理由として、次の2つがあります。

- 同じマシン上でコードとデータを保持することで、検索、IoTシステム、取引システム、クレジットカード処理、不正検出システム、個人記録管理など、高スループットで低レイテンシなOLTPサービスを構築できます。
- マイクロサービスで追加のキューやキャッシュが不要になるため、アプリケーション設計が簡素化されます。キューやキャッシュは、従来、ステートレスなアプリケーションの可用性とレイテンシの要件に対応するために必要とされていました。ステートフルサービスは高可用性と低レイテンシを実現するため、アプリケーション全体では管理すべき可動部が少なくなります。

ほとんどのアプリケーションは、ステートレスマイクロサービスとステートフルマイクロサービスの組み合わせ、および一緒にデプロイされた他の実行可能ファイル/ランタイムで構成されています。Azure Service Fabricでは、個別に管理、アップグレードできる複数のアプリケーションインスタンスのデプロイが可能です。Azure Service Fabricでは、Azure Service Fabric APIを使って開発されたステートレス/ステートフルマイクロサービスだけではなく、任意の実行可能ファイルやランタイムをマイクロサービスとしてデプロイできます。

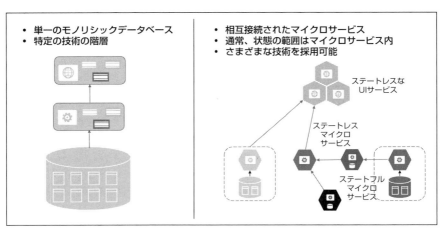

図A-1　モノリシックとマイクロサービスの比較

A.2 主な機能と概念

Azure Service Fabric の主な機能は、次の通りです。

- 自己復旧機能を備えた、非常にスケーラブルなアプリケーションの開発
- Azure で実行されるのと同じコードが動作する、ローカル開発環境
- マイクロサービス、実行可能ファイル、その他のアプリケーションフレームワーク（ASP.NET や Node.js など）からなるアプリケーションの開発
- 信頼性の高いステートレス / ステートフルマイクロサービスの開発
- キャッシュとキューの代わりにステートフルマイクロサービスを使った、アプリケーション設計の簡素化
- 数秒間でのアプリケーションのデプロイ
- コード変更なしの、Azure、Azure Stack など任意の Service Fabric クラスタへのデプロイ
- マシンごとに数百から数千のアプリケーションをデプロイすることによる、仮想マシンよりも高密度なアプリケーションのデプロイ
- 独立してアップグレード可能な、同じアプリケーションの別バージョンの並列デプロイ
- ダウンタイムのない、ステートフルアプリケーションのライフサイクル管理
- .NET API、PowerShell、REST API を使ったアプリケーションの管理
- アプリケーション内での、個別のマイクロサービスのアップグレード
- アプリケーション状態の監視、診断と、自動修復を実行するポリシーの設定
- 使用可能なリソースに応じたアプリケーションのスケーリング
- 障害から復旧回復し利用可能なリソースに基づいて負荷分散を最適化するための、リソースバランサによるクラスタ全体でのアプリケーションの再分散

Azure Service Fabric の主な概念は、次の通りです。

クラスタ

ネットワークに接続された一連の VM や物理マシンにアプリケーションインスタンスをデプロイした環境のことです。クラスタは多数のマシンにスケールできます。

ノード
: クラスタ内のアドレス指定可能なVMや物理マシンのことです。ノードは、配置プロパティや一意のIDなどを持ちます。ノードはクラスタに参加でき、Fabric.exeが実行されているOSインスタンスに関連付けられます。

アプリケーション
: 一連のマイクロサービスのことです。アプリケーションには、1つ以上のサービスが含まれます。クラスタに複数のアプリケーションをデプロイできます。

マイクロサービス
: 個別の機能を実行するコードと構成のことです。サービスには次の2つの種類があります。

- **ステートレスマイクロサービス**：状態を持たない、または、Azure SQL Databaseなどの外部ストレージに状態を格納するマイクロサービスのことです。ステートレスマイクロサービスのインスタンスが動作しているノードが停止すると、別のノードで別のインスタンスが自動的に開始されます。
- **ステートフルマイクロサービス**：クラスタの他のノードにあるレプリカとの間のレプリケーションによって状態を保持し、信頼性を実現するマイクロサービスのことです。ステートフルマイクロサービスには、1つのプライマリレプリカと複数のセカンダリレプリカがあります。ステートフルマイクロ

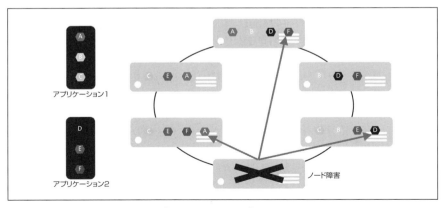

図A-2 ステートレスマイクロサービスのフェールオーバー

A.2 主な機能と概念 | **297**

サービスのレプリカが存在しているノードが停止すると、別のノードに新しいレプリカが作成されます。停止したノードがプライマリレプリカの場合、セカンダリレプリカの1つが自動的に新しいプライマリに昇格します。

アプリケーションインスタンス

クラスタでは、同じアプリケーションである複数のアプリケーションインスタンスを作成し、各アプリケーションインスタンスに特定の名前を付け、各アプリケーションインスタンスを個別に管理できます。バージョン管理も個別に可能です。

サービスインスタンス

インスタンス化されているあるサービスのコードのことです。各サービスインスタンスは、fabric:/ で始まる一意の名前を持ち、特定の名前が付いたアプリケーションインスタンスと関連付けられています。

アプリケーションパッケージ

特定のアプリケーションのための一連のサービスのコードと構成ファイルです。アプリケーションパッケージは、ファイル / フォルダー形式を持つ一連の物理ファイルです。例えば、メールアプリケーションのアプリケーションパッケージには、キューサービスパッケージ、フロントエンドサービスパッケージ、データベースサービスパッケージが含まれることがあります。

プログラミングモデル

Azure Service Fabric には、アプリケーションを構築するための2種類のプログラミングモデルがあります。本稿執筆時点では .NET のみをサポートしており、今後他の言語のサポートも計画されています。

- **Reliable Services**：StatelessService クラス、StatefulService クラスに基づくステートレスマイクロサービス、ステートフルマイクロサービスを構築するための API です。ステートフルマイクロサービスは、状態を .NET の Reliable Collections（Dictionary、Queue）に格納します。また、ASP.NET Web API や WCF（Windows Communication Foundation）などのさまざまな通信スタックをプラグインできます。
- **Reliable Actors**：仮想アクタープログラミングモデルを使って、ステート

レスオブジェクト、ステートフルオブジェクトを構築するための API です。このモデルは、複数の独立した状態とコンピューティングの単位を持つアプリケーションに適しています。

A.3　適したアプリケーション

Azure Service Fabric はさまざまなアプリケーションやマイクロサービスを実行できる信頼性の高い柔軟なプラットフォームを提供しています。Azure Service Fabric のアーキテクチャは、準リアルタイムデータ分析、インメモリコンピューティング、並列トランザクション、イベント処理などを可能にします。リソース要件に応じて、アプリケーションを簡単にスケールアウト / スケールインできます。Azure Service Fabric は、次のようなアプリケーションやマイクロサービスに最適です。

- 可用性の高いサービス
- スケーラブルなサービス
- データ処理
- セッションベースの対話型アプリケーション
- 分散グラフ処理
- データ分析とワークフロー

A.4　アーキテクチャ

Azure Service Fabric は、多くのサブシステムで構成されています。これらのサブシステムによって、開発者は Azure Service Fabric で、可用性が高くスケーラブルで管理やテストが簡単なアプリケーションを構築できます。

図 A-3 は、Azure Service Fabric のアーキテクチャと主なサブシステムを示しています。

分散システムでは、ノード間で安全に通信する機能が不可欠です。スタックの一番下には、ノード間の安全な通信を提供するトランスポートサブシステムがあります。トランスポートサブシステムの上に、フェデレーションサブシステムがあります。これは、さまざまなノードを 1 つの Azure Service Fabric クラスタとしてクラスタ化し、エラー検出、リーダー選出、ルーティングを一貫して実行できるようにしています。フェデレーションサブシステムの上にある信頼性サブシステムは、レプリケーション、リソース管理、フェールオーバー管理などのメカニズムを通じて、サービスの高信頼

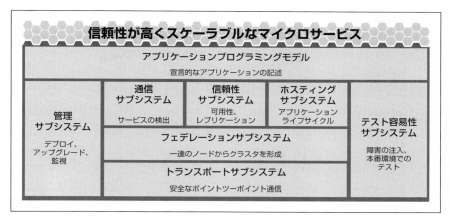

図 A-3　Azure Service Fabric のアーキテクチャ

性を管理しています。フェデレーションサブシステムは、1つのノード上のアプリケーションのライフサイクルを管理するホスティングサブシステムの基になります。管理サブシステムは、複数のマシン上でのアプリケーションとサービスのライフサイクルを管理します。テスト容易性サブシステムを使うと、開発者は、アプリケーションやサービスを本番環境にデプロイする前に、エラーのシミュレーションによってサービスをテストできます。Azure Service Fabric では、通信サブシステムにより、サービスの場所を解決する機能も提供します。開発者に公開されているアプリケーションプログラミングモデルは、これらのサブシステムの最上部に位置しています。

A.5　アプリケーションモデル

　Azure Service Fabric では、1つのアプリケーションには、1つ以上のマイクロサービスが含まれます。マイクロサービスには、次の5種類があります。

- ステートレスな Reliable Services
- ステートフルな Reliable Services
- ステートレスな Reliable Actors
- ステートフルな Reliable Actors
- 任意の実行可能ファイル

300 | 付録　実際のマイクロサービス：Azure Service Fabric

　なお、Reliable Services、Reliable Actors は、本稿執筆時点では .NET のみをサポートしていますが、今後他の言語のサポートも追加される予定です。ここでは、Reliable Services、Reliable Actors についての詳細は、Azure Service Fabric のドキュメントを参照してください。

　ここでは、任意の実行可能ファイルを実行するマイクロサービスを見ていきましょう。なお、本稿執筆時点では、Azure Service Fabric は Windows Server のみをサポートしており、マイクロサービスには Windows Server 上で動作する実行可能ファイルを指定できます。今後、Linux のサポートや、Docker、Linux Containers、Windows Server Containers（Windows Server 2016 の新機能）といった一般的なコンテナ技術のサポートも計画されています。

　Node.js アプリケーション、Java アプリケーションなど、任意の既存アプリケーションを実行できます。Azure Service Fabric では、これらのアプリケーションをステートレスマイクロサービスとして扱い、可用性などのメトリックに基づいてクラスタ内のノードに配置します。Azure Service Fabric クラスタでアプリケーションを実行することで、次の利点を得られます。

高可用性

　Azure Service Fabric で実行されるアプリケーションは、追加設定なしに高可用性を実現できます。Azure Service Fabric によって、アプリケーションのインスタンスが常に稼動している状態が維持されます。

健全性の監視

　Azure Service Fabric の正常性監視機能によって、アプリケーションが稼動しているかどうかが検出され、障害が発生した場合には診断情報を取得できます。

アプリケーションライフサイクル管理

　Azure Service Fabric を使うと、ダウンタイムなしでアップグレードを実行でき、アップグレード中に問題が発生した場合には旧バージョンにロールバックできます。

高密度

　各アプリケーションを専用のハードウェアで実行する必要はなく、クラスタで複数のアプリケーションを実行できます。

既存アプリケーションをパッケージ化する手順は、次の通りです。

1. パッケージディレクトリ構造を作成します。
2. アプリケーションのコードと構成ファイルを追加します。
3. サービスマニフェストファイルを編集します。
4. アプリケーションマニフェストファイルを編集します。

これらのディレクトリ構造や構成ファイルを自動生成するパッケージ化ツール（ServiceFabricAppPackageUtil）も提供していますが、ここでは、特定のレスポンスを返すだけの単純な Web サーバの実行可能ファイル WebServer.exe を手動でパッケージ化することを考えます。まず、次のディレクトリ構造を作成します。

```
|-- ApplicationManifest.xml
|-- WebServer
   |-- ServiceManifest.xml
   |-- code
      |-- WebServer.exe
```

Azure Service Fabric では、アプリケーションパッケージの内容が、アプリケーションのサービスがデプロイされるクラスタ内のすべてのノードに xcopy（ファイルとサブディレクトリを含むディレクトリのコピー）されます。そのため、アプリケーションに必要なすべてのファイルと依存関係を必ず含めるようにします。

次に、サービスマニフェストファイル ServiceManifest.xml を編集し、サービス名（WebServer）、サービスのバージョン（1.0）、アプリケーション実行のためのコマンド（WebServer.exe）、リッスンするエンドポイント（HTTP 80）などを指定します。

例 A-1　ServiceManifest.xml

```
<?xml version="1.0" encoding="utf-8"?>
<ServiceManifest xmlns:xsd="http://www.w3.org/2001/XMLSchema" xmlns:xsi="http://www.
w3.org/2001/XMLSchema-instance" Name="WebServer" Version="1.0" xmlns="http://schemas.
microsoft.com/2011/01/fabric">
  <ServiceTypes>
    <StatelessServiceType ServiceTypeName="WebServer" UseImplicitHost="true">
    </StatelessServiceType>
  </ServiceTypes>
  <CodePackage Name="code" Version="1.0">
```

302 | 付録　実際のマイクロサービス：Azure Service Fabric

例 A-1　ServiceManifest.xml（続き）

```
<EntryPoint>
  <ExeHost>
    <Program>WebServer.exe</Program>
    <WorkingFolder>CodePackage</WorkingFolder>
  </ExeHost>
</EntryPoint>
</CodePackage>
<Resources>
  <Endpoints>
    <Endpoint Name="WebServerTypeEndpoint" Protocol="http" Port="80" Type="Input" />
  </Endpoints>
</Resources>
</ServiceManifest>
```

　アプリケーションマニフェストファイル ApplicationManifest.xml を編集し、作成済みのサービスを参照します。

例 A-2　ApplicationManifest.xml

```
<?xml version="1.0" encoding="utf-8"?>
<ApplicationManifest xmlns:xsd="http://www.w3.org/2001/XMLSchema" xmlns:xsi="http://
www.w3.org/2001/XMLSchema-instance" ApplicationTypeName="WebServerType"
ApplicationTypeVersion="1.0" xmlns="http://schemas.microsoft.com/2011/01/fabric">
  <ServiceManifestImport>
    <ServiceManifestRef ServiceManifestName="WebServer" ServiceManifestVersion="1.0"
/>
  </ServiceManifestImport>
</ApplicationManifest>
```

　これで、アプリケーションのパッケージ化が完了したので、PowerShell や REST API などを使って、このアプリケーションを Azure Service Fabric クラスタにデプロイできます。

A.6　Azure Service Fabric の試用

　Microsoft Azure は、1 か月の間に 20,500 円分の Azure の機能を試用できる無料評価版を提供しています（https://azure.microsoft.com/ja-jp/free/）。また、Visual Studio Dev Essentials プログラムに登録すると、12 か月にわたって、毎月 3,000 円分の Azure の機能を開発 / テスト目的であれば無料で使えます（https://www.visualstudio.com/products/visual-studio-dev-essentials-vs）。これらのプログラムで

A.6　Azure Service Fabric の試用　| 303

　登録した Azure サブスクリプション（契約）では、Azure Service Fabric クラスタの作成に加えて、他の多数の Azure の機能も使うことができます。
　また、Microsoft Azure Service Fabric Party Clusters では、メールアドレスの登録だけで、数時間だけ利用できる Azure Service Fabric クラスタを簡単に作成できます（http://aka.ms/tryservicefabric）。
　これらの方法で、Azure Service Fabric クラスタを作成したら、Web ベースの Service Fabric Explorer や PowerShell などを使って、マイクロサービスのデプロイを試すことができます。

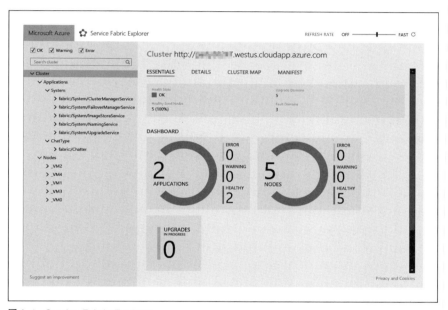

図 A-4　Service Fabric Explorer

　Azure Service Fabric のドキュメントやサンプルも公開しています（https://azure.microsoft.com/ja-jp/documentation/services/service-fabric/）。簡単に試用できますので、ひとつの選択肢として他のサービスと比較検討をしてみてください。

索　引

数字
2フェーズコミット（two-phase commit）.......... 108

A
Aegisthus プロジェクト.. 117
AP システム
　　CP システムとの比較................................... 273
　　定義.. 271
API キーベースの認証
　　（API key-based authentication）.............. 208, 212
Atom 仕様（Atom specification）........................... 65

B
Brakeman.. 221

C
CAP 定理（CAP theorem）..............................269-275
　　AP システムと CP システム.......................... 273
　　可用性を犠牲にする....................................... 271
　　基本.. 269
　　実世界への適用... 275
　　整合性を犠牲にする....................................... 271
　　分断耐性を犠牲にする.................................... 272
CDC（コンシューマ駆動契約）.......................171-174
CDN（コンテンツデリバリネットワーク）.......... 262
CFR（機能横断テスト）.................................. 179, 238
Chaos Gorilla... 244
Chaos Monkey.. 244
CMS（コンテンツ管理システム）........................... 87
Cohn のテストピラミッド
　　（Cohn's Test Pyramid）...................................... 157

D
DDD（ドメイン駆動設計）.. 1
DiRT（Disaster Recovery Test）........................... 243
DNS サービス... 275
Docker... 149
Dropwizard.. 26
DRY（Don't Repeat Yourself）............................... 69

E・F・G
Erlang モジュール.. 12
Eureka... 279
FPM パッケージマネージャツール...................... 129
Graphite.. 188

H
HAL（Hypertext Application Language）............ 281
HATEOS 原則... 59
HMAC（hash-based messaging code）................ 207
HTTP（Hypertext Transfer Protocol）
　　HATEOS 原則.. 59
　　HTTP 上の REST の欠点................................. 63
　　HTTP 上の REST の利点................................. 58
　　SSL ターミネーション................................. 254
　　キャッシング... 261

Consul.. 278
CoreOS... 149
CP システム... 273
CQRS（コマンドクエリ責務分離）...................... 260
CRC（クラス・責務・協調）.............................. 119
CRM（顧客関係管理）.. 90

HTTP（S）ベーシック認証 204
Hystrix ライブラリ 26, 248

I・J

IT アーキテクト（IT architect）
.... システムアーキテクトを参照
JSON.. 62
JSON web tokens（JWT）.................................. 208

K・L

Karyon.. 26
Kibana 187
Latency Monkey.. 244
Linux コンテナ（Linux container）...................... 147
Logstash.. 187

M

Marick の 4 象限（Marick's quadrant）............... 155
Metrics ライブラリ 26
mountebank... 163
MTBF（平均故障間隔）................................... 178
MTTR（平均修復時間）................................... 178

N

.NET 用 Polly.. 248

O

OpenID Connect 200, 205
OSGI（Open Source Gateway Initiative）.............. 11
OS 成果物（operating system artifact）............... 129
OS のセキュリティ（operating systems security）
.... 215
OWASP（Open Web Application Security Project）
.... 221

P

PaaS（platform as a service）............................. 142
Packer... 132
Pact 172
Pacto 174

R

RabbitMQ.. 65
RDBMS（リレーショナルデータベース
管理システム）... 258

Reactive Extensions（Rx）................................. 68
REST（Representational State Transfer）..........57-64
　　Atom 仕様 66
　　HTTP 上の REST の欠点................................ 63
　　HTTP 上の REST の利点................................ 58
　　概念 57
　　テキスト形式 62
　　フレームワーク 63
Riemann 196
RPC（リモートプロシージャコール）..............53-57
Ruby 用 circuit_breaker ミックスイン 248
Rx（reactive extensions）................................... 68

S

SAML.. 200, 205
SAN（ストレージエリアネットワーク）.............. 252
SDL（セキュリティ開発ライフサイクル）............ 221
SSH マルチプレクサ（SSH-multiplexing）........... 185
SSL 証明書（SSL certificate）............................. 205
SSL ターミネーション（SSL termination）.......... 254
Suro 196
Swagger.. 281

T

TDD（テスト駆動型設計）................................. 158
TLS（Transport Layer Security）......................... 206
Transport Layer Security（TLS）......................... 206
TTL（有効期間）... 276

U・V・X

UDDI（Universal Description, Discovery, and
Integration）... 282
Vagrant 146
VPC（virtual private cloud）............................... 215
XML.. 62

Z

Zed Attack Proxy（ZAP）.................................. 221
Zipkin.. 193
Zookeeper.. 277

あ行

アーキテクチャ上の安全性（architectural safety）
.... 25, 241

アーキテクチャの原則（architectural principle）
Heroku's 12 factors... 21
開発 21
実世界の例 22
マイクロサービスの主要原則 285
アーキテクト（architect）
.... システムアーキテクトを参照
アイデンティティプロバイダ（identity provider）
.... 200
アプリケーションコンテナ（application container）
.... 139
アベイラビリティゾーン（availbility zone）......... 252
暗号化（encryption） 211
アンチフラジャイルなシステム
（antifragile system） 1, 243-249
隔壁 247
サーキットブレーカー 245
増加 1
タイムアウト 244
負荷遮断 249
分離 249
例 243
意思決定（decision-making）.............................20-23
原則 21
原則とプラクティスの結合 22
実世界の例 22
戦略的目標 21
プラクティス 22
異質性（heterogeneity）
共有ライブラリ 11
利点 5
一貫性（consistency） ....整合性を参照
逸脱の常態化（normalization of deviance）......... 166
イベントソーシング（event sourcing） 261
イベントデータポンプ（event data pump）.......... 115
イベントベースの連携（event-based collaboration）
.... 50
イミュータブルサーバ（immutable server）........ 133
イメージ（image）
カスタムイメージ 130
成果物としてのイメージ................................. 133
入れ子になった境界づけられたコンテキスト
（nested bounded context）................................... 39
インタフェース（interface）
.... ユーザインタフェースも参照

開発 150
新旧バージョンの共存 76
標準 22
インフラ自動化（infrastructure automation）......... 1
受け入れテスト（acceptance testing）................. 156
エンドツーエンドテスト（end-to-end test）
Cohn のテストピラミッド............................. 157
欠点 166
作成 167
実装 164
スコープ... 160
タイミング 168
フィードバックサイクル................................. 169
メタバージョン 169
エンドポイント（endpoint）
異なるエンドポイントの共存........................... 76
サーバ側集約エンドポイント........................... 83
応答時間（response time）................................... 239
オーケストレーションアーキテクチャ
（orchestration architecture） 50
オートスケーリング（autoscaling） 268
オニオンアーキテクチャ（onion architecture）..... 42
オンデマンド仮想化（on-demand virtualization）
.... 2
オンデマンドプロビジョニングシステム
（on-demand provisioning system） 7

か行
階層化アーキテクチャ（layered architecture） 1
外部キー関係（foreign key relationship） 98
隔壁（bulkhead） 247
隠れモデル（hidden model） 36
カスタムイメージ（custom image）..................... 130
カスタムのサービステンプレート
（tailored service template） 26
仮想化（virtualization）
従来の仮想化 144
種類 2, 144
ハイパーバイザ.. 145
仮想化プラットフォーム（virtualization platform）
Docker 149
Linux コンテナ 147
Vagrant... 146
オンデマンド 2
ストレージエリアネットワーク 252

カナリアリリース（canary releasing）................ 177
ガバナンス（governance）
　概念 29
　システムアーキテクトの役割......................... 32
可用性（availability）
　CAP 定理.. 269
　犠牲にする 271
　マイクロサービスの原則................................ 239
環境（environment）
　管理 135
　定義 151
　デプロイ 134
監視（monitoring）
　結果の表示と共有.. 195
　合成 190
　サービスのメトリック 189
　セマンティック 191
　相関 ID 191
　単一サービス、単一サーバ............................. 184
　単一サービス、複数サーバ............................. 185
　中央に集約したログ 187
　標準 24
　標準化 194
　複雑さ 183
　複数サービス、複数サーバ............................. 186
　複数サービスにわたるメトリックの追跡...... 187
　まとめ...197-198
　リアルタイムレポート 196
　連鎖的な障害 194
管理者（custodian, gatekeeper）........................... 230
キーベースの認証（key-based authentication）
　... 208
技術異質性（technology heterogeneity）................ 5
技術的境界（technical boundary）........................... 41
技術的負債（technical debt）................................. 28
技術非依存 API（technology-agnostic API）.......... 45
技術面でのテスト（technology-facing test）........ 157
機能横断テスト（cross-functional requirements、
　CFR）...................................... 179, 238
機能低下（degrading functionality）..................... 240
逆ピラミッド（inverted pyramid）........................ 161
キャッシング（caching）
　HTTP.. 262
　キャッシュポイズニング.................................. 267
　キャッシュミス... 265

　クライアント側.................................... 262
　サーバ側.. 262
　プロキシ... 262
　利点 261
境界づけられたコンテキスト（bounded context）
　入れ子になった 39
　概念 35
　共有モデルと隠れモデル........................ 36
　時期尚早な分解... 38
　システム設計 231
　モジュールとサービス 37
共感（empathy）... 32
凝集性（cohesion）................................... 2, 35
協調（collaboration）..................................... 32
共有コード（shared code）............................. 69
共有静的データ（shared static data）............ 100
共有データ（shared data）........................... 101
共有テーブル（shared table）..................... 103
共有モデル（shared model）........................ 36
共有ライブラリ（shared library）................. 11
クライアント側キャッシング（client-side caching）
　... 262
クライアント証明書（client certificate）.............. 206
クライアントライブラリ（client library）.............. 70
クラス - 責務 - 協調
　（class-responsibility-collaboration、CRC）...... 119
継続的インテグレーション
　（continuous integration、CI）
　基本 121
　チェックリスト... 122
　マイクロサービスへのマッピング 123
継続的デリバリ（continuous delivery、CD）
　... 1, 126
ゲームデイ（game day）... 243
結果整合性（eventual consistency）............ 107, 271
堅牢性原則（Robustness principle）................. 74
交換可能性（replaceability）............................... 9
合成可能性（composability）................................ 9
合成監視（synthetic monitoring）........................ 190
合成トランザクション（synthetic transaction）
　... 191
構成ドリフト（configuration drift）..................... 133
コーディングするアーキテクト（coding architect）
　... 20
コード再利用（code reuse）.................................. 69

顧客関係管理（Customer Relationship Management、CRM）.. 90
顧客とのインタフェース（customers interfacing）
　共有データベース.. 47
　新規顧客の登録.. 47, 50
孤児サービス（orphaned service）...................... 231
故障（failure）....................................194, 監視も参照
故障モード（failure mode）
.... 6, 55, 146, 175, 242, 269, 288
コマンドクエリ責務分離（Command-Query Responsibility Segregation、CQRS）................ 260
コミット（commit）.. 108
コミュニケーション（communication）.............. 225
コレオグラフィアーキテクチャ（choreographed architecture）............................ 50
コンウェイの法則（Conway's law）
　記述.. 223
　逆向き.. 234
　証拠.. 224
　まとめ.. 236
コンシューマ駆動契約（consumer-driven contract、CDC）....................................171-174
コンテンツ管理システム（content management system、CMS）.. 87
コンテンツデリバリネットワーク（content delivery network、CDN）.. 262
混乱した代理の問題（confused deputy problem）
.... 209

さ行

サーキットブレーカー（circuit breaker）....... 25, 245
サードパーティソフトウェア（third-party software）
....86-92, 112
　CMS.. 88
　CRM.. 90
　カスタマイズ.. 87
　構築するか購入するかの選択.................... 86
　ストラングラー（絞め殺し）
　　アプリケーションパターン.................... 91
　制御の欠如.. 87
　統合問題.. 88
　レポートデータベース.................... 112
サーバ側キャッシング（server-side caching）..... 262
サービスアカウント（service account）.............. 206

サービスからホストへのマッピング（service-to-host mapping）..........................136-143
　PaaS.. 142
　アプリケーションコンテナ.................... 139
　ホストごとに１つのサービス.................... 141
　ホストごとに複数のサービス.................... 137
　用語.. 136
サービス境界（service boundary）
.... 19, サービスのモデル化も参照
サービス検出（service discovery）.................... 275
サービス構成（service configuration）................ 135
サービス指向アーキテクチャ（service-oriented architecture、SOA）
　概念.. 9
　機能の再利用.. 8
　欠点.. 10
　マイクロサービスとの違い.................... 10
サービステスト（service test）
　Cohn のテストピラミッド.................... 157
　mountebank サーバ.. 163
　実装.. 162
　スコープ.. 159
　モックかスタブか.. 162
サービステンプレート（service template）........... 26
サービスの一括リリース（bundled service release）
.... 128
サービスの所有権（service ownership）
　共有.. 227
　デプロイしやすいサービス.................... 227
サービスのモデル化（modeling services）
　入れ子になった境界づけられたコンテキスト
.... 39
　主な概念.. 34
　技術的境界.. 41
　境界づけられたコンテキスト.................... 35
　共有モデルと隠れモデル.................... 36
　時期尚早な分解.. 38
　ビジネス概念.. 41
　ビジネス機能.. 39
　モジュールとサービス.................... 37
サービスプロバイダ（service provider）.............. 200
サービス分離（service separation）.................... 104
サービス間の認証と認可（service-to-service authentication/authorization）....................204-211
　API キー.. 208

HTTP（S）ベーシック認証 204
HTTP 上の HMAC 207
SAML/OpenID Connect 205
クライアント証明書 206
混乱した代理の問題 209
中間者攻撃 204
サービス呼び出し（service call） 112
再設計（redesign） 256
参照によるアクセス（access by reference）.......... 71
自己記述型システム（self-describing system）.... 282
システムアーキテクト（systems architect）
意思決定 20
課題 31
ガバナンス 29
技術的負債 28
サービス境界 19
責任 15, 28, 31-32
チームの構築 31
チームへの参加 20
標準 23-25
役割 17
例外処理 28
システム設計（system design）
管理者の役割 230
境界づけられたコンテキスト 231
共有サービスの所有権 227
ケーススタディ 232
孤児サービス 231
コミュニケーション経路に適応する 225
コンウェイの法則 224
サービスの所有権 227
サービスの成熟度 230
社内オープンソースモデル 229
責任 235
組織構造 224
組織構造への影響 235
ツール 231
デリバリボトルネック 228
フィーチャーチーム 228
まとめ 236
自動化（automation）
ケーススタディ 143
デプロイ 143
絞め殺しアプリケーションパターン
（Strangler Appliation Pattern） 91

シャーディング（sharding） 259
社内オープンソースモデル
（internal open source model） 229
集約ログ（aggregated log） 187
主体（principal） 200
障害（failure） 237
障害ボット（failure bot） 244
証明書管理（certificate management） 206
所有権（ownership）
共有 227
システム設計 227
自律性（autonomy）
システムアーキテクトの役割 31
マイクロサービス 4
進化的アーキテクト（evolutionary architect）
.... システムアーキテクトを参照
シングルサインオン（single sign-on、SSO）
....200-203
侵入検知システム（intrusion detection system、
IDS） 215
侵入防止システム（intrusion prevention system、
IPS） 215
垂直スケーリング（vertical scaling） 251
スケーリング（scaling） 250-257
オートスケーリング 268
再設計との比較 256
作業負荷の分割 251
垂直 251
データベース 257
負荷分散 253
リスクの分散 252
利点 6
理由 250
ワーカベースのシステム 255
スタブとモック（stubbing vs. mocking） 162
ストラングラー（絞め殺し）アプリケーション
パターン（Strangler Application Pattern） ... 91, 241
ストレージエリアネットワーク
（Storage Area Network、SAN） 252
スパイ（spy） 163
住みよいシステム（habitable system） 18
スモークテストスイート（smoke test suite） 176
成果物（artifact）
OS 129
イメージ 133

プラットフォーム固有 128
整合性（consistency）
　CAP 定理.. 269
　犠牲にする 271
性質テスト（property testing）............................. 156
脆弱性（brittleness）...................................... 55
脆弱なテスト（brittle test, blaky test）............... 166
成熟度（maturity）.. 230
静的データ（static data）................................. 100
性能テスト（performance test）......................... 180
制約（constraint）... 80
責任（accountability）..................................... 235
セキュリティ（security）..............................199-222
　OS.. 215
　VPC... 215
　暗号化 211
　外部検証 221
　鍵 212
　格納データの保護 211
　教育と認識 221
　サービス間の認証と認可................................ 204
　実施例 216
　重要性 199
　人的要素 220
　侵入検知と侵入防止 215
　中間者攻撃 204
　ツールの選択 220
　認証と認可 199
　パスワード 212
　バックアップ 117, 213
　ファイアウォール 214
　プライバシーの問題 219
　防御 214
　まとめ... 222
　ログ 214
セキュリティ開発ライフサイクル
　（Security Development Lifecycle、SDL）........ 221
設計原則（design principle）
　............. 21, 285-290, アーキテクチャの原則も参照
設計とデリバリのプラクティス
　（design/delivery practice）................................. 22
接合部（seam）... 93
セマンティック監視（semantic monitoring）
　.. 175, 191, 289

セマンティックバージョニング
　（semantic versioning）... 75
全体管理プロセス（coordination process）.......... 108
戦略的目標（strategic goal）
　実世界の例.. 22
　理解 21
相関 ID（correlation ID）................................... 191
疎結合（loose coupling)........................... 34, 52, 224
組織構造（organizational structure）
　コンウェイの法則 224
　システム設計への影響 224
　疎結合と密結合.. 224
組織面の一致（organizational alignment）............. 8

た行

大規模なマイクロサービス（microservices at scale）
　CAP 定理.. 269
　アーキテクチャ上の安全対策...................... 241
　アンチフラジャイルなシステム 243
　オートスケーリング.................................... 268
　書き込みのキャッシング.............................. 264
　機能横断要件（CFR）................................... 238
　機能低下 240
　キャッシング 261
　サービスの検出.. 275
　サービスの文書化 281
　自己記述型システム 282
　障害に対処する.. 237
　スケーリング 250
　データベースのスケーリング 257
　動的サービスレジストリ.............................. 277
　冪等な操作.. 249
耐久性（durability）.. 239
タイプ 2 仮想化（type 2 virtualization）.............. 145
タイムアウト（timeout）................................. 244
代理の問題（deputy problem）........................... 209
高凝集性（high cohesion）............................ 34, 35
ダミー（dummy）.. 163
探索的テスト（exploratory testing）.................. 156
単体テスト（unit test）
　Cohn のテストピラミッド............................ 157
　Marick の 4 象限 156
　スコープ 158
　目的 159
チーム構造（team structure）............................. 231

チームの構築（team building）.................... 31
遅延（latency）.. 239
中核チーム（core team）........................ 230
中間者攻撃（man-in-the-middle attack）.............. 204
通信（communication）
　SOAP プロトコル 10
　同期と非同期 49
ディレクトリサービス（directory service）........ 200
データ（data）.......................... セキュリティも参照
　一括挿入 113
　格納データの保護 211
　共有 101
　共有静的データ 100
　サービス呼び出しを介したデータ取得......... 112
　耐久性 239
　バックアップの暗号化 213
データ暗号化（data encryption）........................... 211
データベーススケーリング（database scaling）
　CQRS 260
　書き込みのための 259
　共有データベースインフラ 260
　サービス可用性とデータの耐久性 257
　読み取りのための 258
データベース統合（database integration）............ 47
データベースの分割（database decomposition）... 97
　外部キー関係の削除 98
　共有静的データ 100
　共有データ 101
　漸進的 118
　データベースリファクタリング 104
　トランザクション境界 105
　分割のタイミング 119
　分離する部分を選択する 96
　まとめ 119
データポンプ（data pump）
　イベント 115
　データ取得 113
　バックアップ 117
テーブル（table）.................................. 103
適応性（adaptability）.............................. 32
テスト（testing）
　MTBF よりも MTTR.......................... 178
　エンドツーエンドテスト.............. 160, 164
　カナリアリリース 177
　機能横断 179

コンシューマ駆動テスト.................... 171
サービステストの実装 162
種類 155
スコープ 157
性能テスト 180
セマンティック監視 175
テスト数 161
デプロイとリリースの分離 176
本番環境 176
まとめ 182
テスト駆動型設計（test-driven design、TDD）... 158
テストスノーコーン（test snow cone）... 161
テストダブル（test double）.................... 163
テストピラミッド（Test Pyramid）.............. 157, 171
デプロイメント（deployment）
　OS 成果物 129
　イミュータブルサーバ 133
　インタフェース 150
　カスタムイメージ 130
　仮想化 144
　環境定義 151
　環境の考慮 134
　継続的インテグレーション 123
　継続的インテグレーションチェックリスト
　　.. 122
　継続的インテグレーションの基本 ... 121
　サービス構成 135
　サービスの一括リリース.................... 128
　自動化 143
　従来の仮想化 144
　成果物としてのイメージ 133
　タイプ 2 仮想化 145
　ハイパーバイザ 144
　ビルドパイプライン 126
　プラットフォーム固有の成果物 128
　ブルーグリーンデプロイメント 176
　マイクロサービスとモノリシックシステム
　　.. 7, 121
　まとめ 153
　リリースからの分離 176
手本（exemplar）.................................... 26
デリバリボトルネック（delivery bottleneck）..... 228
テンプレート（template）.......................... 26
同期通信（synchronous communication）............. 49

統合（integration）
　DRY（Don't Repeat Yourself）......................... 69
　REST（Representational State Transfer）...... 57
　Rx 68
　オーケストレーションとコレオグラフィ 50
　共有データベース... 47
　顧客とのインタフェース................................. 46
　サードパーティソフトウェア 86
　参照によるアクセス 71
　指針 92
　重要性.. 45
　状態マシンとしてのサービス 68
　同期通信と非同期通信 49
　バージョニング.. 73
　非同期イベントベース連携............................. 65
　目的 45
　ユーザインタフェース 79
　リモートプロシージャコール 53
動的サービスレジストリ
（dynamic service registry）
　Consul... 278
　Eureka 279
　Zookeeper... 277
　起動 280
　利点 277
ドメイン駆動設計（domain-driven design、DDD）
　... 1
トランザクション（transaction）
　合成 191
　分散 108
　補正 107
トランザクション境界（transactional boundary）
　...105-109
トランザクションマネージャ
（transaction manager）................................... 108

な行
内部実装の詳細（internal implementation detail）
　... 46
認証と認可（authentication/authorization）
　...199-211
　サービス間 204
　シングルサインオン（SSO）......................... 200
　シングルサインオンゲートウェイ 201
　定義 199-200

用語 199-200
粒度の細かい 203
ネットワーク分離（network segregation）.......... 215

は行
バージョニング（versioning）..........................73-78
　異なるエンドポイントの共存......................... 76
　セマンティック... 75
　破壊的な変更の先送り 73
　破壊的な変更の早期の把握............................ 74
　複数サービスバージョンの同時使用............... 77
ハイパーバイザ（hypervisor）......................... 145
ハイパーメディア（hypermedia）...................... 59
破壊的な変更（breaking change）
　回避 45
　先送り 73
　早期の把握 74
パスワード（password）................................. 212
バックアップ（backup）................................. 213
バックアップデータポンプ（backup data pump）
　... 117
反応型スケーリング（reactive scaling）.............. 268
非機能要件（nonfunctional requirement）.......... 179
ビジネス概念（business concept）...................... 41
ビジネス側テスト（business-facing test）............ 157
ビジネス機能（business capability）.................... 39
ビジョン（vision）.. 31
非同期連携（asynchronous collaboration）
　実装 65
　同期連携との比較... 49
　複雑さ 66
ヒューメインレジストリ（humane registry）...... 283
標準（standard）..23-25
　アーキテクチャ上の安全性............................ 25
　インタフェース... 24
　カスタムのサービステンプレート 26
　監視 24
　重要性 23
　手本 26
ビルドパイプライン（build pipeline）................. 126
ファイアウォール（firewall）.......................... 214
フィーチャーチーム（feature-based team）.......... 228
フェイク（fake）... 163
負荷遮断（load shedding）................................ 248
負荷分散（load balancing）.............................. 253

プライバシーの問題（privacy issue）.................... 219

プラットフォーム固有の成果物
　（platform-specific artifact）................................ 128

プリンシパル（principal party）............................ 200

ブルーングリーンデプロイメント
　（blue/green deployment）................................. 176

振る舞いの共有（sharing behavior）..................... 48

プロキシキャッシング（proxy caching）............. 262

フロントエンド向けのバックエンド
　（backends for frontend、BFF）.......................... 83

分解テクニック（decompositional technique）
　................................データベースの分割を参照
　　共有ライブラリ... 11
　　コンテキストの特定とパッケージング........... 94
　　接合部.. 93
　　分割のタイミング... 119
　　分離する部分を選択する................................. 96
　　モジュール... 11

分散システム（distributed systems）
　　主な利点.. 8
　　障害... 55, 237

分散トランザクション（distributed transaction）
　... 108

文書化（documentation）
　　HAL（Hypertext Application Language）.... 281
　　Swagger.. 281
　　自己記述型システム..................................... 282
　　重要性... 281

分断耐性（partition tolerance）
　　CAP 定理... 269
　　犠牲にする... 272

分離（decoupling）.. 4, 52

分離（isolation）.. 249

平均故障間隔（mean time between failures、
　MTBF）.. 178

平均修復時間（mean time to repair、MTTR）.... 178

ヘキサゴナルアーキテクチャ
　（hexagonal architecture）..................................... 1

冪等な操作（idempotent operation）.................... 249

ポステルの法則（Postel's Law）............................ 74

補正トランザクション（compensating transaction）
　... 107, 191

ボトルネック（bottleneck）.................................. 228

ま行

マイクロサービス（microservice）
　　大きさ... 2
　　回復性... 6
　　起源... 2
　　技術異質性.. 5
　　共有ライブラリ... 11
　　欠点... 13, 289
　　交換可能性.. 9
　　合成可能性.. 8
　　サービス指向アーキテクチャとの違い.............. 9
　　主要原則... 285
　　自律性.. 4, 32
　　スケーリング... 6
　　組織面の一致.. 8
　　定義... 2
　　デプロイの容易性.. 7
　　モジュールとの違い....................................... 11
　　利点... 1

密結合（tight coupling）................................ 34, 224

ミドルウェア（middleware）.................................. 65

ムーアの法則（Moore's law）............................... 223

メッセージブローカー（message broker）............ 65

メトリクス（metrics）
　　サービスのメトリクス.................................. 189
　　複数サービスにわたるメトリクスの追跡...... 187
　　ライブラリ... 189

モジュール（module）.. 37

モジュール式分解（modular decomposition）....... 11

モックとスタブの比較（mocking vs. stubbing）
　... 162

モノリシックなシステム（monolithic system）
　　凝集性と疎結合の欠如..................................... 93
　　コードベース.. 2
　　サービス指向アーキテクチャとの違い.............. 9
　　レポートデータベース.................................. 110

や行

有効期間（time to live、TTL）............................. 276

ユーザインタフェース（user interface）
　.................79-86, エンドツーエンドテストも参照
　　API ゲートウェイ.. 83
　　API 合成.. 80
　　API の粒度.. 79
　　Cohn のテストピラミッド............................. 157

UI 部品合成 82
進化 79
制約 80
ハイブリッド手法 86
ユニットテスト（unit test）............ 単体テストを参照
予測型スケーリング（predictive scaling）............ 268

ら行

ライトビハインドキャッシュ（write-behind cache）
.... 264
ライブラリ（library）
共有 11
クライアント 70
サービスのメトリック 189
リードレプリカ（read replica）............................. 258
リクエスト / レスポンスの連携
（request/response collaboration）...................... 49
リスク（risk）....................................... 252
リソース（resource）........................... 58
リバースプロキシ（reverse proxy）..................... 262
リファクタリング（refactoring）........................... 104
リモートプロシージャコール
（remote procedure call）................................. 53-57
技術 54
技術的結合 54
脆弱性 55
定義 53
利点と欠点 57
ローカル呼び出し............................. 54

粒度（granularity）....................................... 9
リレーショナルデータベース管理システム
（relational database management systems、
RDBMS）... 258
例外処理（exception handling）............................. 28
レジリエンスエンジニアリング
（resilience engineering）............................... 6, 265
レポートデータベース（reporting database）
イベントデータポンプ 115
サードパーティソフトウェア 112
サービス呼び出しを介したデータ取得 112
データポンプ 113
バックアップデータポンプ 117
汎用的なイベントシステム 117
モノリシックな手法 110
連携（collaboration）
イベントベース 50
リクエスト / レスポンス 49
連鎖的障害（cascading failure）........................... 194
ローカル呼び出し（local call）........................... 54
ログ（log）.. 監視も参照
集約 187
セキュリティ問題.................................. 214
標準化... 194

わ行

ワーカベースのシステム（worker-based system）
.... 255

● 著者紹介

Sam Newman（サム・ニューマン）

ThoughtWorks のテクノロジスト。ThoughtWorks ではクライアントの支援や、ThoughtWorks 社内のシステムアーキテクトとして働く。複数の領域にまたがって、多種多様な人たちと一緒に活動している。片足を開発者の世界に置き、もう一方の足を IT 運用の世界に置くことも多い。実際に何をしているのかと尋ねられたら、「より優れたソフトウェアシステムをみんなで作っている」と答えるだろう。記事を書いたり、カンファレンスでプレゼンすることもある。オープンソースプロジェクトにも貢献している。

● 監訳者紹介

佐藤 直生（さとう なおき）

日本オラクル株式会社における、Java EE アプリケーションサーバやミドルウェアのテクノロジーエバンジェリストとしての経験を経て、現在は Microsoft Corporation で、パブリッククラウドプラットフォーム「Microsoft Azure」のテクノロジスト／エバンジェリストとして活動。監訳／翻訳書に『キャパシティプランニング —リソースを最大限に活かすサイト分析・予測・配置』、『Head First SQL』、『Head First デザインパターン』、『Java 魂 —プログラミングを極める匠の技』、『J2EE デザインパターン』、『XML Hacks —エキスパートのためのデータ処理テクニック』、『Oracle XML アプリケーション構築』、『開発者ノートシリーズ Spring』、『開発者ノートシリーズ Hibernate』、『開発者ノートシリーズ Maven』、『Enterprise JavaBeans 3.1 第6版』、『グラフデータベース』（以上オライリー・ジャパン）などがある。

● 訳者紹介

木下 哲也（きのした てつや）

1967 年、川崎市生まれ。早稲田大学理工学部卒業。1991 年、松下電器産業株式会社に入社。全文検索技術とその技術を利用した Web アプリケーション、VoIP によるネットワークシステムなどの研究開発に従事。2000 年に退社し、現在は主に IT 関連の技術書の翻訳、監訳に従事。訳書、監訳書に『Enterprise JavaBeans 3.1 第6版』、『大規模 Web アプリケーション開発入門』、『キャパシティプランニング—リソースを最大限に活かすサイト分析・予測・配置』、『XML Hacks』、『Head First デザインパターン』、『Web 解析 Hacks』、『アート・オブ・SQL』、『ネットワークウォリア』、

『Head First C#』、『Head First ソフトウェア開発』、『Head First データ解析』、『R クックブック』、『JavaScript クイックリファレンス 第 6 版』、『アート・オブ・R プログラミング』、『入門データ構造とアルゴリズム』、『R クイックリファレンス第 2 版』、『入門 機械学習』、『データサイエンス講義』、『グラフデータベース』（以上すべてオライリー・ジャパン）などがある。

● カバーの説明

　表紙の動物はミツバチです。世界には 2 万種のハチが存在することが知られていますが、ミツバチ属に分類されるのは 7 種のみです。ハチミツを生産し、巣の中に蓄えることがミツバチの特徴です。また、蜜蝋を使って巣を作ることでも知られます。ミツバチを使った養蜂は何千年も前から行われてきました。

　何千ものミツバチが集団で 1 つの巣に生活しています。社会性を持ち、巣の中のハチの階層は 3 つで、女王バチ、オスバチ、働きバチのいずれかです。巣ごとに女王バチが 1 匹がいて、結婚飛行の後、3 〜 5 年間にわたって産卵し続けます。1 日に産む卵の数は 2000 個に上ることもあります。オスバチは女王バチとの交尾によって生殖器が壊れてしまうので、交尾後に死んでしまいます。働きバチは生殖能力のないメスで、短い一生の間にさまざまな役割を担います。例えば、育児、建設作業、餌の管理、巣の警備、死がい処理、採蜜などです。採蜜を担当するハチは特定パターンのダンスによって蜜源までの距離についての情報を交換します。

　女王バチ、オスバチ、働きバチは、外見の区別はほとんどつきません。いずれも羽があり、6 本の脚があり、体は頭、胸、腹の 3 部分に分かれています。黄色と黒の縞模様の腹には短く柔らかい毛が生えています。餌はハチミツのみで、糖分の多い花の蜜を体内の酵素を使ってハチミツに加工します。

　ハチは農業にとって非常に重要な役割を果たします。穀物や花をつける植物の受粉は、ハチが花粉や蜜を集める際に行われます。1 つの巣につき、年間平均約 27 キロの花粉を集めると言われています。最近では、「蜂群崩壊症候群」による多くのハチの種類の減少が心配されています。この個体激減の原因が何であるのか、いまだに不明なままです。寄生虫、農薬の使用、病気など、いくつかの原因が推測されていますが断定には至らず、有効な対策もいまのところ見つかっていません。

マイクロサービスアーキテクチャ

2016 年 2 月 22 日　　初版第 1 刷発行
2018 年 2 月 5 日　　初版第 6 刷発行

著　　　　者	Sam Newman（サム・ニューマン）
監　訳　者	佐藤 直生（さとう なおき）
訳　　　者	木下 哲也（きのした てつや）
発　行　人	ティム・オライリー
印 刷・製 本	日経印刷株式会社
発　行　所	株式会社オライリー・ジャパン

　　　　　　　　〒 160-0002　東京都新宿区四谷坂町 12 番 22 号
　　　　　　　　Tel　（03）3356-5227
　　　　　　　　Fax　（03）3356-5263
　　　　　　　　電子メール　japan@oreilly.co.jp

発　売　元	株式会社オーム社

　　　　　　　　〒 101-8460　東京都千代田区神田錦町 3-1
　　　　　　　　Tel　（03）3233-0641（代表）
　　　　　　　　Fax　（03）3233-3440

Printed in Japan（ISBN978-4-87311-760-7）
乱丁、落丁の際はお取り替えいたします。

本書は著作権上の保護を受けています。本書の一部あるいは全部について、株式会社オライリー・ジャパンから文書による許諾を得ずに、いかなる方法においても無断で複写、複製することは禁じられています。